物联网工程技术及其应用系列规划教材

物联网工程应用与实践

主　编　于继明

副主编　严筱永　徐　楠

内容简介

本书系统地介绍了物联网的基本概念、体系结构、关键技术、物联网面临的安全与隐私问题及物联网在金属矿山行业中的应用。全书共分 10 章，第 1 章为物联网概论；第 2 ~ 9 章分别讨论了 RFID 技术及应用、无线传感器网络、物联网智能设备与嵌入式技术、计算机网络与互联技术、移动通信技术、定位及测距技术、物联网数据处理技术、物联网信息安全；第 10 章则以物联网在金属矿山行业中的应用为主要内容进行讲述。本书层次清晰，内容新颖，知识丰富，可读性、知识性和系统性强。

本书可作为计算机科学与技术、物联网、通信、信息管理、软件工程等专业的本专科生的教材或教学参考书，也可供从事物联网相关专业的教学、科研和工程技术人员参考。

图书在版编目(CIP)数据

物联网工程应用与实践/于继明主编. —北京：北京大学出版社，2015.12

（物联网工程技术及其应用系列规划教材）

ISBN 978-7-301-19853-7

Ⅰ. ①物…　Ⅱ. ①于…　Ⅲ. ①互联网络—应用—高等学校—教材②智能技术—应用—高等学校—教材　Ⅳ. ①TP393.4 ②TP18

中国版本图书馆 CIP 数据核字（2015）第 219062 号

书　　名	物联网工程应用与实践 Wulianwang Gongcheng Yingyong yu Shijian
著作责任者	于继明　主编
责任编辑	程志强
标准书号	ISBN 978-7-301-19853-7
出版发行	北京大学出版社
地　　址	北京市海淀区成府路 205 号　100871
网　　址	http://www.pup.cn　新浪微博：@北京大学出版社
电子信箱	pup_6@163.com
电　　话	邮购部 62752015　发行部 62750672　编辑部 62750667
印 刷 者	北京溢漾印刷有限公司
经 销 者	新华书店
	787 毫米×1092 毫米　16 开本　16 印张　366 千字 2015 年 12 月第 1 版　　2015 年 12 月第 1 次印刷
定　　价	39.00 元

前　言

物联网无疑是目前最热的话题之一。它彻底改变了人们的工作方式和生活方式，为人们带来了极大的方便；它已成为世界各国作为振兴经济的重点发展方向；它的出现使城市显得更加智慧。学习和了解有关物联网及其应用知识是十分必要的。

步入 21 世纪，我国高等教育进入前所未有的大发展时期，时代的进步与发展对高等教育质量提出了更高、更新的要求。2001 年 8 月，教育部印发了《关于加强高等学校本科教学工作提高教学质量的若干意见》。文件指出，本科教育是高等教育的主体和基础，抓好本科教学是提高整个高等教育质量的重点和关键。随着高等教育的普及和高等学校的扩招，在校本科计算机专业学生的人数大量上升，对适合 21 世纪大学本科学生学习的计算机相关教材的需求量也将急剧增加，为此，我们组织多名常年讲授物联网课程的一线教师，编写了这本适合在校学生和广大计算机爱好者使用的教材。本书的最大特点是针对学生应用性能力培养的需要，力求理论与实践无缝连接；根据实际需要，介绍有关理论，同时注重应用实践，使学生在掌握基本理论的基础上具有良好的物联网应用和再学习能力。

全书内容共包括 10 章，各章节讨论如下主题。

第 1 章：物联网概论。本章首先阐述物联网的概念，然后对国内外物联网发展状况、物联网的体系结构、关键技术进行阐述，最后对我国物联网的产业结构、特点、规划进行讲解，对物联网人才培养模式、人才出口等问题进行分析。

第 2 章：RFID 技术及应用。本章对自动识别技术发展的背景、条形码技术、RFID 技术、RFID 应用系统和 RFID 标签编码标准进行较为详尽的介绍，使得读者通过本章的学习对 RFID 技术及应用有较为深刻的了解。

第 3 章：无线传感器网络。本章首先介绍无线传感器网络的发展，随后简略地介绍其结构、特点、关键技术，然后较详细地介绍无线传感器网络的技术基础——微机电系统和无线通信技术，在本章的最后则介绍其相关应用、标准和常用的路由协议。

第 4 章：物联网智能设备与嵌入式技术。本章首先阐述智能设备的分类及发展历史，然后详细探讨嵌入式技术的特点及发展历程，重点介绍 SoC 系统的概念及组成结构，其次面向物联网应用，详细介绍物联网中间件的概念及工作原理，并给出无线传感器网络节点的设计原理与方法，最后展望未来，介绍可穿戴计算的概念及发展历史。

第 5 章：计算机网络与互联技术。本章针对计算机网络的发展历史，基本概念、结构组成和分类进行系统的讨论，并针对互联网和网络接入技术进行较为详尽的探讨，使得读者通过本章的学习对计算机网络有较为充分的了解。

第 6 章：移动通信技术。本章首先阐述通信的基本概念，并对无线通信技术的发展及其中的关键技术进行探讨，然后针对现代移动通信系统的组成、分类和发展进行全面的介绍，最后，讲解 3G、LTE 和 M2M 等技术的发展状况、主要应用及前景。本章既讲述了移动通信技术的基本知识和基本原理，又介绍了新技术、新发展和新成果，读者可以从中对移动通信网络有比较深入的了解和认识。

第 7 章：定位及测距技术。本章首先介绍节点定位的基本概念、节点定位性能评价标准，随后介绍无线传感器网络中的常见测距技术，并介绍常见的几种定位方法，在本章的最后借助 MATLAB 数据仿真软件仿真并分析非测距的 DV-Hop 定位方法和基于 RSSI 测距的定位方法。

第 8 章：物联网数据处理技术。本章针对物联网数据处理的基本概念、海量数据存储技术、云计算技术、物联网数据融合及智能决策技术等进行讨论，使得读者对物联网数据处理技术有较为充分的了解。

第 9 章：物联网信息安全。本章首先阐述物联网信息安全的特点，然后对物联网安全体系结构、物联网安全模型进行阐述，最后分别对物联网感知层安全、物联网传输层安全、物联网安全中间件体系结构及物联网应用层安全进行讲解、对物联网具体应用如车联网及 M2M 安全等问题进行分析。

第 10 章：物联网在金属矿山行业中的应用。本章以金属矿山行业应用为背景，采用 SaaS 模块化软件开发方法，研究设计矿山（包括井上及井下）人员定位、井下运输监控、井下数据采集、生产过程管理、物料位监测、设备点检等信息监测管理平台，通过信息采集与协同处理，全面、实时感知矿山生产过程状态、设备状态、人员状态及环境状况，通过数据挖掘、智能分析的手段，改进、提高传统的金属矿山生产管理水平，改进企业只生产与销售的模式，使企业生产与市场需求、生产服务有机整合，使生产过程安全、高效、环保、低碳，提高企业的核心竞争力，打造绿色矿山企业。

本书可以作为高等院校计算机专业、信息技术及电子信息等相关专业的物联网课程教材，也可以作为相关专业工程技术人员继续教育的培训教材，还可以作为广大物联网管理人员或技术人员学习物联网知识的参考书。

本书由于继明、严筱永、徐楠、刘琰、刘海陵、姚健东和张波编写。其中，于继明担任主编，负责最后的统稿和定稿工作；严筱永、徐楠担任副主编；南京梅山冶金发展有限公司的叶飚参与了实验平台部分的编写与验证。

本书在编写过程中，得到了许多老师的关心和帮助，并提出许多宝贵的修改意见，对于他们的关心、帮助和支持，编者表示十分感谢。

由于编者水平有限，对本书的内容取舍把握可能不够准确，书中不足之处在所难免，恳请广大读者批评指正(编者的电子信箱是 yujm608@163.com)。

编　者

2015 年 9 月

目　　录

第 1 章 物联网概论

物联网(Internet of Things，IoT)被看成是信息领域的一次重大发展与变革。近几年来，物联网已成为各国构建经济社会发展新模式和重塑国家长期竞争力的先导领域。发达国家通过国家战略指引、政府研发投入、企业全球推进、应用试点建设、政策法律保障等措施加快物联网发展，以抢占战略主动权和发展先机。我国“十二五”也将物联网作为战略新兴产业予以重点关注和推进。从 2009 年开始我国就与世界物联网发展保持同步，这得益于一系列政策的密集出台及多个细分领域战略方向的确定，2012 年物联网在务实和冷静中稳步发展，在智能交通、移动医疗、远程监控等领域获得了一定进展。2013 年，政策利好消息不断，物联网在 2013 年迎来稳步的发展。“如果说 2009 年和 2010 年是物联网概念热炒、泡沫膨胀的两年，2011 年和 2012 年是物联网去泡沫化的两年，那么 2013 年产业各方对物联网的形势有了客观清晰的认识，物联网将迎来回归产业化的一年。”中科创想智慧总经理顾先立认为。

本章首先阐述了物联网的概念，然后对国内外物联网发展状况、物联网的体系结构、关键技术进行阐述，最后对我国物联网的产业结构、特点、规划进行讲解，对物联网人才培养模式、人才出口等问题进行分析。通过本章的学习，读者可以了解物联网的发展状况、应用前景，掌握物联网基本知识和基本原理，了解世界范围内新知识、新技术、新成果的发展状况，对物联网有全面的了解和认识，能在此基础上建立自己的学习与研究方向。

教学目标

了解物联网的概念及国内外发展现状；
掌握物联网体系结构；
了解物联网关键技术；
了解物联网产业发展相关政策及人才出口。

1.1 物联网发展史

1.1.1 物联网概念

物联网概念最早于 1999 年由美国麻省理工学院 RFID 技术先驱凯文•阿什顿(Kevin

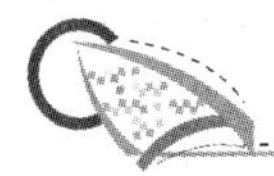

Ashton)提出。早期的物联网是指依托射频识别(Radio Frequency Identification，RFID)技术和设备，按约定的通信协议与互联网相结合，使物品信息实现智能化识别和管理，实现物品信息互联而形成的网络。随着技术和应用的发展，物联网内涵不断扩展。现代意义的物联网可以实现对物的感知识别控制、网络化互联和智能处理有机统一，从而形成高智能决策。

关于物联网的定义，目前有多个版本存在，总体上差别不大。我国工业和信息化部(简称工信部)电信研究院发布2011年物联网白皮书中给了比较权威的定义：物联网是通信网和互联网的拓展应用和网络延伸，它利用感知技术与智能装置对物理世界进行感知识别，通过网络传输互联，进行计算、处理和知识挖掘，实现人与物、物与物信息交互和无缝链接，达到对物理世界实时控制、精确管理和科学决策目的。

1.1.2 国外物联网发展状况

2005年，国际电信联盟(ITU)发布了一份题为 *The Internet of things* 的年度报告，对物联网概念进行了扩展，提出了任何时刻、任何地点、任意物体之间互联(“Any Time、Any Place、Any Things Connection”)，无所不在的网络(Ubiquitous Networks)和无所不在的计算(Ubiquitous Computing)的发展愿景。除RFID技术外，传感器技术、纳米技术、智能终端(smart things)等技术将得到更加广泛的应用。

1. 美国

2008年11月6日，美国IBM总裁兼首席执行官彭明盛在纽约市外交关系委员会发表演讲《智慧地球：下一代的领导议程》。奥巴马就任美国总统(2009年1月8日)后，1月28日与美国工商业领袖举行了一次“圆桌会议”，作为仅有的两名代表之一，IBM首席执行官彭明盛首次提出“智慧的地球”这一概念，建议新政府投资新一代的智慧型基础设施，阐明其短期和长期效益。奥巴马对此给予了积极的回应：“经济刺激资金将会投入到宽带网络等新兴技术中去，毫无疑问，这就是美国在21世纪保持和夺回竞争优势的方式。”并将其提升为国家层级的发展战略，从而引起全球广泛关注。“智慧地球(Smarter Planet)”的理念给人类构想了一个全新的空间：让社会更智慧地进步，让人类更智慧地生存，让地球更智慧地运转。IBM认为建设智慧地球需要3个步骤：首先各种创新的感应科技开始被嵌入各种物体和设施中，从而令物质世界被极大程度的数据化；其次，随着网络的高度发达，人、数据和各种事物都将以不同方式联入网络；最后，先进的技术和超级计算机则可以对这些堆积如山的数据进行整理、加工和分析，将生硬的数据转化成实实在在的洞察，并帮助人们做出正确的行动决策。IBM还提出将在六大领域建立智慧行动方案，分别是智慧电力、智慧医疗、智慧城市、智慧交通、智慧供应链、智慧银行。

目前，国外对物联网的研发、应用主要集中在美、欧、日、韩等少数国家和地区，其最初的研发方向主要是条形码、RFID等技术在商业零售、物流领域应用，而随着RFID、传感器技术、短距离通信及计算技术等的发展，近年来其研发、应用开始拓展到生产与管理的各个层面，如环境监测、生物医疗、智能基础设施等领域。

奥巴马将“新能源”和“物联网”作为振兴经济的两大武器，投入巨资深入研究物联

网相关技术。美国 7870 亿美元《经济复苏和再投资法》中，鼓励物联网技术发展政策主要体现在推动能源、宽带与医疗 3 大领域开展物联网技术的应用。美国政府推动与墨西哥边境的“虚拟边境”建设，该项目依靠传感器网络技术，据报道仅其设备采购额就高达数百亿美元。

2009 年美国振兴经济法案中与 ICT 相关计划见表 1-1。

表 1-1　2009 年美国振兴经济法案中与 ICT 相关计划

能源 (约 500 亿美元)	以信息技术改善能源效率(Energy Efficiency)： 电力系统：智能电网 建筑物：住宅节能化、节能家具、建筑物能源使用管理系统 建设现代化公共基础设施
宽带 (约 72 亿美元)	宽带技术机会计划(Broadband Technology Opportunities Program)(47 亿美元) 以农村及宽带服务欠缺(unserved)地区为首要对象，重点支持学校、图书馆、医院、大学等组织，支持学校、图书馆、医院、大学等组织，并支持创造就业机会的设施及公共安全机构持续采用宽带、扩充公共电脑中心的容量 乡村公共服务计划(Rural Utilities Service Program)(25 亿美元) 提供宽带基础建设的贷款，尤其是在高速宽带服务的农村地区，为当地电信公司、移动营运商宽带基础建设提供所需的贷款服务
医疗 (约 190 亿美元)	加速健康信息技术(Health Information Technology)的推广 加强个人隐私权的保障

2. 欧盟

欧洲智能系统集成技术平台(EPoSS)在 *Internet of Things in 2020* 报告中分析预测，未来物联网的发展将经历 4 个阶段，2010 年之前 RFID 被广泛应用于物流、零售和制药领域，2010—2015 年物体互联，2015—2020 年物体进入半智能化，2020 年之后物体进入全智能化。

2009 年 6 月，欧盟委员会向欧盟议会、理事会、欧洲经济和社会委员会及地区委员会递交了《欧盟物联网行动计划》(*Internet of Things-An action plan for Europe*)，意在引领世界物联网发展。

2009 年 10 月，欧盟委员会以政策文件的形式对外发布了物联网战略，将于 2011—2013 年间每年新增 2 亿欧元进一步加强研发力度，同时拿出 3 亿欧元专款，支持物联网相关公私合作短期项目建设。

2009 年 12 月，欧盟委员会以政策文件的形式，对外发布了欧盟“数字红利”利用和未来物联网发展战略。

为了加强政府对物联网的管理，消除物联网发展的障碍，欧盟制定了 12 项行动保障物联网的发展。就目前而言，许多物联网相关技术仍在开发测试阶段，离不同系统之间融合、物与物之间的普遍链接的远期目标还存在一定差距。EPoSS 提出的各阶段物联网技术研发、产业化、标准化等工作的重点见表 1-2。

表 1-2 2020 年国际物联网技术研发重点

	2010 年之前	2010—2015 年	2015—2020 年	2020 年后
技术愿景	单个物体间互联； 低功耗、低成本	物与物之间联网； 无所不在的标签和传感器网络	半智能化； 标签、物件可执行指令	全智能化
标准化	RFID 安全及隐私标准； 确定无线频带； 分布式控制处理协议	针对特定产业的标准； 交互式协议和交互频率； 电源和容错协议	网络交互标准； 智能器件间系统	智能响应行为标准； 健康安全
产业化应用	RFID 在物流、零售、医药产业应用； 建立不同系统间交互的框架(协议和频率)	增强互操作性； 分布式控制及分布式数据库； 特定融合网络； 恶劣环境下应用	分布式代码执行； 全球化应用； 自适应系统； 分布式存储、分布式处理	人、物、服务网络的融合； 产业整合； 异质系统间应用
器件	更小、更廉价的标签、传感器、主动系统； 智能多波段射频天线； 高频标签； 小型化、嵌入式读取终端	提高信息容量、感知能力； 拓展标签、读取设备、高频传输速度； 片上集成射频； 与其他材料整合	超高速传输； 具有执行能力标签； 智能标签； 自主标签； 协同标签； 新材料	更廉价材料； 新物理效应； 可生物降解器件； 纳米功率处理组件
功耗	低功耗芯片组； 降低能源消耗； 低功耗芯片组； 超薄电池； 电源优化系统(能源管理)	改善能量管理； 提高电池性能； 能量捕获(储能、光伏)； 印刷电池； 超低功耗芯片组	可再生能源； 多种能量来源； 能量捕获(生物、化学、电磁感应)； 恶劣环境下发电； 能量循环利用	能量捕获； 生物降解电池； 无线电力传输

3. 韩国

2004 年，韩国的信息和通信部(MIC)则专门制定了详尽的《u-IT 839 战略》：8 项信息产业服务、三大基础网络设施建设、9 项新增长技术。

1) 韩国 u-IT 839 战略计划

《u-IT 839 战略》将 RFID/USN 列入发展重点，目前，韩国的 RFID 发展已经从先导应用开始全面推广；而 USN 也进入实验性应用阶段。韩国 u-IT 839 战略计划如图 1.1 所示。

2) 韩国 RFID/USN 相关推进计划

2009 年韩国通信委员会出台了《物联网基础设施构建基本规划》，将物联网市场确定为新增长动力。《物联网基础设施构建基本规划》提出到 2012 年实现“通过构建世界最先进的物联网基础实施，打造未来广播通信融合领域超一流信息通信技术强国”的目标，并确定了构建物联网基础设施、发展物联网服务、研发物联网技术和营造物联网扩散环境 4

大领域、12 项详细课题。韩国 RFID/USN 相关推进计划如图 1.2 所示。

图 1.1　韩国 u-IT 839 战略计划

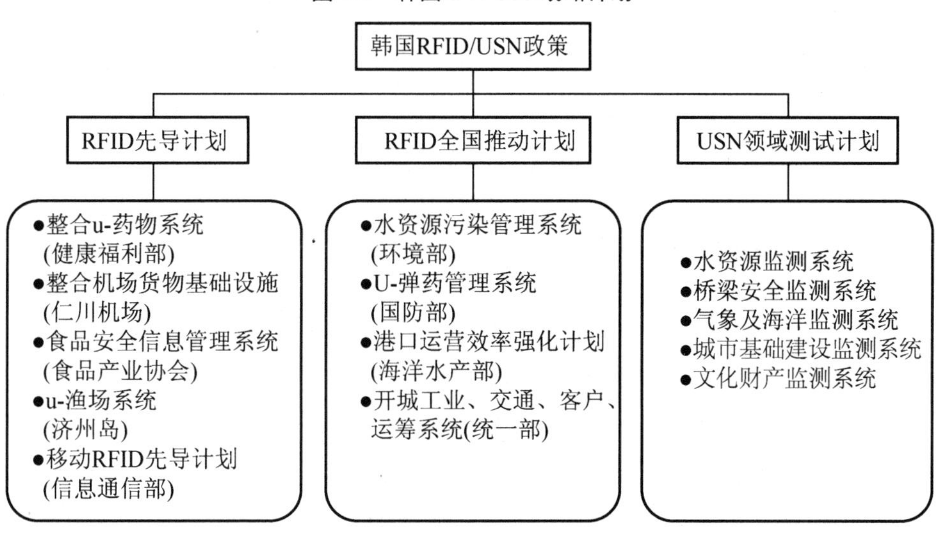

图 1.2　韩国 RFID/USN 相关推进计划

4. 日本

日本在 2004 年都推出了下一步国家信息化战略，称作 u-Japan，日本政府的 u-Japan 计划着力发展 Ubiquitous Network 和相关产业，希望由此催生新一代信息科技革命，在 2010 年实现“无所不在的日本”(ubiquitous Japan)。2009 年 7 月，日本 IT 战略本部颁布了日本新一代的信息化战略——“i-Japan”战略，为了让数字信息技术融入每一个角落，首先将政策目标聚焦在三大公共事业：电子化政府治理、医疗健康信息服务、教育与人才培育，提出到 2015 年，透过数位技术达到“新的行政改革”，使行政流程简化、效率化、标准化、透明化，同时推动电子病历、远程医疗、远程教育等应用的发展。

1.1.3　我国物联网发展情况

我国自 20 世纪 90 年代末开始传感网相关技术研究在无线传感器网络通信技术、微型传感器、传感器终端机和移动基站方面，取得重大进展。我国物联网研究面向国家重大战略和应用需求，开展物联网基础标准体系、关键技术、应用开发、系统集成和测试评估等方面研究，形成以应用为索引的特色发展路线，与世界发展国家同步。

2009 年 8 月国务院总理温家宝视察中科院嘉兴无线传感网工程中心无锡研发分中心，提出“感知中国”。2009 年 9 月，工信部在相关会议上，首次明确提出要进一步研究建设物联网、传感网，加快传感中心建设，推进信息技术在工业领域的广泛应用，提高资源利用率、经济运行效益和投入产出效率等。

2009 年 11 月 1 日，中关村物联网产业联盟正式成立，成员包括了北京移动、清华同方股份有限公司、北京邮电大学、中科院软件所、北京市交通委员会信息中心等 12 家单位，囊括了政府、院校和企业。

2009 年底，“中国电信物联网应用和推广中心”“中国电信物联网技术重点实验室”在江苏无锡成立，标志着中国第一个“物联网城市”在无锡正式启程。

2010 年 1 月，传感(物联)网技术产业联盟在无锡成立；2010 年被公认为中国物联网元年。

2010 年 6 月在北京召开中国物联网大会(第一届)，从此每年一次物联网大会，对应用、产业、技术、产品等做全国性交流，全国各地也成立产业协会、学会相关的物联网组织，对物联网应用与发展起相当大作用。

“十二五”期间(2011—2015)，物联网重点投资智能电网、智能交通、智能物流等 9 大领域，其中“十二五”期间智能电网的总投资预计达 2 万亿元，居十大领域之首，预计到 2015 年将形成核心技术的产业规模 2000 亿元。

2011 年中国发布物联网“十二五”规划，确定我国物联网发展与全球同处于起步阶段，初步具备了一定的技术、产业和应用基础，呈现出良好的发展态势。目前，我国物联网在安防、电力、交通、物流、医疗、环保等领域已经得到应用，且应用模式正日趋成熟。在安防领域，视频监控、周界防入侵等应用已取得良好效果；在电力行业，远程抄表、输变电监测等应用正在逐步拓展；在交通领域，路网监测、车辆管理和调度等应用正在发挥积极作用；在物流领域，物品仓储、运输、监测应用广泛推广；在医疗领域，个人健康监护、远程医疗等应用日趋成熟；除此之外，在环保领域，物联网在环境监测、市政设施监控、楼宇节能、食品药品溯源等方面也开展了广泛的应用。

我国物联网发展存在问题也较多。核心技术和高端产品与国外差距较大，高端综合集成服务能力不强，缺乏骨干龙头企业，应用水平较低，且规模化应用少，信息安全方面存在隐患等。

小资料

中国物联网大会

第一届　2010 年 6 月 29 日北京 http://www.ciecloud.org/iot2010

第二届　2011 年 4 月 27 日北京 http://old.50cnnet.com/wlwdh_zhuanti/wlw_zt.html

第三届　2012 年 4 月 25～26 日北京 http://www.50cnnet.com/z/wlwdaihui/wulianindex.html

第四届　2013 年 4 月 22～24 日北京 http://www.iotexpo.org/

1.2　物联网体系结构

物联网应该具备 3 个特征，一是全面感知，即利用 RFID、传感器、二维码等随时随地获取物体的信息；二是可靠传递，通过各种电信网络与互联网的融合，将物体的信息实时准确地传递出去；三是智能处理，利用云计算、模糊识别等各种智能计算技术，对海量数据和信息进行分析和处理，对物体实施智能化的控制。在业界，物联网大致被公认为有 3 个层次，底层是用来感知数据的感知层，第二层是数据传输的网络层，最上面则是内容应用层。物联网系统结构图如图 1.3 所示。

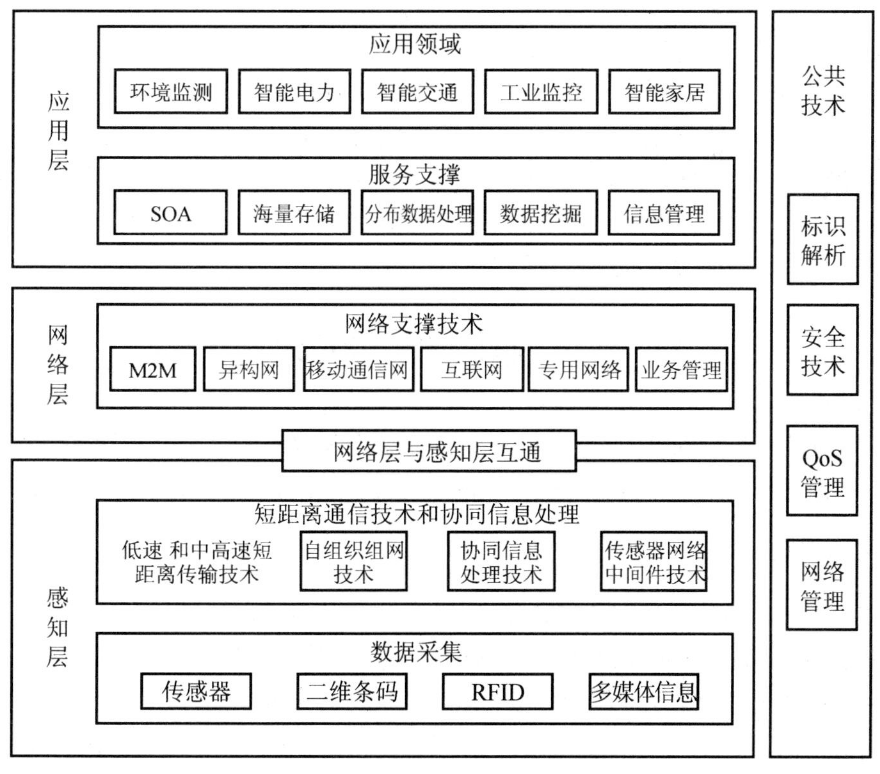

图 1.3　物联网系统结构图

1. 物联网感知层

感知层由数据采集子层、短距离通信技术和协同信息处理子层组成。数据采集子层通过各种类型的传感器获取物理世界中发生的物理事件和数据信息，例如各种物理量、标识、音视频多媒体数据。物联网的数据采集涉及传感器、RFID、多媒体信息采集、二维码和实时定位等技术。短距离通信技术和协同信息处理子层将采集到的数据在局部范围内进行协同处理，以提高信息的精度，降低信息冗余度，并通过具有自组织能力的短距离传感网接入广域承载网络。感知层中间件技术旨在解决感知层数据与多种应用平台间的兼容性问题，包括代码管理、服务管理、状态管理、设备管理、时间同步、定位等。

2. 物联网网络层

网络层将来自感知层的各类信息通过基础承载网络传输到应用层，包括移动通信网、互联网、卫星网、广电网、行业专网及形成的融合网络等。根据应用需求，可作为透传的网络层，也可升级以满足未来不同内容传输的要求。经过10余年的快速发展，移动通信、互联网等技术已比较成熟，在物联网的早期阶段基本能够满足物联网中数据传输的需要。网络层主要关注来自于感知层的、经过初步处理的数据经由各类网络的传输问题。这涉及智能路由器，不同网络传输协议的互通、自组织通信等多种网络技术。

3. 物联网应用层

应用层主要包括服务支撑层和应用子集层。物联网的核心功能是对信息资源进行采集、开发和利用。服务支撑层的主要功能是根据底层采集的数据，形成与业务需求相适应、实时更新的动态数据资源库。支撑子层中主要包括云计算、大数据处理。物联网的应用将产生大量的数据，需要云计算平台存储与管理，另外少量数据要变成有用信息，传统的信息处理手段已经不能适应，因此大数据处理技术，在将来智能应用方面将起到越来越大的作用。物联网涉及面广，应用领域包括智能农业、智能工业、公共安全、智慧城市、智能医疗、智能家居、智能交通和环境监测等方面。

1.3　物联网关键技术

物联网的产业链可细分为标识、感知、信息传送和数据处理4个环节，其中的核心技术主要包括射频识别技术、传感器技术、网络与通信技术和数据的挖掘与融合技术等。

1.3.1　射频识别技术

感知识别技术包括条码、IC卡、射频识别等多种系统，在物联网应用中，主要为射频识别(Radio Frequency Identification，RFID)技术。射频识别技术是一种无接触的自动识别技术，利用射频信号及其空间耦合传输特性，实现对静态或移动待识别物体的自动识别，用于对采集点的信息进行“标准化”标识。鉴于射频识别技术可实现无接触的自动识别，全天候、识别穿透能力强、无接触磨损，可同时实现对多个物品的自动识别等诸多特点，将这一技术应用到物联网领域，使其与互联网、通信技术相结合，可实现全球范围内物品的跟踪与信息的共享，在物联网“识别”信息和近程通信的层面中，起着至关重要的作用。另一方面，产品电子代码(EPC)采用 RFID 电子标签技术作为载体，大大推动了物联网发展和应用。

RFID 技术在国外的发展较早也较快。尤其是在美国、英国、德国、瑞典、瑞士、日本、南非目前均有较为成熟且先进的 RFID 系统。

从分类上看，RFID 技术根据电子标签工作频率的不同通常可分为低频系统(125kHz、134.2kHz)、高频系统(13.56MHz)、超高频(860～960MHz)和微波系统(2.45GHz、5.8GHz)等。

(1) 低频和高频系统的特点是阅读距离短、阅读天线方向性不强等，其中，高频系统的通信速度较慢。两种不同频率的系统均采用电感耦合原理实现能量传递和数据交换，主要用于短距离、低成本的应用中。

(2) 超高频(UHF)、微波系统的标签采用电磁后向散射耦合原理进行数据交换，阅读距离较远(可达十几米)，适应物体高速运动，性能好；阅读天线及电子标签天线均有较强的方向性，但该系统标签和读写器成本都比较高。UHF 频段的远距离 RFID 系统在北美得到了很好的发展；欧洲则以有源 2.45GHz 系统得到了较多的应用。5.8GHz 系统在日本和欧洲均有较为成熟的有源 RFID 系统。

根据电子标签供电方式的不同，电子标签又可分为无源标签(Passive Tag)、半有源标签(Semi-Passive Tag)和有源标签(Active Tag)3 种。

(1) 无源电子标签不含电池，它接收到读写器发出的微波信号后，利用读写器发射的电磁波提供能量，无源标签一般免维护、质量轻、体积小、寿命长、价格较便宜，但其阅读距离受到读写器发射能量和标签芯片功能等因素限制。

(2) 半有源电子标签内带有电池，但电池仅为标签内需维持数据的电路或远距离工作时供电，电池能量消耗很少。

(3) 有源电子标签工作所需的能量全部由标签内部电池供应，且它可用自身的射频能量主动发送数据给读写器，阅读距离很远(可达 30m)，但寿命有限，价格昂贵。

1.3.2 传感器技术

信息采集是物联网的基础，而目前的信息采集主要是通过传感器、传感节点和电子标签等方式完成的。传感器作为一种检测装置，作为摄取信息的关键器件，由于其所在的环境通常比较恶劣，因此物联网对传感器技术提出了较高的要求。一是其感受信息的能力，二是传感器自身的智能化和网络化，传感器技术在这两方面均需要发展与突破。将传感器应用于物联网中可以构成无线自组网络，这种传感器网络技术综合了传感器技术、嵌入式技术、分布式信息处理技术、无线通信技术等，使各类能够嵌入到任何物体的集成化微型传感器协作实现场景实时监测、采集，并将这些信息以无线的方式发送给观测者，从而实现“泛在”传感。在传感器网络中，传感节点具有端节点和路由的功能：首先是实现数据的采集和处理，其次是实现数据的融合和路由，综合本身采集的数据和收到的其他节点发送的数据，转发到其他网关节点。传感节点的好坏会直接影响到整个传感器网络的正常运转和功能健全。

1.3.3 网络与通信技术

物联网的实现涉及近程通信技术和远程传输技术。近程通信技术涉及 RFID、蓝牙、Wi-Fi、ZigBee 等，远程运输技术涉及互联网的组网、网关等技术。近程通信移动性不强、数据率低、信息安全及可靠性高、数据量大，是当前物联网研究的一个重点。远程通信方面主要包括 IP 互联网、2G/3G/4G 移动通信、卫星通信等技术，而以 IPv6 为核心的新联网的发展，更为物联网的提供户提供高效的传送通道；M2M 技术也是物联网实现的关键。与 M2M 可以实现技术结合的远距离连接技术有 GSM、GPRS、UMTS 等，Wi-Fi、蓝牙、ZigBee、RFID 和 UWB 等近距离连接技术也可以与之相结合，此外还有 XML 和 Corba，以及基于 GPS、无线终端和网络的位置服务技术等。M2M 可用于安全监测、自动售货机、货物跟踪领域，应用广泛。

1.3.4 云计算及大数据处理技术/数据的挖掘与融合技术

物联网是由成千上万的小网络通过互联网络形成的一个巨大的网络，从物联网的感知层到应用层，各种信息的种类和数量都成倍增加，需要分析的数据量也成级数增加，同时还涉及各种异构网络或多个系统之间数据的融合问题，数据的存储、安全问题，以及从海量的数据中及时挖掘出隐藏信息和有效数据的问题，给数据处理带来了巨大的挑战，因此怎样合理、有效地存储、管理、整合、挖掘和智能处理海量的数据是物联网的难题。结合 P2P、云计算等分布式计算技术，成为解决以上难题的一个途径。云计算为物联网提供了一种新的高效率计算模式，可通过网络按需提供动态伸缩的廉价计算，其具有相对可靠并且安全的数据中心，同时兼有互联网服务的便利、廉价和大型机的能力，可以轻松实现不同设备间的数据与应用共享，用户无须担心信息泄露，黑客入侵等棘手问题。云计算是信息化发展进程中的一个里程碑，它强调信息资源的聚集、优化和动态分配，节约信息化成本并大大提高了数据中心的效率。

“大数据”是一个体量特别大，数据类别特别大的数据集，并且这样的数据集无法用传统数据库工具对其内容进行抓取、管理和处理。大数据有如下特点。

(1) 大型数据集，一般在 10TB 规模左右，但在实际应用中，很多企业用户把多个数据集放在一起，已经形成了 PB 级的数据量。

(2) 数据类别大，数据来自多种数据源，数据种类和格式日渐丰富，已冲破了以前所限定的结构化数据范畴，囊括了半结构化和非结构化数据。

(3) 数据处理速度快，在数据量非常庞大的情况下，也能够做到数据的实时处理。

(4) 数据真实性高，随着社交数据、企业内容、交易与应用数据等新数据源的兴趣，传统数据源的局限被打破，企业愈发需要有效的信息之力以确保其真实性及安全性。

1.4　物联网产业发展

1.4.1　全球物联网产业发展现状

物联网产业在自身发展的同时，带来庞大的产业集群效应。据保守估计，传感器技术在智能交通、公共安全、重要区域防入侵、环保、电力安全、平安家居、健康监测等诸多领域的市场规模均超过百亿甚至千亿。权威机构预测，到 2020 年，物物互联业务与现有人人互联业务之比将达到 30∶1，物联网产业将有可能成为下一个万亿级的产业。美国《福布斯》杂志评论未来的物联网将比现有的互联网大得多，市场前景将远远超过计算机、互联网、移动通信等市场。

总体而言，全球物联网发展还处于初级阶段，但已具备较好的基础。未来几年，全球物联网市场规模将出现快速增长，据相关分析报告，2007 年全球市场规模达到 700 亿美元，2008 年达到 780 亿美元，2012 年超过 1400 亿美元，年增长率接近 20%。其中，微加速度计、压力传感器、微镜、气体传感器、微陀螺等器件也已在汽车、手机、电子游戏、生物医疗、传感网络等消费领域得到广泛应用，大量成熟技术和产品的诞生为物联网大规模应用奠定了基础。

近年来，我国物联网产业得到快速发展，目前已经形成初步的产业链，到 2011 年物联网产业规模超过 2600 亿元。“十二五”时期我国物联网由起步发展进入规模发展阶段，面对的国际竞争更为激烈。物联网是我国新一代信息技术自主创新突破的重点方向，物联网在各行各业的应用得到国家科技部、质量监督检验检疫总局、国家标准化管理委员会等政府部门和自动识别技术等相关行业及企业的高度重视；2011 年物联网专项基金 5 亿元，“十二五”期间，发放总额将达 50 亿元。党中央和国务院高度重视物联网发展，明确指出要加快推动物联网技术研发和应用示范；大部分地区将物联网作为发展重点，许多行业部门将物联网应用作为推动本行业发展的重点工作加以支持，社会对物联网的认知程度日益提升，物联网正在逐步成为社会资金投资的热点，发展环境不断优化。2010—2020 年，中国物联网产业将经历应用创新、技术创新、服务创新 3 个关键的发展阶段，成长为一个超过 5 万亿规模的巨大产业。

1.4.2　物联网产业结构特点

物联网产业链长，涉及范围广。物联网涉及传感器、芯片、软件、终端、网络、集成、业务应用，主要涉及芯片与技术提供商、应用与软件提供商、网络提供商、系统集成商、运营及服务商、用户等环节，物联网的应用领域覆盖到工业、农业、交通、医疗、环境、娱乐、公共事业、社会管理、安全等，包括了各行各业、各个物品。

1.4.3　我国物联网产业布局及重点发展领域

我国物联网产业布局的原则：充分尊重市场规律，加强宏观指导，结合现有开发区、园区的基础和优势，突出发展重点，按照有利于促进资源共享和优势互补、有利于以点带面推进产业长期发展、有利于土地资源节约集约利用的原则，初步完成我国物联网区域布局，防止同质化竞争，杜绝盲目投资和重复建设。据此，我国以无锡国家传感网创新示范区为中心，积累经验，以点带面，辐射带动物联网产业在全国范围内的发展。充分考虑技术、人才、产业、区位、经济发展、国际合作等基础因素，在东、中、西部地区，以重点城市或城市群为依托，高起点培育一批物联网综合产业集聚区。

我国物联网产业布局：北京(京津冀及三北地区)，以物联网的系统应用为主导；上海(江浙沪长三角地区)，以电子标签大规模生产的产业链为主导；深圳(珠三角地区)，以读写器的生产和研发产业链为主导。

我国“十二五”规划中，在以下 3 个领域重点应用：①经济运行重点行业领域：重点支持物联网在工业、农业、流通业等领域的应用示范。通过物联网技术进行传统行业的升级改造，提升生产和经营运行效率，提升产品质量、技术含量和附加值，促进精细化管理，推动落实节能减排，强化安全保障能力。②基础设施和安全保障领域。重点支持交通、电力、环保等领域，推动物联网在重大基础设施管理、运营维护方面的应用模式创新，提升重大基础设施的监测管理与安全保障能力，提升对重大突发事件的应急处置能力。③社会管理和民生服务领域：重点支持公共安全、医疗卫生、智能家居等领域，提高人民生活质量和社会公共管理水平，推动面向民生服务领域的应用创新。重点领域的应用示范工程有智能工业、智能农业、智能物流、智能交通、智能电网、智能环保、智能安防、智能医疗、智能家居 9 个方面。

1.4.4 物联网产业存在的问题

近几年，世界范围内物联网产业发展迅猛，但还存在诸多问题，主要包括：①国家安全问题：如何确保企业商业机密、国家机密不被泄露。②隐私问题：个人隐私的泄露与法律如何管理。③商业模式问题：物联网商用模式有待完善。④IP 地址问题：IPv4 到 IPv6 的兼容问题。

在全球范围内，物联网大规模应用存在 3 方面的制约：一是物联网大多数领域的核心技术尚在发展中，距产业化应用有较大距离，特别是传感器网络，基本不具备大规模产业化应用的条件。二是从物联网核心架构到各层的技术体制与产品接口大多未实现标准化，物联网行业应用的标准化也处于初级阶段，难以实现低成本的应用普及和规模扩张。三是技术和产业化的发展不足又导致物联网应用成本很高，从产品、技术、网络到解决方案都缺乏足够的经济性，加上物联网本身所具备的应用跨度大、需求长尾化、产业分散度高、产业链长和技术集成性高的特点，从经济成本到时间成本都难以短时间内大规模启动市场。

我国物联网发展起步时间差距不大，但技术产业差距不容乐观。虽已初步形成涵盖主要门类的产业体系，但规模化产业能力不足，核心技术不强，大部分领域落后于国际先进水平，处在产业链低端，尤以感知和智能处理产业差距显著。核心根源在于信息产业长期的基础性瓶颈和大系统综合集成能力的缺乏。核心芯片、基础性系统、基础性架构依赖国外的情况在物联网相关领域更趋突出，如传感器产业差距至少在有数年，中高端传感器基本依赖进口，智能电网核心芯片几乎全是国外产品，智能处理和云计算的基础架构均由发

达国家主导。一直以来，我国缺乏能实现硬件、软件、网络、平台、应用和业务流程端到端大系统综合集成的企业，这一矛盾在重要行业和智能城市的高端物联网应用中将更为尖锐。此外，我国物联网相关企业整体上能力偏弱，如 95%传感器和 90%仪表企业为中小型企业。在核心技术方面，“十二五”期间，突破核心关键技术主要有：①感知技术，重点支持超高频和微波 RFID 标签、智能传感器、嵌入式软件的研发，支持位置感知技术、基于 MEMS 的传感器等关键设备的研制，推动二维码解码芯片研究。②推进传输技术突破。重点支持适用于物联网的新型近距离无线通信技术和传感器节点的研发，支持自感知、自配置、自修复、自管理的传感网组网和管理技术的研究，推动适用于固定、移动、有线、无线的多层次物联网组网技术的开发。③加强处理技术研究。重点支持适用于物联网的海量信息存储和处理，以及数据挖掘、图像视频智能分析等技术的研究，支持数据库、系统软件、中间件等技术的开发，推动软硬件操作界面基础软件的研究。④巩固共性技术基础。重点支持物联网核心芯片及传感器微型化制造、物联网信息安全等技术研发，支持用于传感器节点的高效能微电源和能量获取、标识与寻址等技术的开发，推动频谱与干扰分析等技术的研究。

1.4.5　我国物联网产业人才需求

物联网的发展，人才是根本。我国从 2010 年教育部批准 40 所高校办物联网工程专业，2011 年初第二批批准 27 所高校，2012 年 80 所高校被批准办学。2013 年北京科技大学第一批毕业生中，只有 5 人就业，其他毕业生分别保研、出国、考研，物联网专业人才缺口很大。根据权威机构预测，“十二五”期间，人才需求达上千万之多。从行业上，需求量分布如下。

(1) 智能交通：车联网将覆盖中国汽车领域，赶超全球汽车巨头。据工信部中国电子商会最新统计数据，全国以武汉、广州、重庆、上海为龙头的车联网产业迅速拓展，汽车产业从产前、产中到产后的车联网人才需求未来 5 年约有 20 万的市场需求。

(2) 智能物流(现代物流与智能仓储)：据中国物流与采购协会的最新数据，2015 年中国智能物流核心技术将形成的产业规模达 2000 亿元。全国包括上海、重庆、广州、深圳、无锡、南京、西安、武汉等国家大型国际物流港的发展，至 2013 年全国现代物流与智能仓储方面的技术管理人才缺口在 20 万人以上。

(3) 智能电网(光伏电子与太阳能应用技术)：据美国思科公司的产业报告，智能电网的规模比互联网大 1000 倍。随着数字经济和低碳经济的快速发展，可再生能源等分散式发电能源不断增加及节点入网，智能电网将减少电网高峰期的负荷，确保电网的安全性与可靠性，未来 5～10 年智能电网与新能源电力产业人才将达到百万人。

(4) 智能医疗(公共卫生与远程医疗/医护管理与社区服务)：智能医疗设备支持与技术服务、智能医护管理在内的专业技术人才市场需求将超出百万。

(5) 智能工业(过程管理与自动化控制)：促进工业企业节能降耗，在提高产品品质、提高经济效益等方面发挥巨大推动作用。过程管理与自动化控制的岗位专业人才需求目前缺口约需 50 万人。

(6) 智能农业(精细化农牧业/有机农业/食品安全/生态观光农业/外向型都市农业)：我

国是一个农业大国，但不是农业强国，农业强国战略的关键在于农业的信息化来促进农业的现代化。智能农业的各类专业人才在现代农业“十二五”中的缺口经超出 1000 万人。

(7) 环境监控与灾害预警：随着全球气候与自然环境的人为破坏，环境监控与灾害预警是全球最为关注的主题，我国政府尤为重视，未来 5 年此类专业技术人才市场需求大约在 30 万人。

(8) 智能家居(楼宇自动化/现代物业管理)：提供人性化与个性化服务，低碳环保将是智能家居(楼宇自动化/现代物业管理)与家电业未来发展的大方向，其未来 5 年人才市场需求将达到近百万人。

习　题

1. 物联网系统架构分为哪几层？各有什么功能？
2. 物联网关键技术有哪些？
3. 物联网产业结构有哪些特点？
4. 我国物联网产业重点发展方向有哪些？
5. 当前物联网产业发展存在的问题主要有哪些？
6. 你学习物联网工程专业的目标是什么？将来希望从事哪个行业？计划如何学习？

第 2 章

RFID 技术及应用

RFID 是一种非接触式的自动识别技术，它通过射频信号自动识别目标对象并获取相关数据，识别工作无须人工干预，作为条形码的无线版本，RFID 技术具有条形码所不具备的防水、防磁、耐高温、使用寿命长、读取距离大、标签上数据可以加密、存储数据容量更大、存储信息更改自如等优点，其应用将给零售、物流等产业带来革命性变化。

本章将对自动识别技术发展的背景，条形码技术，RFID 技术，RFID 应用系统和 RFID 标签编码标准进行较为详尽的介绍，使读者通过本章的学习对 RFID 技术及应用有较为深刻的了解。

教学目标

了解自动识别技术发展的背景；
了解条形码技术及其标准；
掌握 RFID 技术及其应用系统；
了解 RFID 标签编码标准。

2.1 自动识别技术的发展背景

近年来，自动识别技术(Automatic Identification)在很多服务领域、商务和分销、物流、工业和制造及材料流等领域变得越来越流行。在这些领域中，自动识别过程提供关于人员、动物、货物、材料和产品等在传输过程中的信息。其代表性的技术包括以下几种。

1. 条形码技术

条形码是由平行排列的线条和间隔所组成的二进制编码。它们根据预定的模式进行排列并且表达相应记号系统的数据项。宽窄不同的线条和间隔的排列次序可以解释成数字或者字母。它可以进行光学扫描阅读，即根据黑色线条和白色间隔对激光的不同反射来识别。但是尽管其物理原理相似，目前在用的大约有 10 数种不同的编码和布局方案。

2. 光学字符识别

光学字符识别技术早在 20 世纪 60 年代就开始应用。人们开发了一些特殊的字体，以使人和机器都能够阅读。OCR 系统最大的优点是信息的高密度性及在紧急情况下人可以介入进行可视阅读。今天，OCR 已经被用在生产、服务和管理领域，并且在银行用作支票的注册。然而，OCR 系统没有成为通用手段的原因在于其高昂的价格和与其他识别方式相比更加复杂的阅读器。

3. 生物特征识别

生物特征是基于人类人体自身所带的某种身体或者行为特征进行模板化后对个体进行识别。因此，该方式具有其他方式所不具备的特征，即识别特征是天然的不可重复的(理论上)。对于方式来说，主要有指纹、掌纹、声音、语音、虹膜、视网膜、步态、面容等，其中指纹方式是最流行和普遍的。

4. 智能卡

智能卡(Smart Card)是一个数据存储系统，也可以提供附加的计算能力，并且对数据存储提供内置的防篡改支持。第一个智能卡是 1984 年发行的预付费电话卡。智能卡被放入阅读器中，这样就与智能卡的触角之间形成了电流通路。阅读器向智能卡提供电源和时钟脉冲。两者之间的数据传输使用双向串行接口的方式。基于内部功能的不同，智能卡的基本类型分为两种：内存卡和处理器卡。智能卡的一个主要优势是存储在其上的数据可以防止非授权的访问和修改，因此在安全访问、认证、金融和电信领域成为微电子领域增长最快的一项。

5. RFID 系统

RFID 和上述的智能卡系统非常紧密相关。和智能卡类似，数据被存储在一个电子数据承载设备——收发器(transponder)上，但是，和智能卡不同，数据承载设备和阅读器之间的电源供应和数据传输不是基于接触的电流方式，而是基于磁场或电磁场的方式。其基本的依赖技术包括射频和雷达工程。因为 RFID 系统和其他识别系统相比有很多优点，所以 RFID 系统开始大规模的占领市场。一个主要的应用领域就是非接触式智能卡在短程公共交通中的应用。

不同识别系统间的比较见表 2-1。

表 2-1　不同识别系统间的比较

系统参数	条形码	OCR	生物识别	智能卡	RFID
典型的数据量(B)	1～100	1～100	—	16～64K	16～64K
数据密度	低	低	高	很高	很高
机器可读性	好	好	昂贵	好	好
人可读	有限	简单	简单	不可	不可
污渍和潮湿的影响	很高	很高	根据具体技术	可能(接触式)	不影响
遮盖的影响	完全失效	完全失效	根据具体技术	—	不影响
方向和位置的影响	低	低	—	双向	不影响

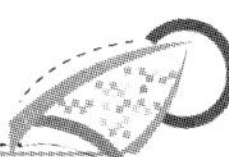

续表

系统参数	条形码	OCR	生物识别	智能卡	RFID
退化和磨损	有限	有限	—	有(接触)	不影响
购买成本	很低	中	很高	低	中
运行成本	低	低	无	中(接触式)	无
安全	轻微	轻微	可能	高	高
阅读速度	低 ≈4s	低 ≈3s	较低	较低 ≈4s	很快 ≈0.5s
阅读器和载体之间的最大距离	0～50cm	<1cm	0～50cm	直接接触	0～5m (微波)

2.2　条形码简介

条形码或条码(barcode)是将宽度不等的多个黑条和空白，按照一定的编码规则排列，用以表达一组信息的图形标识符。常见的条形码是由反射率相差很大的黑条(条)和白条(空)排成的平行线图案。条形码可以标出物品的生产国、制造厂家、商品名称、生产日期、图书分类号、邮件起止地点、类别、日期等许多信息，因而在商品流通、图书管理、邮政管理、银行系统等许多领域都得到了广泛的应用。

条形码是由一组宽度不同、反射率不同的条和空按规定的编码规则组合起来的，用以表示一组数据和符号，条形技术是研究如何把计算机所需要的数据用一种条形码来表示，以及如何将条形码表示的数据转变为计算机可以自动采集的数据。因而，条形码技术主要包括：条形码编码原理及规则标准、条形码译码技术、光电技术、印刷技术、扫描技术、通信技术、计算机技术等。具体来说条形码是一种可印制的机器语言，它采用二进制数的概念，用 1 和 0 表示编码的特定组合单元。直观看来，常用的条形码是由一组字符组成，如数字 0～9，字母 A～E 或一些专用符号条码种类很多，常见的大概有 20 多种码制，其中包括： Code39 码(标准 39 码)、Codabar 码(库德巴码)、Code25 码(标准 25 码)、ITF25 码(交叉 25 码)、Matrix25 码(矩阵 25 码)、UPC-A 码、UPC-E 码、EAN-13 码(EAN-13 国际商品条码)、EAN-8 码(EAN-8 国际商品条码)、中国邮政码(矩阵 25 码的一种变体)、Code-B 码、MSI 码、Code11 码、Code93 码、ISBN 码、ISSN 码、Code128 码(Code128 码，包括 EAN128 码)、Code39EMS(EMS 专用的 39 码)等一维条码和 PDF417 等二维条码。

1. 条形码的特点

条形码是迄今为止最经济、实用的一种自动识别技术。条形码技术具有以下几个优点。

(1) 输入速度快：与键盘输入相比，条形码输入的速度是键盘输入的 5 倍，并且能实现“即时数据输入”。

(2) 可靠性高：键盘输入数据出错率为 1/300，利用光学字符识别技术出错率为 1/10000，而采用条形码技术误码率低于 1/1000000。

(3) 采集信息量大：利用传统的一维条形码一次可采集几十位字符的信息，二维条形码更可以携带数千个字符的信息，并有一定的自动纠错能力。

(4) 灵活实用：条形码标识既可以作为一种识别手段单独使用，也可以和有关识别设备组成一个系统实现自动化识别，还可以和其他控制设备连接起来实现自动化管理。

(5) 条形码标签易于制作，对设备和材料没有特殊要求，识别设备操作容易，不需要特殊培训，且设备也相对便宜。

2. 一维条形码技术简介

人们日常见的印刷在商品包装上的条码，是传统的一维条码，这种条码自 20 世纪 70 年代初问世以来，很快得到了普及并广泛应用到工业、商业、国防、交通运输、金融、医疗卫生、邮电及办公室自动化等领域。

条码由一组规则排列的条、空和相应的字符组成。条码信息靠条和空的不同宽度和位置来传递，信息量的大小是由条码的宽度和印刷的精度来决定的，条码越宽，包容的条和空越多，信息量越大；条码印刷的精度越高，单位长度内可以容纳的条和空越多，传递的信息量也就越大。这种条码技术在一个方向上通过“条”与“空”的排列组合来存储信息，所以称为“一维条码”。这种用条、空组成的数据编码可以供机器识读，而且很容易译成二进制数和十进制数。

任何一个完整的一维条码通常都是由两侧的空白区、起始符、数据字符、校验符(可选)、终止符和供人识别字符组成的。图 2.1 示出了一个条码符号的完整结构。一维条码符号中的数据字符和校验符是代表编码信息的字符，扫描识读后需要传输处理，左右两侧的空白区(静区)、起始符、终止符等都是不代表编码信息的辅助符号，仅供条码扫描识读时使用，不需要参与信息代码传输。

图 2.1　条码符号的结构

条码的编码方法是指条码中条空的编码规则及二进制的逻辑表示的设置。众所周知，计算机设备只能识读二进制数据(数据只有“0”和“1”两种逻辑表示)，条码符号作为一种为计算机信息处理而提供的光电扫描信息图形符号，也应满足计算机二进制的要求。条码的编码方法就是要通过设计条码中条与空的排列组合来表示不同的二进制数据。一般来说，条码的编码方法有两种：模块组合法和宽度调节法。模块组合法是指条码符号中，条与空是由标准宽度的模块组合而成。一个标准宽度的条表示二进制的“1”，而一个标准宽度的空模块表示二进制的“0”。商品条码模块的标准宽度是 0.33mm，它的一个字符由两个条和两个空构成，每一个条或空由 1～4 个标准宽度模块组成。宽度调节法是指条码中，条与空的宽窄设置不同，用宽单元表示二进制的“1”，而用窄单元表示二进制的“0”，宽

窄单元之比一般控制在 2∶3。

一维条形码通过条形码扫描器进行识别。条形码扫描器也称为扫描枪或阅读器，如图 2.2 所示。用于读取条码所包含的信息。按照其能够阅读条形码的种类分为一维码扫描器和二维码扫描器。广泛应用于商业、物流、药品监管、食品监管、图书管理、出版物管理、邮件管理、库存管理、企业固定资产管理、银行业、保险业、海关、铁路等多种行业。

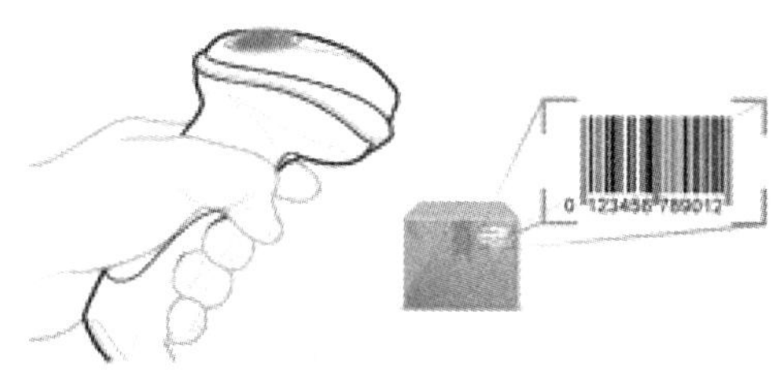

图 2.2 条形码扫描器

3. 二维条形码技术简介

二维条形码(2-dimensional bar code)是在水平和垂直方向的二维空间存储信息。二维条码具有信息容量大、安全性强、保密性高(可加密)、识别率高、编码范围广等特点。同一维条码相比，二维条码也有一些缺点，如要有专门的生成程序，识读设备价格比较昂贵，对于在线扫描，先有码后赋值的模式，不能发挥其特点。图 2.3 所示为一个二维条形码。

图 2.3 二维条形码

与一维条码一样，二维条码也有许多不同的编码方法或称码制。就这些码制的编码原理而言，通常可分为以下 3 种类型：线性堆叠式(或称层排式)二维码(stacked bar code)：是在一维条码编码原理的基础上，将多个一维码在纵向堆叠而产生的。在编码设计、校验原理、识读方式等方面继承了一维条码的特点，识读设备与条码印刷与一维条码技术兼容，这类二维条码有 Code 49、PDF417、Code 16K 等。

矩阵式二维码(又称棋盘式二维条码)：它是在一个矩形空间里通过黑、白像素在矩阵中的不同分布进行编码。矩阵相应元素位置上，用点(方点、圆点或其他形状)的出现表示二进制“1”，点的不出现表示二进制的“0”，点的排列组合确定了矩阵式二维条码所代表的意义。矩阵式二维条码是建立在计算机图像处理技术、组合编码原理等基础之上的一种新型的图像符号自动识别处理码制。具有代表性的矩阵式二维条码有：Code One、Maxi Code、QR Code、Data Matrix 等。

二维码信息容量大，在一个二维条码中可以存储 1000B 以上，一个载体上可以有几个二维条码；信息密度高，同样大小的二维条码是一维条码信息密度的 100 倍以上；识别率极高，由于二维码有极强的错误修正技术，即使破损、沾污 50%的面积也能正确读出全部信息；保密性、防伪能力强，由于二维码的编码技术十分巧妙，因此可以非常有效地防止伪造；编码范围广，可以将照片、指纹、掌纹、手写签名等凡是可以数字化的信息均可编码；制作容易、使用成本低，可以打印在普通的纸张、PVC 或其他材料上，与一维条码的制造成本相当。

国外对二维条码技术的研究始于 20 世纪 80 年代末，已研制出多种码制，全球现有的一、二维条码多达 250 种以上，其中常见的有 PDF417、QR Code、Code49、Code16K、Code One 等 20 余种。二维条码技术标准在全球范围得到了应用和推广。美国讯宝科技公司(Symbol)和日本电装公司(Denso)都是二维条码技术的佼佼者。目前得到广泛应用的二维码国际标准有 QR 码、DM 码和 PDF417 码，对它们的比较见表 2-2。

表 2-2　QR Code、Data Martix Code 和 PDF 417 的比较

码　　制	QR 码	DM 码	PDF417
符号结构			
研制公司	Denso Corp (日本)	I.D. Matrix Inc (美国)	Symbol Technologies Inc (美国)
码制分类	矩阵式		行排式
识读速度	30 个/秒	2～3 个/秒	3 个/秒
识读方向	全方位(360°)		±10
识读方法	深色/浅色模块判别		条空宽度尺寸判别
汉字表示	13b	16b	16b

2.3　RFID 技术与应用

RFID 基本都由电子标签(tag)、阅读器(reader)和数据传输与处理系统(processor)三大部分组成。它通过射频信号自动识别目标对象并获取相关数据，识别工作无须人工干预，可工作于各种恶劣环境。此外，RFID 技术可识别高速运动物体并可同时识别多个标签。RFID 设备的工作原理：当装有无源电子标签的物体在距离 0～10m 范围内接近读写器时，读写

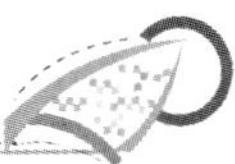

器受控发出微波查询信号；安装在物体表面的电子标签收到读写器的查询信号后，将此信号与标签中的数据信息合成一体反射回电子标签读出装置，反射回的微波合成信号已携带电子标签数据信息，读写器接收到电子标签反射回的微波合成信号后，经读写器内部微处理器处理后即可将电子标签存储的识别代码等信息分离读取出。

2.3.1　RFID 的基本工作原理

电子标签是 RFID 的通俗叫法，它也被称为电子标签或智能标签，它是内存带有天线的芯片，芯片中存储有能够识别目标的信息。电子标签具有持久性，信息接收传播穿透性强，存储信息容量大、种类多等特点。有些 RFID 标签支持读写功能，目标物体的信息能随时被更新。

解读器分为手持和固定两种，由发送器、接收仪、控制模块和收发器组成。收发器和控制计算机或可编程逻辑控制器(PLC)连接从而实现它的沟通功能。解读器也可天线接收和传输信息。

数据传输与处理系统：解读器通过接收标签发出的无线电波接收读取数据。最常见的是被动射频系统，当解读器遇见电子标签时，发出电磁波，周围形成电磁场，标签从电磁场中获得能量激活标签中的微芯片电路，芯片转换电磁波，然后发送给解读器，解读器把它转换成相关数据。控制计算器就可以处理这些数据从而进行管理控制。在主动射频系统中，标签中装有电池在有效范围内活动。

2.3.2　RFID 标签的分类

从应用概念来说，电子标签的工作频率也就是 RFID 系统的工作频率，是其最重要的特点之一。毫无疑问，电子标签的工作频率是其最重要的特点之一。电子标签的工作频率不仅决定着 RFID 系统工作原理(电感耦合还是电磁耦合)、识别距离，还决定着电子标签及解读器实现的难易程度和设备的成本。工作在不同频段或频点上的电子标签具有不同的特点。RFID 应用占据的频段或频点在国际上有公认的划分，即位于 ISM 波段之中。典型的工作频率有：125kHz、133kHz、13.56MHz、27.12MHz、433MHz、902～928MHz、2.45GHz、5.8GHz 等。因此，按照电子标签工作的频率可以分为低频段电子标签，高频段电子标签，超高频与微波频段电子标签。

(1) 低频段电子标签，简称为低频标签，其工作频率范围为 30～300kHz。典型工作频率有：125kHz，133kHz(也有接近的其他频率，如 TI 使用 134.2kHz)。低频标签一般为无源标签，其工作能量通过电感耦合方式从阅读器耦合线圈的辐射近场中获得。低频标签与阅读器之间传送数据时，低频标签需位于阅读器天线辐射的近场区内。低频标签的阅读距离一般情况下小于 1m。低频标签的典型应用有：动物识别、容器识别、工具识别、电子闭锁防盗(带有内置应答器的汽车钥匙)等。与低频标签相关的国际标准有：ISO 11784/11785(用于动物识别)、ISO 18000-2(125～135kHz)。低频标签有多种外观形式，应用于动物识别的低频标签外观有：项圈式、耳牌式、注射式、药丸式等。典型应用的动物有牛、信鸽等。低频标签的主要优势体现在：标签芯片一般采用普通的 CMOS 工艺，具有省电、廉价的特点；工作频率不受无线电频率管制约束；可以穿透水、有机组织、木材等；非常适合近距离的、低速度的、数据量要求较少的识别应用(如动物识别)等。低频标签的劣势主要体现在：标签存储数据量较少；只能适合低速、近距离识别应用；与高频标签相比，标签天线匝数更多，成本更高一些。

(2) 高频段电子标签的工作频率一般为 3～30MHz，典型工作频率为 13.56MHz。该频段的电子标签，从应用角度来说，因其工作原理与低频标签完全相同，即采用电感耦合方式工作，所以宜将其归为低频标签类中。另一方面，根据无线电频率的一般划分，其工作频段又称为高频，所以也常将其称为高频标签。高频电子标签一般也采用无源方式，其工作能量同低频标签一样，也是通过电感(磁)耦合方式从阅读器耦合线圈的辐射近场中获得。标签与阅读器进行数据交换时，标签必须位于阅读器天线辐射的近场区内。中频标签的阅读距离一般情况下也小于 1m(最大读取距离为 1.5m)。高频标签由于可方便地做成卡状，典型应用包括：电子车票、电子身份证、电子闭锁防盗(电子遥控门锁控制器)等。相关的国际标准有：ISO14443、ISO15693、ISO18000-3(13.56MHz)等。高频标准的基本特点与低频标准相似，由于其工作频率的提高，可以选用较高的数据传输速率。电子标签天线设计相对简单，标签一般制成标准卡片形状。

(3) 超高频与微波频段的电子标签，简称为微波电子标签，其典型工作频率为 433.92MHz、862(902)～928MHz、2.45GHz、5.8GHz。微波电子标签可分为有源标签与无源标签两类。工作时，电子标签位于阅读器天线辐射场的远区场内，标签与阅读器之间的耦合方式为电磁耦合方式。阅读器天线辐射场为无源标签提供射频能量，将有源标签唤醒。相应的射频识别系统阅读距离一般大于 1m，典型情况为 4～7m，最大可达 10m 以上。阅读器天线一般均为定向天线，只有在阅读器天线定向波束范围内的电子标签可被读/写。由于阅读距离的增加，应用中有可能在阅读区域中同时出现多个电子标签的情况，从而提出了多标签同时读取的需求，进而这种需求发展成为一种潮流。目前，先进的 RFID 系统均将多标签识读问题作为系统的一个重要特征。以目前技术水平来说，无源微波电子标签比较成功产品相对集中在 902～928MHz 工作频段上。2.45GHz 和 5.8GHz 的 RFID 系统多以半无源微波电子标签产品面世。半无源标签一般采用纽扣电池供电，具有较远的阅读距离。微波电子标签的典型特点主要集中在是否无源、无线读写距离、是否支持多标签读写、是否适合高速识别应用，读写器的发射功率容限，电子标签及读写器的价格等方面。对于可无线写的电子标签而言，通常情况下，写入距离要小于识读距离，其原因在于写入要求更大的能量。微波电子标签的数据存储容量一般限定在 2KB 以内，再大的存储容量似乎没有太大的意义，从技术及应用的角度来说，微波电子标签并不适合作为大量数据的载体，其主要功能在于标识物品并完成无接触的识别过程。典型的数据容量指标有 1KB、128B、64B 等。由 Auto-ID Center 制定的产品电子代码 EPC 的容量为 90B。微波电子标签的典型应用包括：移动车辆识别、电子身份证、仓储物流应用、电子闭锁防盗(电子遥控门锁控制器)等。相关的国际标准有：ISO10374，ISO18000-4(2.45GHz)、ISO18000-5(5.8GHz)、ISO18000-6(860～930MHz)、ISO18000-7(433.92 MHz)，ANSI NCITS256—1999 等。常见 RFID 系统工作频段特性见表 2-3。

表 2-3 RFID 系统工作频段特性

频　段	低　频	高　频	超高频	微　波
典型频率	125.124kHz	13.56MHz	860～960MHz	2.45GHz
识别距离	<60cm	约 60cm	3.5～5m(P) 100m(A)	<1m(P) 50m(A)
一般特性	比较高价；几乎没有环境变化引起的性能下降	比低频低廉；适合短识别距离和需要多重标签识别的应用领域	先进的 IC 技术使最低廉的生产成为可能；多重标签识别距离和性能突出	特性与超高频频段类似；受环境影响最大
运行方式	无源型	无源型	有源型(A)/ 无源型(P)	有源型(A)/ 无源型(P)
识别速度	低速		高速	
环境影响	迟钝		敏感	
标签尺寸	大型		小型	

2.4 RFID 应用系统结构与组成

RFID 系统在具体的应用过程中，根据不同的应用目的和应用环境，系统的组成会有所不同，但从 RFID 系统的工作原理来看，系统一般都由信号发射机、信号接收机、发射接收天线 3 部分组成。

1. RFID 应用系统构成

信号发射机在 RFID 系统中，信号发射机为了不同的应用目的，会以不同的形式存在，典型的形式是标签(TAG)。标签相当于条码技术中的条码符号，用来存储需要识别传输的信息，另外，与条码不同的是，标签必须能够自动或在外力的作用下，把存储的信息主动发射出去。标签一般是带有线圈、天线、存储器与控制系统的低电集成电路。

信号接收机在 RFID 系统中，信号接收机一般称为阅读器。根据支持的标签类型不同与完成的功能不同，阅读器的复杂程度是显著不同的。阅读器基本的功能就是提供与标签进行数据传输的途径。另外，阅读器还提供相当复杂的信号状态控制、奇偶错误校验与更正功能等。标签中除了存储需要传输的信息外，还必须含有一定的附加信息，如错误校验信息等。识别数据信息和附加信息按照一定的结构编制在一起，并按照特定的顺序向外发送。阅读器通过接收到的附加信息来控制数据流的发送。一旦到达阅读器的信息被正确的接收和译解后，阅读器通过特定的算法决定是否需要发射机对发送的信号重发一次，或者知道发射器停止发信号，这就是“命令响应协议”。使用这种协议，即便在很短的时间、很小的空间阅读多个标签，也可以有效地防止“欺骗问题”的产生。

天线是标签与阅读器之间传输数据的发射、接收装置。在实际应用中，除了系统功率，天线的形状和相对位置也会影响数据的发射和接收，需要专业人员对系统的天线进行设计、安装。图 2.4 所示为一个 RFID 系统的组成和工作原理图。

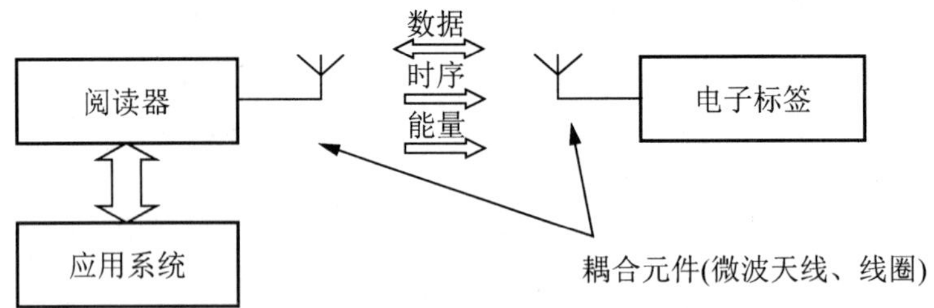

图 2.4　RFID 系统组成及工作原理图

2. RFID 标签封装

印刷天线与芯片的互联上，因 RFID 标签的工作频率高、芯片微小超薄，最适宜的方法是倒装芯片(Flip Chip)技术，它具有高性能、低成本、微型化、高可靠性的特点，为适应柔性基板材料，倒装的键合材料要以导电胶来实现芯片与天线焊盘的互联。柔性基板要实现大批量低成本的生产，为了更有效地降低生产成本，采用新的方法进行天线与芯片的互联是目前国际国内研究的热点问题。

为了适应更小尺寸的 RFID 芯片，有效地降低生产成本，采用芯片与天线基板的键合封装分为两个模块分别完成是目前发展的趋势。其中一具体做法是：大尺寸的天线基板和连接芯片的小块基板分别制造，在小块基板上完成芯片贴装和互连后，再与大尺寸天线基板通过大焊盘的粘连完成电路导通。与上述将封装过程分两个模块类似的方法是将芯片先转移至可等间距承载芯片的载带上，再将载带上的芯片倒装贴在天线基板。该方法中，芯片的倒装是靠载带翻卷的方式来实现的，简化了芯片的拾取操作，因而可实现更高的生产效率。

3. RFID 标签读写器

对 RFID 标签进行读写的装置叫标签读写器，也叫标签编程器。编程器是向标签写入数据的装置。编程器写入数据一般来说是离线(OFF-LINE)完成的，也就是预先在标签中写入数据，等到开始应用时直接把标签黏附在被标识项目上。也有一些 RFID 应用系统，写数据是在线(ON-LINE)完成的，尤其是在生产环境中作为交互式便携数据文件来处理时。

4. RFID 在医疗行业的应用

传统的医疗行业主要基于被动式的医疗服务导向，在医疗行业中使用 RFID 技术可将该产业提升为预防式、主动式的服务导向。在医疗行业中使用 RFID 技术可以实现。

(1) 对传染病人、精神病人、失智老人达到在人、地、时、事的全方位的监控管理。

(2) 当高危病人出现紧急情况时，可主动按键发射信号，在第一时间发出求救信号，方便救护人员及时得到信息。

(3) 对医疗仪器与设备提供即时位置追踪功能，加强设备的综合利用及管理。各种精

准的信息也可提供仪器的使用率分析、故障率分析等管理报表。

(4) 加大对危险或单品价值特别大的药品的管理，对药品从入库到被消耗或报废的全过程进行监管，保证随时掌握每件药品的状态。

(5) 可以有效杜绝危险受控药品的外流滥用。

病人管理、病人追踪、设备追踪等管理以智能射频定位器和射频标签卡为核心设备，根据不同的应用范围(人、物)及管理要求，可采用不同的应用方案。图 2.5 所示为 RFID 医疗行业技术方案示意图。

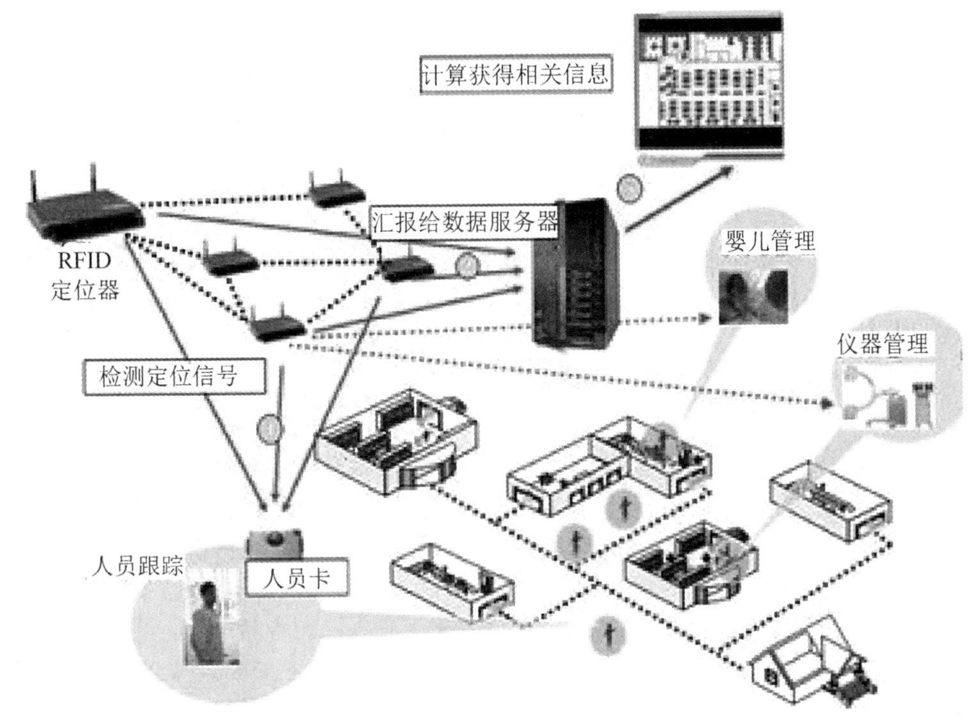

图 2.5　RFID 医疗行业技术方案

2.5　RFID 标签编码标准

2.5.1　RFID 编码标准研究的必要性

RFID 的应用具有跨行业、跨部门甚至全球性等特点，近年来，随着采用 RFID 的物联网相关技术的飞速发展，诞生了 C1Gen2 等新型 RFID 空中接口技术并成为应用的主流，RFID 基础技术及相关应用技术与应用领域的飞速发展，对 RFID 编码、数据协议乃至信息安全提出了新的需求，因此，需要制定统一的 RFID 标准，规范我国 RFID 技术在不同领域的应用，保证我国 RFID 系统的正常运行，促进 RFID 应用的快速发展。RFID 系统主要由数据采集和后台应用系统两大部分组成。目前已经发布或者正在制定中的标准主要是与数据采集相关的，主要有电子标签与读写器之间的空气接口、读写器与计算机之间的数据交换协议、电子标签与读写器的性能和一致性测试规范，以及电子标签的数据内容编码标准等。后台应用系统目前并没有形成正式的国际标准，只有少数产业联盟制定了一些规范，现阶段还在不断演变中。

RFID 是一种只读或可读写的数据载体，它所携带的数据内容中最重要的是唯一标识号。因此，唯一标识体系及它的编码方式和数据格式，是我国电子标签标准中的一个重要组成部分。

唯一标识号广泛应用于各种经济活动中，例如，我国的公民身份证号、组织机构代码、全国产品与服务统一代码扩展码、电话号、车辆识别代号、国际证券号等。尽管国家多个部委在唯一标识领域开展了一系列的相关研究工作，但与发达国家相比，我国的唯一标识体系总体上处于发展的起步阶段，正在逐步完善中。

物联网实现的是全球物品的信息实时共享。显然，首先要做的是实现全球物品的统一编码，即对在地球上任何地方生产出来的任何一件物品，都要给它打上电子标签。在这种电子标签携带有一个电子产品代码，并且全球唯一。电子标签代表了该物品的基本识别信息，例如，表示“A 公司于 B 时间在 C 地点生产的 D 类产品的第 E 件”。目前，欧美支持的 EPC 编码和日本支持的 UID(Ubiquitous Identification)编码是两种常见的电子产品编码体系。

2.5.2　EPC 全球 RFID 标准

EPC 是由 EPC 全球组织、各应用方协调一致的编码标准，可以实现对所有实体对象(包括商品、商品流通、集装箱、货运包装等)的唯一有效标识。

EPC 由一个版本号加上域名管理者、对象分类、序列号 3 段数据组成的 1 组数字。其中 EPC 的版本号标识 EPC 的长度或类型；域名管理者是描述与此 EPC 相关生产企业的信息；对象分类记录产品精确类型的信息；序列号用于唯一标识货品单件。

EPC 与目前应用最成功的商业标准 EAN.UCC 全球统一标识系统是兼容的，成为 EAN.UCC 系统的一个重要组成部分，是 EAN.UCC 系统的延续和拓展，是 EPC 系统的核心与关键。

2.5.3　EPC 编码体系

EPC 物联网体系架构主要由 EPC 编码、EPC 标签及 RFID 读写器、中间件系统、ONS 服务器和 EPC IS 服务器等部分构成。

EPC 信息网络系统包括 EPC 中间件、发现服务和 EPC 信息服务 3 部分。

EPC 中间件通常指一个通用平台和接口，是连接 RFID 读写器和信息系统的纽带。它主要用于实现 RFID 读写器和后端应用系统之间的信息交互、捕获实时信息和事件，或向上传送给后端应用数据库软件系统及 ERP 系统等，或向下传送给 RFID 读写器。

EPC 信息发现服务(Discovery Service)包括对象名解析服务(Object Name Service，ONS)及配套服务，基于电子产品代码，获取 EPC 数据访问通道信息。目前，根据 ONS 系统和配套的发现服务系统由 EPC Global 委托 Verisign 公司进行运维，其接口标准正在形成中。

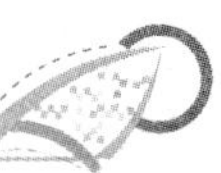

EPC 信息服务(EPC Information Service，EPC IS)即 EPC 系统的软件支持系统，用以实现最终用户在物联网环境下交互 EPC 信息。关于 EPC IS 的接口和标准也正在制定中。

2.5.4 UID 编码体系

鉴于日本在电子标签方面的发展，早在 20 世纪 80 年代中期就提出了实时嵌入式系统(TRON)，其中的 T-Engine 是其体系的核心。在 T-Engine 论坛领导下，UID 中心设立于东京大学，于 2003 年 3 月成立，并得到日本政府及大企业的支持，目前包括微软、索尼、三菱、日立、日电、东芝、夏普、富士通、NTT、DoCoMo、KDDI、J-Phone、伊藤忠、大日本印刷、凸版印刷、理光等诸多企业。组建 UID 中心的目的是为了建立和普及自动识别物品所需的基础性技术，实现“计算无处不在”的理想环境。

UID 是一个开放性的技术体系，由泛在识别码(uCode)、泛在通信器(UG)、信息系统服务器和 uCode 解析服务器等部分构成。UID 使用 uCode 作为现实世界物品和场所的标识，它从 uCode 电子标签中读取 uCode 获取这些设施的状态，并控制它们，类似于 PDA 终端。UID 可广泛应用于多种产业或行业，它能将现实世界用 uCode 标识的物品、场所等各种实体与虚拟世界中存储在信息服务器中的各种相关信息联系起来，实现物物互联。

2.5.5 ISO/IEC RFID 标准体系

ISO/IEC 的通用技术标准可以分为数据采集和信息共享两大类，数据采集类技术标准涉及标签、读写器、应用程序等，可以理解为本地单个读写器构成的简单系统，也可以理解为大系统中的一部分，其标准体系框图如图 2.6 所示；而信息共享类就是 RFID 应用系统之间实现信息共享所必需的技术标准，如软件体系架构标准等。该体系包括数据内容标准、空中接口通信协议、测试标准、实时定位系统(RTLS)和软件系统基本架构组成。

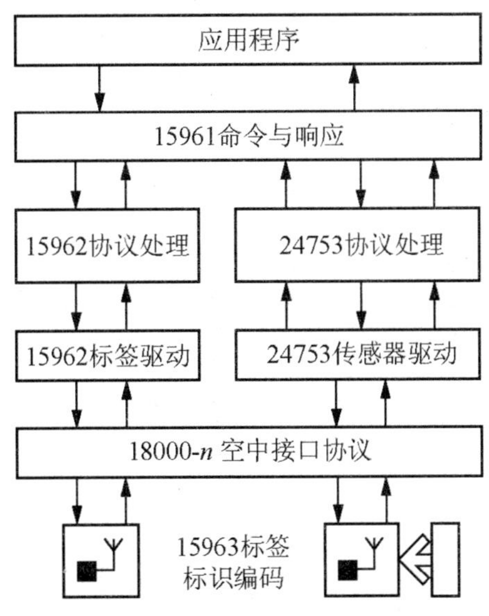

图 2.6 ISO RFID 标准体系框图

2.5.6 我国 RFID 标准体系研究的发展

RFID 编码标准是我国 RFID 形成系统产业化的关键因素，我国物品编码中心为了建立统一的 RFID 编码体系，保证不同 RFID 编码系统间的信息互递通畅，促进 RFID 技术在国内得到更好的应用，在立足于国内外 RFID 编码发展现状的基础上，系统分析 RFID 物品编码方面的应用需求，准确把握现有 RFID 编码方案的优劣势，制定了数据协议及面向不同应用的 RFID 编码标准，为我国行业应用 RFID 技术提供了编码方案和标准。

我国发展 RFID 技术的总体目标：通过技术攻关，突破 RFID 一系列共性关键技术、产业化关键技术和应用关键技术，培养一支与技术研究和产业发展相适应的人才队伍，建立中国 RFID 技术自主创新体系，取得核心技术的自主知识产权；以自主研发技术为基础，实施竞争前联合战略，通过组织产业联盟、产业基地等企业创新集群，形成联合、协同、掌握自主知识产权技术的产业链，实现自主研制产品占市场主要份额；通过实施示范工程，创新应用模式，带动 RFID 技术在行业的广泛应用，逐步形成大规模、辐射相关领域的公共应用；通过研究与制定相关的国家标准，形成中国 RFID 标准体系。

我国在 RFID 技术与应用的标准化研究工作上已有一定基础，目前已经从多个方面开展了相关标准的研究制定工作。制定了《集成电路卡模块技术规范》《建设事业集成电路(IC)卡应用技术》等应用标准，并且得到了广泛应用；在频率规划方面，已经做了大量的试验；在技术标准方面，依据 ISO/IEC 15693 系列标准已经基本完成国家标准的起草工作，参照 ISO/IEC 18000 系列标准制定国家标准的工作已列入国家标准制订计划。此外，我国 RFID 标准体系框架的研究工作也已基本完成。

习 题

1. 简述自动识别技术的发展概况及主要技术标准。
2. 简述 RFID 技术及系统组成部分和各部分的功能。
3. 简述 RFID 读写器技术。
4. 简述 RFID 编码标准。
5. 简述 EPC 编码体系的特定，组成及应用。

实践习题

1. RFID 通信协议分析实践。
2. RFID 测试与分析实践。
3. RFID 系统应用实践。

课 外 阅 读

1. RFID 技术应用开发案例。
2. RFID 中间件技术。
3. RFID 技术及其在智能矿山中的应用。
4. RFID 技术及其在智能农业中的应用。
5. 扩频通信基本原理。
6. 嵌入式系统基本原理及应用。

第 3 章

无线传感器网络

无线传感器网络是一种综合了传感器技术、通信技术、信息处理及嵌入式等技术。其常被应用到环境恶劣、能量有限、人员难以到达的实际场景中，它需要具有自适应能力和网络扩展能力。

本章首先介绍了无线传感器网络的发展，随后简略地介绍了其结构、特点、关键技术，然后较详细地介绍无线传感器网络的技术基础——微机电系统和无线通信技术，在本章的最后则介绍了其相关应用、标准和常用的路由协议。

教学目标

了解无线传感器网络的架构和特点；
了解无线传感器网络的关键技术；
了解无线传感器网络的技术基础；
了解无线传感器网络的主要应用和标准；
详细了解无线传感器网络的常见路由协议。

3.1 无线传感器网络发展情况

随着现代科学技术的发展，微机电系统 (Micro-Electro-Mechanical Systems，MEMS) 微型化程度越来越高，早先体积较大、电路组成复杂的传感器变得体积越来越微型化，功耗越来越低，灵敏度反而越来越高。与此同时，随着无线局域网技术、ZigBee 自组网通信等技术的发展，使得传感器节点之间广泛地采用无线通信与自组网方式进行连接。无线传感器网络 (Wireless Sensor Network，WSN)就是综合了传感器技术、嵌入式计算机技术、现代网络及无线通信技术、分布式信息处理技术的新一代网络技术。它能够通过各类集成化的微型传感协作，实时监测、感知和采集各种环境或监测对象的信息，通过嵌入式系统对信息进行处理，并通过随机自组织无线通信网络以多跳中继方式将所感知信息汇集到数据处理中心。无线传感器网络的出现使得人们可以在任何时间、地点和任意环境下获取大量翔实而可靠的信息，从而真正实现“计算机彻底退居到幕后以至于用户感觉不到它们的存在”理念。

无线传感器网络作为一种新型网络，具有非常广泛的应用前景，其发展和应用，将会

给人类的生活和生产的各个领域带来深远的影响。无线传感器网络已被广泛应用于军事、环境监测和预报、健康护理、智能家居、建筑物状态监控、城市交通、大型车间和仓库管理，以及机场、大型工业园区的安全监测等领域。随着“感知中国”“智慧地球”等国家战略性的课题提出，传感器网络技术的发展对整个国家的社会与经济，甚至人类未来的生活方式都将产生重大意义。

无线传感器网络广泛研究始于 20 世纪 90 年代，美国、欧盟、日本等都投入巨资深入研究探无线传感器网络。美国商业周刊和 MIT 技术评论在预测未来技术发展的报告中，分别将无线传感器网络列为 21 世纪最具影响的 21 项技术和改变世界的十大技术之一。美国的学术界和工业界还联合创办了传感网协会(Sensor Network Consortium)，期望能促进无线传感器网络技术的发展。多所美国大学和实验室也开展了无线传感器网络的研究，其中最具代表性的是加州大学伯克利分校和 Intel 公司联合成立的“智能尘埃”实验室，它的目标是为美国军方提供能够在 $1mm^3$ 的体积内能自动感知和通信的设备原型的研制。

与欧美等发达国家相比，我国在无线传感器网络方面的研究起步稍晚，但是国家和许多科研机构投入的力度很大。1999 年，中科院启动了无线传感器网络研究，由其提出代表无线传感器网络发展方向的体系架构、标准体系、演进路线、协同架构等已被 ISO/IEC 国际标准认可。国务院在 2006 年发布的《国家中长期科学与技术发展规划纲要》中确定了智能感知和自组织网络这两个与无线传感器网络有直接的关系技术为信息技术的前沿方向。随后在 2012 年工信部发布的《“十二五”物联网发展规划》中明确指出：到 2015 年，中国要在物联网核心技术研发与产业化、关键标准研究与制定、产业链条建立与完善、重大应用示范与推广等方面取得显著成效，初步形成创新驱动、应用牵引、协同发展、安全可控的物联网发展格局。“十二五”期间，我国将在感知、传输、处理、应用等核心关键技术领域取得 500 项以上重要研究成果；研究制定 200 项以上国家和行业标准；培育和发展 10 个产业聚集区，100 家以上骨干企业；在 10 个重点领域完成一批应用示范工程。与此同时国内的多所高校和研究机构也展开了无线传感器网络的研究，如上海交通大学、浙江大学、南京大学、哈尔滨工业大学、中国科学技术大学、中国科学院软件研究所等，它们结合自身优势，成立了相关研究部门和小组，通过一段时间的研发，已经取得了丰硕的研究成果。

3.2 无线传感器网络架构

一个典型的无线传感器网络由大量微小、廉价、可丢弃、健壮和低功耗的传感器节点相互协调工作而组成。大量分布的传感器节点自组织形成一个多跳的无线网络，再由这些无线网络组成一个更大的无线传感器网络。通常情况下，散布在某个区域内的无线传感器网络节点相互直接互相通信，并收集它们周围感兴趣的环境信息。采集到的数据继而被量化成数字信号，经过一系列的处理，可以还原传感器节点所处环境的许多信息。由于传感节点的通信距离有限，要把采集到的信息传递给汇聚节点(Sink Node)，并最终由汇聚节点交由上层数据处理中心进行处理；同样的，使用者可以通过数据处理中心发布命令，对传感器节点进行参数配置，告知传感器节点收集监测信息。整个无线网络中，各节点间都通过无线通信相互连接，只在汇聚节点处通过有线连接与外部广域网(如 Internet)接驳。与其他网络一样，无线传感器网络的协议栈也包括物理层、链路层、网络层、传输层、应用层等各功能层。图 3.1 为一个典型的无线传感器网络示意图。

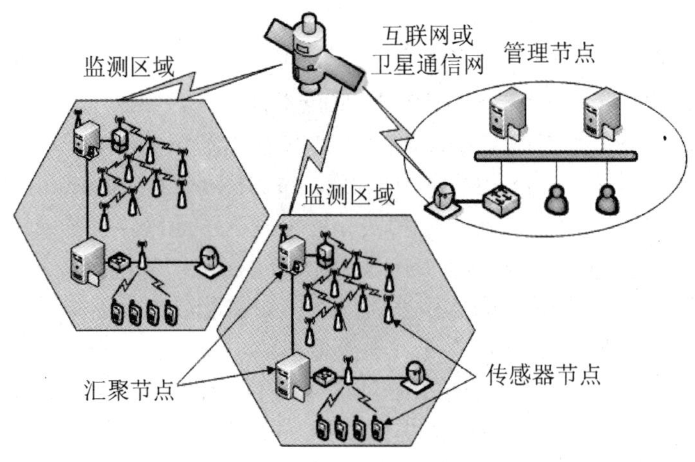

图 3.1 无线传感器网络示意图

虽然传感器节点的设计随着科技的发展日新月异，根据不同的环境和应用需求有很多种不同的节点，但是其主要结构基本是一样的。无线传感器节点通常是一个依靠电池供电，其存储容量、计算能力和通信处理能力都很弱的微型嵌入式系统，一般由处理器单元、无线传输单元、传感器单元和电源模块 4 部分组成，其一般结构如图 3.2 所示。其中，处理器单元包括微处理器和存储器两部分，负责管理整个传感器节点、存储和处理自身采集的数据或者其他节点发送来的数据；无线传输单元由无线收发器等组成，主要负责与其他传感器节点进行通信；传感器单元包括传感器、A/D 转换器等，负责监测区域内信息的采集和转换；电源模块由电池、DC/AC 能量转换器等组成，负责对整个传感器网络的运行进行能量的供应。

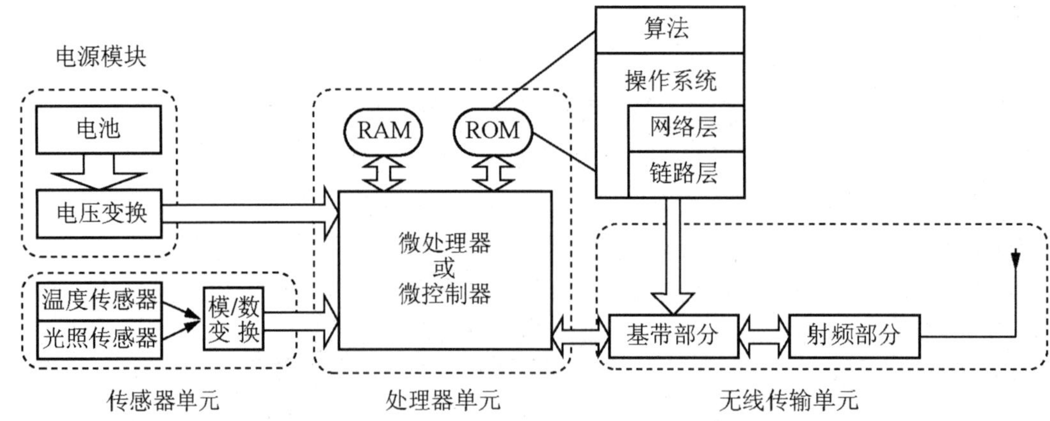

图 3.2 无线传感器节点一般结构

从功能上看，传感器节点具有终端和路由器的双重功能，除进行本地的数据收集和处理外，还要对来自其他传感器节点的数据进行存储、聚合和中继等操作。汇聚节点是一种特殊的节点，经常用于发布管理节点的监测任务，并将收集到的数据转发到外部网络上，相较于普通传感器节点，它的处理能力、存储能力和通信能力要强。因而，汇聚节点既可以是一个具有增强功能的传感器节点，有足够的能量供给和更多的内存与计算资源，也可以是没有监测功能仅带有无线通信接口的特殊网关设备。汇聚节点连接着普通传感器节点和外部网络，实现两种协议栈之间的协议转换。

3.3　无线传感器网络的特点

无线传感器网络技术覆盖了多个学科的研究领域，它既不同于目前广泛被用于军事领域的无线自组织网络，也不同于传统的无线分组网络。无线传感器网络的研究起步于 20 世纪 90 年代末，它是随着无线自组网技术的日趋成熟和无线通信、微电子、传感器等技术的发展而出现的新的技术。在研究的初期，人们一度认为无线传感器网络是互联网技术与无线自组网技术的结合，但随着研究的深入，人们发现无线传感器网络有自身的特点，具体如下。

1. 能量受限制

传感器节点的应用需求决定了其一般采用电池供电。另外由于其体积小、成本低的特点，节点的能量是很有限的。因为节点可能是抛洒部署或者处于恶劣的环境中，所以人为更换电池是不太现实的。为了延长节点的使用寿命，必须限制节点中算法的复杂度、节点间的通信强度等，另外也需要节点在不使用的时候进入休眠状态。

2. 通信能力有限

由于传感器节点的能量有限，所以通信带宽也是有限的。传感器节点之间的通信频繁导致了通信失败次数多，另外信号传输也容易受到环境的影响而衰减。无线传感网络的数据传输速率一般在 10～1000kbit/s，小于传统无线网络。

3. 处理能力有限

传感器节点集成了嵌入式处理器和存储器，具有一定的信息处理能力，但是由于能量、体积和成本的限制，计算和存储能力往往有限，随着分布式处理技术的发展，对节点的处理能力要求也将提高，这给节点的能源供应和处理器的节能技术带来了挑战。

4. 网络分布范围广且节点数量多

无线传感器网络覆盖范围、规模与它的应用目的相关。如果将它应用于森林防火或环境监测，其传感器网络中分布范围广，并且节点的数量多且密集，这给网络维护工作带来了很大困难，要求传感器网络的可靠性强，另外，由于通信能力、计算能力和能量等因素的限制，传感器网络的软、硬件必须有很强的容错性和健壮性。

5. 网络的自组织性和动态性

在无线传感器网络应用中，传感器节点的位置不能预先精确设定，节点之间的邻居关系预先也不知道，传感器网络的拓扑结构也是变化无常的，比如节点能量耗尽、环境因素、新节点的加入或者节点发生故障等，另外某些应用中还要求传感器节点具有移动性，这些因素都要求网络必须具有重构和自我修复的特点。

3.4　无线传感器网络关键技术

WSN 涉及多学科交叉的研究领域，有非常多的关键技术有待研究和发现，其关键技术有以下几种。

1. 网络拓扑控制

无线传感器网络拓扑控制研究目的是在满足网络覆盖度和连通度的前提下，通过功率控制和骨干节点的选择，剔除节点之间不必要的无线通信链路，为提高路由协议和 MAC 协议的效能，促进数据融合目标定位等其他研究奠定基础。

2. 网络协议

由于传感器节点自身的计算能力、存储能力、通信能力及携带的电池能量都十分有限，单个节点只能获取局部网络上的信息，其自身运行的网络协议不可能太复杂。同时网络拓扑结构的动态变化，也使得其获取的网络资源是不断变化的，这些问题都对网络协议的设计提出了更高的要求。

3. 网络安全

无线传感器网络作为任务型的网络，不仅要进行数据的传输，而且要进行数据采集和聚合、任务的系统控制等。如何保证任务执行的机密性、数据产生的可靠性、数据聚合的高效性及数据传输的安全性，已成为无线传感器网络安全问题需要重点研究的内容。

4. 数据融合

传感器网络存在能量约束，减少传输的数据能够有效节省传输能耗，因此在从各个传感器节点收集数据的过程中，可利用节点的本地计算和存储能力处理数据的聚合，去除冗余信息，从而达到节省能量的目的。

5. 定位技术

位置信息是传感器节点采集数据中不可缺少的部分，确定事件发生的位置或采集数据的节点是无线传感器网络最基本的功能之一，也是研究热点之一，特别是在难以预测的复杂环境下定位技术还是一个研究难点。

6. 其他关键技术

随着传感器网络技术和相关应用的不断发展，涉及的相关技术也越来越多，如时间同

步、数据管理、无线通信技术、嵌入式操作系统、应用层技术等。此外，无线传感器网络所采用的无线通信技术需要低功耗短距离的无线通信技术。IEEE 颁布的 802.15.4 标准主要针对低速无线个人域网络的无线通信标准，因此，IEEE 802.15.4 也通常作为无线传感器网络的无线通信平台。嵌入式操作系统技术也是无线传感器网络的另一项关键技术，传感器节点是一个微型的嵌入式系统，携带非常有限的硬件资源，需要操作系统能够节能高效的使用有限的内存、处理器和通信模块，而且可以对各种特定的应用提供最大的支持。在应用层技术中，传感器网络应用层主要由面向应用的软件系统构成，部署的传感器网络可以执行多种任务。应用层的研究主要是各种传感器网络应用系统的开发和多任务之间的协调。

3.5　无线传感器网络技术基础

1. 微机电系统

微电子机械系统(MEMS)是一项 21 世纪可以广泛应用的新兴技术，它是制造出微型、节能、低成本传感器的最为关键的基础之一。早在 20 世纪 60 年代，美国就开始微电机系统相关技术的研发。在 20 世纪 80 年代，硅微机械加工技术(micromachining techniques)、微型硅陀螺仪及微型硅静电马达相继问世，并被大量的运用。微电机系统是在微电子技术基础上发展起来的多学科交叉的新兴学科，它以微电子及机械加工技术为依托，涉及多门学科。

微机电系统是通过薄-膜淀积、光刻、腐蚀、氧化、电镀、机械加工和晶片键合等工艺在以硅为材料的，厚度约 100 半导体基板上制作一种微型电子机械装置。利用硅微机械加工技术可以将不同功能的部件整合在一个微小的芯片当中。利用硅微机械加工技术可以大大地缩小如传感电源模块、通信模块、传感器等传感器节点的部件。通过规模化生产其加工出来的传感器节点非要低廉且质量稳定。目前应用微机电系统技术已经成功地研制出来很多纳米级电子元器件和新型的传感器，它可以在 3mm×3mm 的硅片上加工出几百个纳米级器件，如加速度传感器、光传感器、气体传感器、压力传感器等。当前，微机电系统正向多功能化方向发展，即集微型机械、微型传感器、微型执行器、信号处理与控制电路、接口、电源和通信单元于一体，成为一个完整的机械电子系统。

2. 无线通信技术

无线通信技术是无线传感器网络正常运转的关键技术之一。无线通信技术在过去的几十年已经被广泛地研究和应用，并取得了显著的进步。在物理层，大量的调制技术、同步技术和天线技术已经被设计应用到不同的网络场景，满足不同场景的需求。在更高的层中高效率的通信协议已被开发和应用，并被用于满足不同的网络，例如，媒体接入控制、路由、QoS 和网络安全。这些技术的进步为无线传感器网络的应用实施提供了丰富的技术储备。

目前，大多数无线通信技术仍然使用微波和毫米波为基础的射频无线通信(Radio

Frequency，RF)方式，其主要的原因是，射频通信不要求的视线，并提供全向链接，然而和众多关键技术一样，射频技术仍然存在诸多技术屏障，例如大的散热器和低传输效率，使得射频技术对于无线传感器网这样微小、能量受限的技术而言，不是一种最好通信媒介。另外一种常用的通信方式是光通信，光通信相对于射频通信有无可比拟的优势，例如，光辐射器、反射镜和激光二极管都可以做得非常小。此外，光传输有非常高的天线增益，从其可以有更高的传输效率。光通信的高指向性，可以使用空分多址，不需要通信开销和有可能是更多的能量效率比用于射频媒体接入计划，例如时分多址，频分多址和码分多址。然而同样，光通信也存在技术缺陷，例如，光通信只支持视距通信，因而其限制无线传感器网络在复杂场景下的运用。

传统的无线网络的通信协议，例如，蜂窝系统、无线局域网络(WLAN)的无线个人区域网络(WPAN)的无线自组网，没有考虑传感器网络的独特特性，特别是传感器节点的能量约束问题。因此，传统的无线通信技术不能未加修改地直接被用于无线传感器网络，因此需要一套新的考虑到无线传感器网络特性网络协议。

3.6 无线传感器网络应用

无线传感器网络的传感及无线连通特性，使其应用领域非常广泛，它特别适合应用在人无法直接监测的及恶劣的环境中，在军事、环境、医疗保健、空间探索、商业应用、城市智能交通和精准农业等多个领域，并在某些领域已经取得了极大的成功。

1. 在军事领域的应用

无线传感器网络具有快速部署、可自组织、隐藏性强和高容错性等特点，这些使得传感器网络非常适合应用于恶劣的战场环境中，包括监控我军兵力、装备和物资，监视冲突区，侦察敌方地形和布防，定位攻击目标，评估损失，侦察和探测核、生物和化学攻击。

2. 在环境监测领域的应用

通过传统方式采集环境原始数据是一件困难的工作。无线传感器网络为野外随机性的研究数据获取提供了方便，比如，跟踪候鸟和昆虫的迁移，研究环境变化对农作物的影响，监测海洋、大气和土壤的成分，森林火灾监测和预报等。此外，无线传感器网络在环境监测还有一个重要的应用，就是其可以描述生态的多样性，从而进行动物的栖息地生态监测。

3. 在医疗系统和健康护理中的应用

无线传感器网络在医疗系统和健康护理方面也有很多应用，例如，在住院病人身上安装特殊用途的传感器节点，如心率和血压监测设备，利用传感器网络，医生就可以随时了解被监护病人的病情，进行及时处理，还可以利用传感器网络长时间地收集人的生理数据，以助于新药品的研制。

4. 在空间探索中的应用

探索外部星球一直是人类梦寐以求的理想，借助于航天器布撒的传感器网络节点实现

对星球表面长时间的监测，是一种经济可行的方案。NASA 的 JPL 实验室研制的 Sensor Webs 项目就是为将来的火星探测进行的技术准备。该系统已在佛罗里达宇航中心周围的环境监测项目中进行测试和完善。

5. 在商业中的应用

自组织、微型化和对外部世界的感知能力是传感器网络的三大特点，这些特点决定了传感器网络在商业领域有很多的应用机会。比如，嵌入家具和家电中的传感器组成的无线网络与互联网连接在一起将会为我们提供更加舒适、方便和具有人性化的智能家居环境。此外，在灾难拯救、仓库管理、交互式博物馆、交互式玩具、工厂自动化生产线等众多商业领域，无线传感器网络都将会孕育出全新的设计和应用模式。

3.7　无线传感器网络的标准

为促进和方便无线传感器网络在各个领域内的使用，因而需要建立一个标准使得无线传感器网络能在不同的领域中使用且相互之间能够互操作。为此，多个国际组织、研究所经过多年的努力，做了大量的工作，制定了多项标准进而能避免不同无线传感器网络之间的不兼容问题。被广泛认可的标准主要有以下几项。

1. IEEE 802.15.4 标准

IEEE 802.15.4 标准是由 IEEE 802.15 工作组的第 4 任务组制定的。IEEE 802.15 工作组于 1998 年成立，其工作目的是致力于无线个域网络(Wireless Personal Area Network，WPAN)网络的物理层(PHY)和媒体访问层(MAC)的标准化工作，此项标准是为在固定的或者移动的个人操作空间(Personal Operating Space，POS)内相互通信的无线通信设备提供通信标准，而通信范围一般为 10 米左右的空间范围。IEEE 802.15 工作组共分 4 个任务组(task group，TG)，各自分别制定适合不同应用的标准。4 个工作组的主要任务有以下几个。

(1) 任务组 1(TG1)：是一个中等速率、近距离的无线个域网络标准，其又称为蓝牙无线，通常用于手机、PDA 等设备的短距离通信，其制定的主要标准为 IEEE 802.15.4.1。

(2) 任务组 2(TG2)：主要致力于 IEEE 802.15.1 与 IEEE 802.11(无线局域网标准，WLAN)的共存问题的研究，其制定的主要标准为 IEEE 802.15.4.2。

(3) 任务组 3(TG3)：考虑无线个域网络对多媒体方面的要求，这个标准主要致力于制定高传输速率无线个域网络标准，其制定的主要标准为 IEEE 802.15.4.3。

(4) 任务组 4(TG4)：以低能量消耗、低速率传输、低成本为主要制定目标，旨在为个人或者家庭范围内不同设备之间的低速互连提供统一标准，其制定的主要标准为 IEEE 802.15.4.4。

IEEE 802.15.4.4 并不是专门为无线传感器网络而量身制定的，但其标准特点比较接近无线传感器网络所具有的特点，因此 IEEE 802.15.4.4 是实际上的无线传感器网络常用标准之一。2003 年 IEEE 802.15 工作组颁布了第一个版本的 IEEE 802.15.4 协议，新的改进版本 IEEE 802.15.4 也于 2006 年发布。IEEE 802.15.4.4 其协议栈是简单和灵活的，并且不需要任何基础设施。IEEE 802.15.4.4 协议的特点如下。

① 数据传输速率有 3 种：20kbps、40kbps 和 250kbps。

② 2 种地址模式：16 位和 64 位，其中 64 位地址是全球唯一的扩展地址。

③ 支持关键的延迟装置，例如，操纵杆。

④ 支持冲突避免的载波多路侦听技术(Carrier Sense Multiple Access with Collision Avoidance，CSMA/CA)。

⑤ 通过网络协调器自动的建立网络。

⑥ 提供全握手协议，能可靠地传递数据。

⑦ 具有电源管理功能，确保低能耗。

在 2.4GHz 频段有 16 个速率为 250kbit/s 的信道在 915MHz 频段有 10 个 40kbit/s 的信道，在 868MHz 频段有 1 个 20kbit/s 的信道。ISM 频段全球都有的特点不仅免除了 802.15.4 器件的频率许可要求，而且还给许多公司提供了开发可以工作在世界任何地方的标准化产品的难得机会。

IEEE 802.15.4 标准的物理层与另外的 IEEE 标准相互兼容、共存，如和 IEEE 802.11 (WLAN)标准、IEEE 802.15.1 标准(Bluetooth)共用同一频段。同时它在物理层上具备无线收发信机的开启和关闭(激活和休眠射频收发器)的功能、能量感知、链路质量指示、空闲信道评估、信道选择、数据收发等功能。IEEE 802.15.4 标准工作的频段是免费开放的，分别为 2.4GHz(全球)、915MHz(美国)和 868MHz(欧洲)，根据频段的不同，采用了不同的技术(表 3-1)。

表 3-1　IEEE 802.15.4 频带宽度、调制类型和脉冲成型滤波器

频　段	频　率	码片速率	调制类型	脉冲成形滤波器
868/915	868～868.6	300	BPSK	RRC(root raised cosine)
	902～928	600	BPSK	RRC
2450	2400～2483.5	2000	OQPSK	Half-Sine

从表中可知 2.4GHz 物理层的数据传输速率为 250kbit/s，共有 16 个信道；902～928MHz 数据传输速率为 40kbit/s，其信道数为 10；但工作在 868MHz 时，其传输速率为 20kbit/s，只有一个信道。

3 个频段共 27 个信道，编号 0～26.这些信道的中心频率定义如下：

$$f_c = 868.3\text{MHz}, k = 0$$

$$f_c = 906 + 2(k-1)\text{MHz}, k = 1, 2, \text{L}, 10$$

$$f_c = 906 + 5(k-1)\text{MHz}, k = 11, 12, \text{L}, 26$$

MAC 层为上一层提供数据和管理服务，即通过两个服务访问点(SAP)访问高层。MAC 层完成从物理层数据的接受，并对接受的数据进行回复。而管理服务包括同步、保证时隙管理和信令管理。此外，MAC 层提供最基本的安全机制。

2. ZigBee 标准

ZigBee 标准。IEEE 802.15.4 仅定义了物理层和 MAC 层，而未制定高层协议，如网络

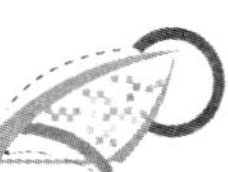

层和应用层。ZigBee 标准是一组基于 IEEE 802.15.4 标准研制开发的组网、安全和应用软件方面的技术标准。它的网络层主要针对不同网络拓扑结构提供不同的网络功能，而应用层为分布式应用开发和交流提供一个框架。两个协议栈能够合在一起提供短距离范围内、低传输数据速率下的各种需要电池支持的无线设备的无线通信。ZigBee 广泛地被用于传感器、遥控玩具、智能标牌、远程控制和家庭自动化。ZigBee 标准的规范的制定，主要由 IEEE 802.15.4 小组和 ZigBee 联盟两个组织展开，两个组织分别制定硬件和软件标准，如图 3.3 所示。

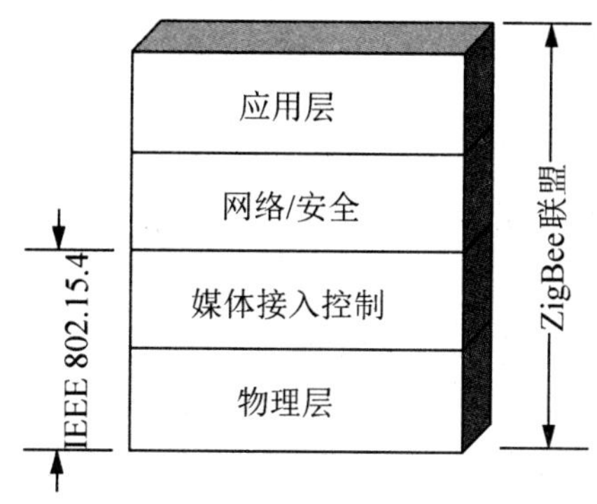

图 3.3 IEEE 802.15.4 和 ZigBee 技术协议组的分工

在 IEEE 802.15.4 方面，2000 年 12 月 IEEE 组织成立了 802.15.4 小组，负责质量 MAC 层与物理层(PHY)规范，并于 2003 年 5 月通过了 802.15.4 标准。目前，802.15.4 小组正在着手制定新的标准规范，即 802.15.4b 标准，该标准主要用于加强 802.15.4，其改进内容有解决协议中有争议的地方、降低标准的复杂程度、提高标准的适应性及考虑频段的分配等。ZigBee v1.0 版本在 2004 年年末由 ZigBee 联盟发布，由于 1.0 版本推出过于仓促，因而存在一些错误。紧接着在 2006 年年末，ZigBee 联盟推出 v1.0 版本的修订版本，它在网络层和应用层的标准化方面引入了扩展应用程序配置文件和一些细微的改进。这些改进主要新增了以下的功能：

(1) 新增了 ZCL(ZigBee cluster library)。

(2) 新增 Group Devices，可以将多个组件进行组合，允许单独的组件从属于某个群组。

(3) 新增 multicast 机能。

(4) 移除 KVP(Key Value Pair)的信息格式。

(5) 新增无线配置 OTA(Over the Air)的功能，使用者可直接透过 OTA 来动态实时更新组件韧体。

3. IEEE 1451 标准

IEEE 1451 标准是一系列智能传感器接口标准，它定义了一组开放的，通用的，独立于网络的通信接口，用于连接换能器(即传感器或执行器)的微处理器，仪表系统和控制/现场网络。传感器在各种行业中有广泛的应用，例如，生产制造、工业控制、汽车、航空航天、建筑、生物医学。由于传感器能满足市场的需求是多样的，因此，传感器制造商寻求各种方法来建立低成本、网络化、无线智能传感器。但对于传感器制造商来说，它们面临

一个问题是在市场中已存在了大量的有线或无线的网络。在目前已经存在的网络平台上，生产非标准、特殊的传感器的代价是非常昂贵的。因此，需要一些开放式通用标准满足这些传感器的应用，减少费用。IEEE 1451 智能传感器接口标准正是为了满足这样的应用而产生的。

IEEE 1451 标准的关键特征是传感器电子数据表(TEDS)，该表用于连接到传感器上的存储装置，它存储、定义了各种传感器/执行器的数据格式以及所需的参数，同时规定了一个链接传感器到微处理器的 10 根线的数字接口以及通信协议。IEEE 1451 标准的目的是使传感器生产商能够非常方便的开发智能设备及通过接口构建设备到网络、系统进而整合现有设备、传感器。

3.8 无线传感器网络路由协议

由于无线传感器网络节点基本都是靠电池一次性供电，其功耗大小决定了整个网络的生存周期，所以如何降低节点功耗以最大限度地延长整个网络的生存期便成为无线传感器网络研究领域最重要的课题，而节点功耗在很大程度上跟路由协议息息相关，传统路由协议因其特点已经不再适用于无线传感器网络，因此需要研究在无线传感器网络中适用的路由协议。

一般来说，根据网络结构，无线传感器网络中的路由协议可以分为基于平面路由、层次路由及基于位置的路由。此外，如果按照协议操作来划分，还可以分为基于多路径、基于查询、基于协商、基于 QoS 和基于相关的路由。除了上述的路由协议，还可以分为以下 3 类：主动式、被动式和混合式，这取决于源节点如何找到一个路由至目的节点。根据数据传输过程使用路径数目的多少，无线传感器网络路由协议可以分为单径路由协议和多径路由协议。若干年前，就有文献提出针对有线网络的多径路由协议(Multipath Routing Protocols，MRP)，但是，直到最近几年才将多径路由应用到无线传感器网络中。研究表明：多径路由在有效使用带宽、增加传输可靠性和容错性方面具有显著效果。多径路由技术通过一次路由发现来建立多条传输路径，减少路由发现和建立的次数，利用多条链路冗余来增强网络的数据传输能力，降低了控制开销，同时也减小了端到端的时延，是一种典型的通过冗余节点增强数据传输可靠性和使得网络负载平衡的方法。

国内外研究人员对多径路由协议的探索研究已经取得不少成果。在无线传感器网络中使用多径路由可以减少路由更新的频率和增强数据传输率。此外，多径路由还可以使整个网络的负载均衡，这对于平衡整个网络的能耗是非常有用的，可以延长整个网络的生存时间。大多数的多径路由都是基于典型的按需单径路由协议，像按需平面距离矢量路由协议(AODV)和动态源路由协议(DSR)等，它们的区别在于如何传递多径路由请求和如何选择多径路由。部分文献考虑了在建立多径时节点的能耗问题，Sutagundar、Vidhyapriya 等提出了多路径方案，使流量分布在多条路径上而不是把所有流量在单条路径上传输，它旨在提供一个具有低能耗的可靠传输环境，该协议能够搜索多个路径以优化分配每条路径的流量速率。

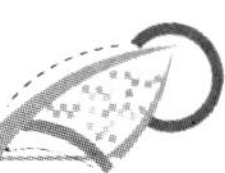

相对于不相交多径，缠绕多径具有以更低的代价从错误中恢复的能力。网络质量感知路由使用连接错误率和碰撞历史等动态网络质量指标。Ganesan 等人使用基于方向扩散数据中心按需方法来估计端到端路由最小代价，同时也通过避免不必要的能耗，如降低丢包率和重传率来延长网络生存时间。能效多径路由协议可以找出多条路径并把负载以最优方式分配在每一条路径上。以低能耗通过使用源节点到汇聚节点之间的多条路径来提供一个可靠的传输环境，依靠于使用节点的能量可用性来确定到目的节点的多条路由。分配载荷到节点显著影响了系统的生存时间，通过使用数据同步可以获得容错能力和取得更高的节点能效。一个基于层次化的名为 HMRP 的多径路由通过把能耗分配到节点之中可以使得系统中的路径负载最小化，HMRP 使用层次化的概念来构建整个传感器网络，无线传感器网络被初始化构建为一个分层的网络。基于这样的层次化网络，传感节点可以通过父节点来建立到汇聚节点之间的多条路由。HMRP 支持多径数据递送，不使用固定路径，能耗被分散开来并且网络生存时间也被延长了。最后，HMRP 还可以支持多汇聚节点的情况。

Li 等人提出了一套使用次优路径的方法来增加网络生存期的方案，这些路径的选择依赖于路径上能耗的大小。拥有最大剩余能量的路径在网络中传送数据的时候其耗费的能量也可能是很大的，因此在最小化网络能耗与网络剩余能量之间会有一个平衡性的考虑。Dulman 等提出了一种算法，为了选择一条更节能高效的路径可以考虑适当放宽剩余能量的限制。在 Intanagonwiwat 的论文中，多径路由用来加强无线传感器网络的可靠性，该文献提出的方案适用于在不可靠的环境下传输数据。众所周知，当在每条路径上发送相同数据包的时候，可以通过提供多条源节点与目的节点之间的路径来增加网络的可靠性，然而，使用这种方式会显著增加网络流量。因此，在网络的可靠性与流量之间要做出一个权衡。有关这种权衡性的考虑在 Intanagonwiwat 的论文中通过使用冗余功能的方法得到了研究，该冗余功能依赖于可用路径中多径的程度和失败的概率。具体想法是把原始数据包分割多个子数据包，然后在可用路径中的每一条路径上发送子数据包。经研究发现，即使是部分子数据包在传递的过程中丢失了，原始数据包还是可以被还原。根据他们的算法，还发现，在给定义一个最大节点失败概率的情况下，当使用超过某个最优阈值的多径程度时，会增加整个失败的概率。对于健壮的多径路由和传送来说，定向扩散(Directed Diffusion ，DD)也是一个很好的候选。在 Moonseong 等的研究中，提出了基于定向扩散方式，研究了部分不相交的多径路由方案。研究已经发现，要从高效节能的无线传感器网络中故障恢复，使用多径路由是一个可行的替代方案。使用缠绕路径的动机是保持低的多路径维护成本，使用备用路径的代价相比于主路径是合适的，因为它们非常靠近于主路径。有文献指出：一个无线传感器网络路由协议设计面临的主要挑战之一是找到源和汇节点之间最可靠的路径。该文提出了一种高效节能，可扩展，分布式节点不相交多路径路由算法。该算法通过一种新的负载平衡方案来调整流量，具有较高的平均节点能量效率，较低的控制开销，比此前类似的协议平均延误时间较短。此外，由于考虑了网络的可靠性，当它在非可靠环境下传输数据时也显得非常有用。Yick 等提出了无线传感器网络的自优化多路径模型算法并给出了结论，该算法考虑了像能量水平、延迟、速度等参数，增强了无线传感器网络中多路径避免碰撞的能力，可以帮助网络达到数据吞吐量最大化和丢包率最小化。

多径路由的安全性同样也是一个不可忽视的领域。有文献简要讨论了具有代表性的两种安全路由协议。Yin 等根据网络结构概述了路由协议，探讨了广播认证问题，并且提供了一些安全路由方案的参考。Djenouri 等同样回顾了不同的路由技术和 3 种安全方案。Walters 等总结了移动自组网和无线传感器网络中的安全问题并给出了一个无线传感器网络安全路由方案方面的简要参考。Cui 等讨论了跟无线传感器网络相关另一个安全问题并为安全路由协议提出了一些技术。

多路径技术的本质是使用高内存复杂度换取低通信复杂度，它降低了路由请求的频率和数据等待延时，提高数据传输速率和网络可靠性，并且通过对数据源进行编码有效提高网络的安全性，但替换路径或并发路径的维护会带来额外的开销。虽然国内外在多径路由研究方面已经取得了诸多成效，但是仍然有大量的工作需要继续进行，本文正是在这一领域尝试对多径路由做进一步的探索。

多路径路由指的是网络在建立路由时同时创建信源与信宿之间的两条或者多条传输路径，当其中某一条路径出现错误而使路由中断时，可以切换到其他路径继续传输，避免了重新建立路由带来的开销。

从网络拓扑上可以把多径路由分类为不相交多路径和缠绕多路径路由，其区别在于，不相交多路径是指在产生最优路径的同时也产生多条冗余路径，且它们完全不相交，而缠绕多路径的链路之间存在共用的信道，缠绕多路径允许主路径和冗余路径部分相交，与不相交多路径相比，可以减少维持冗余路径的数量，节省了能量消耗。不相交多路径又可以分为链路不相交多路径和节点不相交多路径。

从图 3.4(a)可以看出缠绕多径路由中的每个节点都可以从多个上一跳节点接收数据，从而形成了相互缠绕的多条链路，链路条数可多达几十甚至上百条，网络中某个节点或者信道失效可能影响到很多条链路，但由于网络中的冗余链路数量比较多，因此部分链路中断并不会影响数据传输，源节点仍然可以通过其他链路将数据传输到目的节点。

节点不相交多径路由其各条链路之间相互独立，没有共同的节点，如图 3.4(b)所示，如果其中某个节点失效或者信道出错而导致一条链路失效，并不会影响其他链路进行数据传输。链路不相交多路径路由如图 3.4(c)所示，每条链路之间没有共同的信道，如果某个路径失效也仅仅影响到一条链路，但如果多跳链路共用的节点一旦失效，则会影响到多条路径，从而可能导致整个网络数据传输中断。

从以上分析可以得出：相较于链路不相交多径路由，缠绕多径和节点不相交多径的稳定性要好。

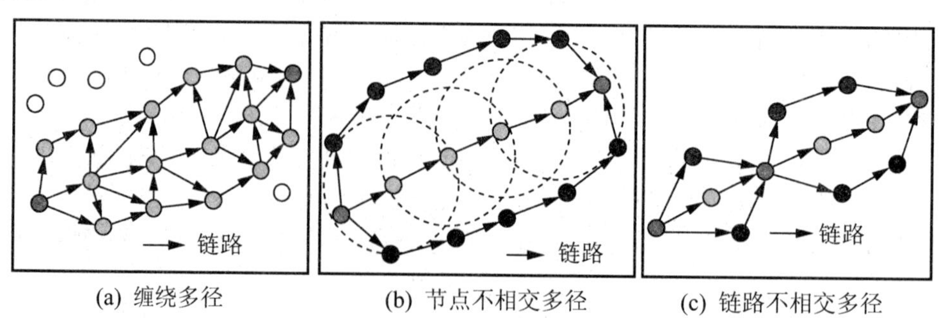

(a) 缠绕多径　　(b) 节点不相交多径　　(c) 链路不相交多径

图 3.4　三种多径路由网络拓扑图

多径路由的设计相对于单径路由而言比较复杂，需要考虑的问题很多，例如，每条路径的利用频率应该和路由的权值相关，路由信息的传递在多径路由中占用较大的带宽等，但总体来说多径路由还是具有比较大的优势。

(1) 可选路径较多。源节点与汇聚节点之间有多条路径，假设其中一条路径由于未知的问题出现了故障，可以选择其他多条路径作为替代路径。当传感器网络中某些节点发生故障时，避开故障节点并选择其他路由作为替代，就不需要在传感器网络中重新进行路由选择，大大减少了重建路由带来的开销，减轻了传感器网络的负担。

(2) 负载较为均衡。如果源节点始终在同一条路径上发送数据，会造成该条路径上的传感器节点使用频繁，大大消耗了节点的能量，继而影响该路径上所有节点的使用寿命，最终导致网络中局部区域路由失效。采用多径路由协议，可以将负载均匀分配到多条路径上，使整个传感器网络的节点均衡使用，负载也较为均衡，从而可以延长整个无线传感器网络的寿命。

(3) 节省节点能量。单径路由协议中的最短路径优先等路由协议有个明显的缺点，会使某些中间节点被多个源节点共同利用而成为公共节点，这些中间点的使用频率明显高于其他节点，从而会导致这些节点的能量很快耗尽，造成传感器网络的局部瘫痪。而采用多径路由则能很好地解决这个问题，由于传感器网络中可供选择的路由较多，降低了公共节点产生的概率，节省了这些节点的能量。

(4) 传输可靠度高。网络中数据传送的本质是比特流，也就是说数据是一位一位地传送，若某条链路误码率较高，在该链路上传输的数据就会出现较高的错误，若采用多径路由协议，可以适当避开误码率较高的链路而选择误码率低的链路，从而使得数据传输的可靠度较高。

(5) 减少传输延迟。单路径上源节点与汇聚节点之间的传输延迟主要是由跳数和网络带宽决定的，跳数越多、带宽越窄则传输延迟越大。多经路由的好处是可以将数据包分割成多个较小的子数据包，并将这些子数据包分配在多条路径上传输，既减少了对带宽的要求又减少了传输延迟。

3.9　无线传感器网络的部署

节点部署，即在目标观察范围内，通过适当的算法布置节点来达到某种特定的需求。网络部署是传感器网络发挥作用的先决条件，是网络保证可以正常工作的前提。它决定传感器网络在目标区域的检测效果，进而影响网络的服务质量。

1. 常用的部署方法及其优缺点

由于无线传感器网络的节点的不同形式，部署方法可以分为 3 类。

(1) 全部由静态节点构成的无线传感器网络一般采用人工部署。

人工部署最简单的方法通常是将传感器网络节点随机散布，如从飞行物上对目标区域将节点进行投放。这种方法会导致节点分布不均匀，有可能会出现有的地方节点过于集中，而有的地方没有节点。这样会导致节点冗余度高，增加开销；也会产生盲区，就不能对目标区域全部检测，就不能准确地反应区域的情况，进而不能对区域内发生的状况做出及时的判断和决策。而且其应用范围也受到限制。如若在良好的环境中，可以人工直接放置，这种方法使节点不容易损坏，但由于是人工放置，就决定了部署区域在有限的区域中，不能太大，而且必须是人工可以到达的地方。而若是恶劣环境中，在那些人工不可达的区域，人工直接放置是不可能的。这就要借助外力进行高空投放，节点会容易损坏，并有可能掉入悬崖或水沟等，使节点失效，影响网络的服务质量。

(2) 由静态节点和移动节点混合组成的无线传感器网络，利用移动节点的可移动性来补充传感器网络的覆盖盲区。该方法的部署过程分为两个步骤：初期的静态部署和应用中的动态调整。

① 一般在对传感器节点的进行初期静态部署时有以下几类方法：从飞行物上对目标区域将传感器节点进行投放或通过发射设备(如大炮、火箭等)进行散发。这两种方法一般用于条件恶劣的网络环境中。另一种方法是由人直接摆放，这种方法可使得节点的位置摆放十分精确，可以人工控制使得不会出现过度覆盖或覆盖盲区。但这种方法耗时费力，只可针对较小的网络。而且也只能用于比较好的环境使人能够到达。

② 补充增加传感器节点的再部署阶段。初期部署所遗留的问题，如覆盖盲区，就要求补充的传感器节点随时部署到传感器网络中，用于补充前期的问题或替换故障节点。这一阶段加入的节点会使得网络拓扑结构发生改变。而这种部署方法有效地改变了静态部署的覆盖盲区的问题，但因为它部署的第一阶段也是有一个初期的静态部署，因此也存在第一种人工部署的缺点，因此也需要寻找更好的方法。

(3) 由移动节点组成的无线传感器网络采用自行部署方式。

移动节点的部署由于节点的可移动性使得部署过程非常灵活。未知的、复杂的苛刻环境中，其部署不可能手工完成。虽然通过投放、喷洒等方式布置节点很简单，但往往不能一定使节点分布在合适的地方，会出现重复或盲区，这样既浪费资源又影响网络服务质量。而移动节点部署就解决了这个问题。这种部署方法中节点并不是固定不动的，而是各移动节点会遵循一定的运动规则进行移动，同时也规定避障规则。这样在未知、复杂的环境中也会很顺利地进行部署。基于流场模型的传感器网络节点部署就是这种类型。节点最初可以放在容易到达的位置，而后节点就会按照规定的运动规则进行自行部署，而遇到障碍时也会自动避让。

2. 节点部署要研究的问题

针对网络部署的研究越来越多，而在部署中要研究的问题有以下几种。

(1) 考虑目标区域传感器网络的特定的任务要求，根据这个任务要求决定部署区域内节点的个数和摆放的位置。

(2) 在可以顺利完成任务要求的情况下，即在能达到一定的覆盖要求的情况下，尽量使节点分散，这样可以使用尽量少的节点就能达到目的，可以减少节点冗余以减少网络的耗费。

(3) 当目标区域为苛刻的环境时，要全面地考虑有自然障碍的时候节点部署的优化。环境中任何与节点不在同一海拔高度的物体都是部署时的障碍。

(4) 部署资源的管理，就是考虑部署时的冗余技术和保证网络能长时间运行的能源有效问题。

3. 面临的挑战

网络部署一定要给出最佳的传感器节点的部署策略，以便能确保覆盖和连通。最主要的难点是怎么样规划一个感知域框架体系，使网络的费用达到最小，提高覆盖效率，能解决节点死亡的问题。

现在的研究不管是在假设的无边界区域中调整节点位置来达到特定的覆盖面要求还是在有限的区域中进行节点的部署，都是假设在感知范围和通信范围之间存在特定的关系。但事实情况是，感知区域有可能是所有可能的形状。另一方面，在不同场合中使用的传感器设备会有非常大的不同，就有可能不适用通信距离大于或等于感知距离的这个假设。

一个好的部署策略一定把覆盖和连通都考虑到。覆盖程度高的网络可以采集到更多更详细的信息。但若在这个观察范围内节点过于集中，也就是覆盖效率过小的话，节点间会因为距离太近而干扰到邻居节点降低数据读取的可靠性。因此在保证覆盖程度的前提下使得覆盖效率尽可能的高是个关键方面。

另外，能量强的节点的部署会影响其他低成本节点的能量消耗，这样会使得原来初始的覆盖发生变化。这在不同情况下也会有所不同，有的部署的覆盖的变化率很高，而有的就会很低。一定要在使得耗费尽量低的前提下，保证尽量高的覆盖程度，还有应使网络存活时间尽量长。

4. 节点部署的性能指标

部署策略的好坏直接影响到网络的性能和寿命。策略的好坏依靠于一个全面的评判系统。考虑网络的特征及实际使用情况，评判网络部署策略好坏的时候，最重要的是看 3 个方面。

(1) 覆盖。它涉及的两个方面分别为刚开始的部署有没有涵盖了全部的待观察地区，还有就是散布在网络中的节点可不可以探测到观察区域的数据，并且是完全精准的。这个问题由三个情形来考虑，分别为：①初始覆盖。做个假设，网络在其运行执行任务的过程中起拓扑结构不会改变，那么就可以依照刚开始的网络探测需要对目标区域进行覆盖，这样的一个部署过程执行完后，节点不会再移动，因此它是一个静止的覆盖过程。②动态调整。节点失效或者其他自然或人为的原因可能会引起网络拓扑结构发生改变，因此为了满足特定的任务需求，就要对刚开始部署的节点进行动态调整。这是在过程中顺应实际需要的一个步骤。③移动节点补充覆盖。在初始部署后，用可自主移动的节点对区域内覆盖盲区进行补充，适合节点过于分散的情况，是一个辅助的过程。

(2) 连接。这一方面所思考的主要是网络中各个节点的连通可不可以确保探测到的数据通过通信顺利地传送到基站。这个从以下两方面讨论。

① 纯连接。这个是不论网络在不在运行，都应该确保部署在其中的节点是连通的，这是网络顺利执行任务的前提条件。

② 路由连接。这个是网络运行的时候，遵循指定的方法来达到网络中节点间连通的

目的，它是纯连接的升级。遵循各种不同的方法，其连接会达到不同的效果水平。

(3) 节能。这个主要从两个角度来进行考虑，一个是刚开始在进行节点配置的时候，应使得所使用的能量尽量小，另一个是网络在执行的时候损耗的能量要少。

在此，提及覆盖与连接的关系问题。这个问题也是目前部署技术领域所研究的热点问题。连接主要偏重于各节点间通信的连通，而覆盖则主要偏重各节点间感知能力的连通。在网络中，各节点通常是经由发射无线射频信号的方法来进行通信的，各节点都各自有固定有限的通信范围，通常为一个圆形。没有在相互间通信范围内的节点间要传递信息或要发生联系时，需要通过多跳的方法来通信。因此要保证其是连通的，只有这样才可以确保任何节点间都可以进行通信。这是连接要探讨的关键方面。同时数据的采集是感知所得，要完全探测目标区域就要求感知范围的连通，这就是覆盖。而迄今为止连接和覆盖的关系，Georganas 和 Habib M. 的论文中证明了在节点的通信范围是传感范围的 2 倍或者更大的时候，覆盖就涵盖了纯连接，这个时候在部署的时候可以仅仅思考覆盖就可以确保连接，认定覆盖问题此时包括了连接问题。

习　　题

一、填空题

1. 无线传感器网络是综合了__________、__________、__________及__________、__________的新一代网络技术。

2. 由于传感节点的通信距离有限，要把采集到的信息传递给__________，并最终由其交由上层数据处理中心进行处理。

3. 无线传感器节点通常由__________、__________、__________和__________4 部分组成。

4. 传感器节点的处理器单元包括__________和__________两部分；处理器单元包括__________和__________两部分；传感器单元包括__________、__________等；电源模块由__________、__________等组成。

5. 按照协议操作来划分，无线传感器网络的路由协议还可以分为基于多路径、基于查询、基于协商、基于 QoS 和基于相关的路由。

6. 覆盖所涉及的两个方面分别为刚开始的部署有没有涵盖了全部的待观察地区，还有就是散布在网络中的节点可不可以探测到观察区域的数据，并且是完全精准的。考虑这个问题有 3 个方面，分别为__________、__________和__________。

7. 连接所思考的主要是网络中各个节点的连通可不可以确保探测到的数据通过通信顺利地传送到基站，这个需要从__________和__________两方面讨论。

二、选择题(一个或多个正确答案)

1. 下列选项中不是无线传感器网络应用主要应用领域的是(　　)。

A. 军事　　B. 环境　　C. 医疗保健　　D. 万维网

2. 无线传感器网络被广泛认可的标准主要有(　　)。

A. IEEE 802.15.4 标准　　B. ZigBee 标准

C. IEEE 1451 标准　　D. SNMP

3. 无线传感器网络中的路由协议可以分为(　　)。

A. 基于平面路由　B. 层次路由　C. 基于位置的路由　D. 控制系统

4. 评判网络部署策略好坏的时候，最重要的是看哪几个方面？(　　)

A. 覆盖　B. 路由协议　C. 连接　D. 节能

三、思考题

1. 无线传感器网络的主要特点有哪几个？其各自主要表现是什么？

2. 无线传感器网络关键技术主要有哪几个？请分别详细叙述。

3. IEEE 802.15 工作组共分 4 个任务组，各自分别制定适合不同应用的标准。请叙述这 4 个工作组的主要任务。

4. 多径路由的设计相对于单径路由而言比较复杂，需要考虑的问题很多，但总体来说多径路由还是具有比较大的优势，其优势有哪几条？

5. 由于无线传感器网络的节点的不同形式，常见的部署方法可以分为哪几类？

6. 针对网络部署的研究越来越多，而在部署中要研究的问题有哪几条？

第 4 章

物联网智能设备与嵌入式技术

随着嵌入式技术的不断发展，智能设备也在产生日新月异的变化，从早期的大型且笨重的大型计算机设备，朝着小型化、高智能化和网络化的方向发展。

本章首先阐述智能设备的分类及发展历史，然后详细探讨嵌入式技术的特点及发展历程，重点介绍 SoC 系统的概念及组成结构，其次面向物联网应用，详细介绍物联网中间件的概念及工作原理，并给出无线传感器网络节点的设计原理与方法。最后展望未来，介绍可穿戴计算的概念及发展历史。

教学目标

了解智能设备的分类及发展历程；

了解嵌入式技术的发展历史；

掌握 SoC 系统组成及各个部分的功能；

理解物联网中间件的概念及工作原理；

掌握无线传感器网络节点的设计方法；

了解可穿戴计算的概念及发展历史。

4.1　智能设备的研究与发展

智能设备是指能够自动分析与处理信息，并能够进行信息多媒体展示的设备。智能设备代表性产品有个人计算机、个人数字助理、智能手机和智能家电等。

4.1.1　个人计算机

个人计算机(Personal Computer，PC)是指能独立运行、完成特定功能的个人计算设备，如现有的桌面型计算机、笔记型计算机和一体型计算机等。现在使用的计算机，其基本工作原理是存储程序和程序控制，它是由世界著名数学家——“计算机之父”冯 · 诺依曼提出的。

1946 年，世界上第一台电子数字计算机(ENIAC)在美国诞生，这台计算机共使用 18000 多个电子管组装而成，占地 170m^2，总质量为 30t，耗电 140kW，运算速度达到每秒 5000

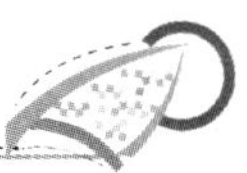

次加法、300 次乘法。

计算机在其发展的 60 多年中，经历了电子管、晶体管、集成电路(IC)和超大规模集成电路(VLSI) 4 个阶段的发展，并且正朝智能化计算机方向发展。

1. 第一代计算机

第一代计算机(1946—1959 年)，主要以电子管作为电子器件，计算速度为每秒 5000～40000 次。第一代计算机体积较大，运算速度低，存储容量不大，但是价格昂贵，使用也不方便，往往为解决一个问题，所编写的程序代码复杂度极大。第一代计算机主要用于科学计算，只在重要部分或者科学研究部门使用。

2. 第二代计算机

第二代计算机(1959—1963 年)，全部采用晶体管作为电子器件，其运算速度比第一代计算机提高了近百倍，达到每秒几十万到上百万次的运算速度，体积也为第一代计算机的几十分之一。在编写程序时，也采用了简单的计算机语言，提高了问题的处理效率。这一代计算机不但用于科学计算，而且还用于数据处理、事务处理及工业控制。

3. 第三代计算机

第三代计算机(1964—1975 年)，主要以中、小规模集成电路为电子器件，运算速度达到每秒百万到几百万次。在软件上，首次出现操作系统，使计算机的使用变得简单，并且出现基于操作系统的应用软件，使得计算机的功能越来越强，应用范围越来越广。这一代计算机不仅用于科学计算，还用于文字处理、企业管理、自动控制等领域，出现了计算机技术与通信技术相结合的信息管理系统，可用于生产管理、交通管理、情报检索等领域。

4. 第四代计算机

第四代计算机(1975 年以后)，采用大规模集成电路(LSI)和超大规模集成电路(VLSI)为主要电子器件的计算机。先后经历了 4040、8080、8086、Pentium(奔腾)和 Core(酷睿)等处理器(CPU)为代表的各个阶段，这一时期，CPU 的性能往往决定计算机的性能。这一代计算机的运算速度进一步大幅提升，可达每秒百万到千万级次，应用于人们生活的各个方面，如数值计算或科学计算、数据处理、辅助设计、实时控制、人工智能和多媒体等。

5. 第五代计算机

第五代计算机，将把信息采集、存储、处理、通信和人工智能结合在一起，使计算机具有形式推理、联想、学习和解释能力。它的系统结构将突破传统的冯·诺依曼机器的概念，实现高度的并行处理。目前第五代计算机的研究方向主要有并行计算机、网络计算机、光计算机、化学和生物计算机、量子计算机等。

4.1.2　个人数字助理

个人数字助理(Personal Digital Assistant，PDA)是一种手持式电子设备，集中了计算、电话、传真和网络等多种功能。它不仅可用来管理个人信息(如通讯录、计划等)，更重要的是可以上网浏览，收发电子邮件，可以发传真，甚至还可以当作手机来用。PDA 一般以无线方式发送和接收数据。

PDA 一般都不配备键盘，而用手写输入或语音输入。PDA 所使用操作系统主要有 Palm OS、Windows CE 和 EPOC。

PDA 产品一般具有以下特点。

(1) 采用低功耗 ARM 微处理器并提供优质的电源管理，确保产品更稳定、持久地工作。

(2) 配置真彩液晶屏作为显示设备，带触摸屏，支持手写输入。

(3) 内置 CDMA 模块，支持电话拨打和接听，支持一键拨号上网，短信接收。

(4) 内置 GPS 模块，支持各种电子地图，快速的热启动导航定位。

(5) 提供主从 USB 接口，便于文件传递、应用程序更新等。

(6) 提供 TF 卡或者 SD 卡存储功能。

未来，PDA 将朝着计算、通信、网络、存储、娱乐、电子商务等多功能融合的方向发展。

4.1.3 智能手机

智能手机的英文名称是 Smart Phone，是指具有独立的操作系统，可以由用户自行安装应用软件，并可以通过移动通信网络来实现无线网络接入的这样一类手机的总称。智能手机一般都支持多任务功能，并且支持多任务切换和程序后台执行，手机品牌中，苹果、三星、诺基亚这三大品牌在全世界广为皆知，而魅族、小米、酷派、华为、中兴在中国也备受关注。

从 2001 年第一款智能手机发布后，智能手机已经经历了十多年的发展历程，大致分为 3 个发展期。

初步发展期(2001—2003 年)：2001 年，爱立信推出了世界上第一款采用 SymbianOS 的智能手机——R380sc，同时诺基亚、摩托罗拉也相继推出了自己的第一款智能手机，开创了手机在智能应用方面的先河。

市场崛起期(2004—2006 年)：2004 年，RIM 推出了黑莓 6210，被称为是第一款更像手机的智能手机。2006 年，诺基亚推出 N73，迎来了 SymbianS60 的巅峰时代。这一时期市场有多款智能手机存在，但还未广泛发展，仍处于市场的推广期。

市场爆发期(2007 年至今)：2007 年，苹果推出了第一代 iPhone，从此改变了智能手机的市场格局，iPhone 引领了智能手机进入市场的爆发期。这一时期，逐渐形成苹果、谷歌、微软和诺基亚组合三足鼎立的局面。

智能手机具有以下特点。

(1) 具备无线接入互联网的能力。

(2) 具有 PDA 的功能。

(3) 具有开放性的操作系统。

(4) 手机软件个性化、人性化、功能强大。

未来智能手机将会在以下方面得到发展。

(1) 搭载多核处理器。

(2) 支持近场通信技术(NFC)。

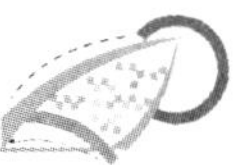

(3) 屏幕分辨率进一步提高。

(4) 支持 LTE 技术。

(5) 增强现实应用功能。

4.1.4　智能家电

智能家电就是微处理器和计算机技术引入家电设备后形成的家电产品，具有自动监测自身故障、自动测量、自动控制、自动调节与远方控制中心通信功能的家电设备。

与传统的家用电器产品相比，智能家电具有如下特点。

(1) 网络化功能：各种智能家电可以通过家庭局域网连接到一起，还可以通过家庭网关接口同制造商的服务站点相连，最终可以同互联网相连，实现信息的共享。

(2) 智能化：智能家电可以根据周围环境的不同自动做出响应，不需要人为干预。

(3) 开放性、兼容性：由于用户家庭的智能家电可能来自不同的厂商，智能家电平台必须具有开发性和兼容性。

(4) 节能化：智能家电可以根据周围环境自动调整工作时间、工作状态，从而实现节能。

(5) 易用性：由于复杂的控制操作流程已由内嵌在智能家电中的控制器解决，因此用户只需了解非常简单的操作。

未来智能家电主要将朝 3 个方向发展：多种智能化、自适应进化、网络化。多种智能化是家用电器尽可能在其特有的工作功能中模拟多种人的智能思维或智能活动的功能。自适应进化是家用电器根据自身状态和外界环境自动优化工作方式和过程的能力，这种能力使得家用电器在其生命周期中都能处于最有效率、最节省能源和最好品质状态。网络化是建立家用电器社会的一种形式，网络化的家用电器可以由用户实现远程控制，在家用电器之间也可以实现互操作。

4.2　嵌入式技术发展历史

1. 微电子技术和产业发展的重要性

一个国家不掌握微电子技术，就不可能成为真正意义上的经济大国与技术强国。

微电子产业除了本身对国民经济的贡献巨大之外，它还具有极强的渗透性。几乎所有的传统产业只要与微电子技术结合，用微电子技术进行改造，就能够重新焕发活力。

微电子技术已经广泛地应用于国民经济、国防建设，乃至家庭生活的各个方面。由于制造微电子集成电路芯片的原材料主要是半导体材料——硅，因此有人认为，从 20 世纪中期开始人类进入了继石器时代、青铜器时代、铁器时代之后的硅器时代。一位日本经济学家认为，谁控制了超大规模集成电路技术，谁就控制了世界产业。英国学者则认为，如果哪个国家不掌握半导体技术，哪个国家就会立刻沦落到不发达国家的行列。

2. 微电子技术的发展

微电子技术是建立在以集成电路为核心的各种半导体器件基础上的高新电子技术，特点是体积小、质量轻、可靠性高、工作速度快，微电子技术对信息时代具有巨大的影响。

微电子学兴起于现代，1883 年，爱迪生把一根钢丝电极封入灯泡，靠近灯丝，发现碳丝加热后，铜丝上有微弱的电流通过，这就是所谓的“爱迪生效应”。电子的发现，证实“爱迪生效应”是热电子发射效应。

英国另一位科学家弗莱明首先看到了它的实用价值，1904 年，他进一步发现，有热电极和冷电极两个电极的真空管，对于从空气中传来的交变无线电波具有“检波器”的作用，他把这种管子称为“热离子管”，并在英国取得了专利。这就是“二极真空电子管”。自此，晶体管就有了一个雏形。

在 1947 年，临近圣诞节的时候，在贝尔实验室内，一个半导体材料与一个弯支架被堆放在了一起，世界上第一个晶体管就诞生了，由于晶体管有着比电子管更好的性能，所以在此后的 10 年内，晶体管飞速发展。

1958 年，德州仪器的工程师 Jack Kilby 将 3 种电子元件结合到一片小小的硅片上，制出了世界上第一个集成电路(IC)。到 1959 年，就有人尝试着使用硅来制造集成电路，这个时期，实用硅平面 IC 制造飞速发展。

1959 年，也是在贝尔实验室，D. Kahng 和 Martin Atalla 发明了 MOSFET，因为 MOSFET 制造成本低廉与使用面积较小、高整合度的特点，集成电路可以变得很小。至此，微电子学已经发展到了一定的高度。1965 年，摩尔对集成电路做出了一个大胆的预测：集成电路的芯片集成度将四年翻两番，而成本却成比例递减。在当时，这种预测看起来是不可思议，但是现在事实证明，摩尔的预测是完全正确的。接下来，就是 Intel 制造出了一系列的 CPU 芯片，将我们完全带入了信息时代。

3. 集成电路的研究与发展

集成电路打破了电子技术中器件与线路分离的传统，使得晶体管与电阻、电容等元器件及连接它们的线路都集成在一块小小的半导体基片上，为提高电子设备的性能、缩小体积、降低成本、减少能耗提供了一个新的途径，大大促进了电子工业的发展。从此，电子工业进入了 IC 时代。在微电子学研究中，它的空间尺度通常是微米与纳米。经过 40 余年的发展，集成电路已经从最初的小规模芯片，发展到目前的甚大规模集成电路和系统芯片，单个电路芯片集成的元件数从当时的十几个发展到目前的几亿个甚至几十亿、上百亿个。

在过去的几十年中，以硅为主要加工材料的微电子制造工艺从开始的几个微米技术到现在的 0.13μm 技术，集成电路芯片集成度越来越高，成本越来越低。目前，50nm 甚至 35nm 微电子制造技术已经在制造厂商的生产线上实现，并将拥有生产 11nm 的能力。

集成电路的发展过程，大致可以将它划分为 6 个阶段。

第一阶段：1962 年制造出集成了 12 个晶体管的小规模集成电路(SSI)芯片。

第二阶段：1966 年制造出集成度为 100～1000 个晶体管的中规模集成电路(MSI)芯片。

第三阶段：1967—1973 年，制造出集成度为 1000～100000 个晶体管的大规模集成电路(LSI)芯片。

第四阶段：1977 年研制出在 30mm^2 的硅晶片上集成了 15 万个晶体管的超大规模集成电路(VLSI)芯片。

第五阶段：1993 年制造出集成了 1 000 万个晶体管的 16MB FLASH 与 256MB DRAM 的特大规模集成电路(ULSI)芯片。

第六阶段：1994 年制造出集成了 1 亿个晶体管的 1GB DRAM 巨大规模集成电路(GSI)芯片。

4. SoC 研究与应用

系统芯片(SoC)也称为片上系统。SoC 技术的兴起是对传统芯片设计方法的一场革命。21 世纪 SoC 技术将快速发展，并且成为市场的主导，这一点目前产业界已经形成了共识。

SoC 与集成电路的设计思想是不同的。SoC 与集成电路的关系类似于过去集成电路与分立元器件的关系。使用集成电路制造的电子设备同样需要设计一块印制电路板，再将集成电路与其他的分立元件(电阻、电容、电感)焊接到电路板上，构成一块具有特定功能的电路单元。随着计算技术、通信技术、网络应用的快速发展，电子信息产品向高速度、低功耗、低电压和多媒体、网络化、移动化趋势发展，要求系统能够快速地处理各种复杂的智能问题，除了需要数字集成电路以外，还需要根据应用的需求加上生物传感器、图像传感器、无线射频电路、嵌入式存储器等。基于这样一个应用背景，20 世纪 90 年代后期人们提出了 SoC 的概念。SoC 将一个电子系统的多个部分集成在一个芯片上，并且能够完成某种完整的电子系统功能。典型 SoC 芯片如图 4.1 所示。在一块 SoC 芯片中集成视频处理、音频处理、无线通信和数据存储等功能。

图 4.1　典型 SoC 芯片

4.3 嵌入式技术的研究与发展

1. 嵌入式系统的特点

嵌入式技术是将计算机作为一个信息处理部件，嵌入到应用系统中的一种技术，它将软件固化集成到硬件系统中，将硬件系统与软件系统一体化。嵌入式具有软件代码小、高度自动化和响应速度快等特点。

嵌入式系统是以应用为中心，以计算机技术为基础，并且软硬件可裁剪，适用于应用系统，对功能、可靠性、成本、体积、功耗有严格要求的专用计算机系统。它一般由嵌入式微处理器、外围硬件设备、嵌入式操作系统以及用户的应用程序等 4 个部分组成，用于实现对其他设备的控制、监视或管理等功能。它是计算机的一种应用形式，通常指埋藏在宿主设备中的微处理机系统，此类计算机一般不被设备使用者在意，也称埋藏式计算机，典型机种如微控制器、微处理器和 DSP 等。

嵌入式系统可以称为后 PC 时代和后网络时代的新秀。与传统的通用计算机、数字产品相比，利用嵌入式技术的产品有其自己的特点。

(1) 由于嵌入式系统采用的是微处理器，实现相对单一的功能，采用独立的操作系统，所以往往不需要大量的外围器件。因而在体积及功耗上有其自身的优势。

(2) 嵌入式系统是将计算机技术、半导体技术和电子技术与各个行业的具体应用相结合后的产物，是一门综合技术学科。由于空间和各种资源相对不足，对嵌入式系统的硬件和软件都必须进行高效率设计，量体裁衣、去除冗余，力争在同样的硅片面积上实现更高的性能，这样才能在具体应用中对处理器的选择更具有竞争力。

(3) 嵌入式系统是一个软硬件高度结合的产物。为了提高执行速度和系统可靠性，嵌入式系统中的软件一般都固化在存储器芯片或单片机本身中，而不是存储于磁盘等载体中。片上系统、板上系统的实现，使得以 PDA 等为代表的这类产品拥有更加熟悉的操作界面和操作方式，比传统的商务通等功能更加完善、实用。

(4) 为适应嵌入式分布处理结构和应用上网需求，面向 21 世纪的嵌入式系统要求配备标准的一种或多种网络通信接口。针对外部联网要求，嵌入设备必需配有通信接口相应需要 TCP/IP 协议簇软件支持；由于家用电器相互关联(如防盗报警、灯光能源控制、影视设备和信息终端交换信息)及实验现场仪器的协调工作等要求，新一代嵌入式设备还需具备 IEEE 1394、USB、CAN、Bluetooth 或 IrDA 通信接口，同时也需要提供相应的通信组网协议软件和物理层驱动软件。为了支持应用软件的特定编程模式，如 Web 或无线 Web 编程模式，还需要相应的浏览器，如 HTML、WML 等。

(5) 因为嵌入式系统往往和具体应用有机地结合在一起，它的升级换代也是和具体产品同步进行，因此嵌入式系统产品一旦进入市场，具有较长的生命周期。

2. 嵌入式系统发展的过程

1976 年，Intel 公司推出了 MCS-48 单片机，这个只有 1KB ROM 和 64B RAM 的简单

芯片成为世界上第一个单片机，同时也开创了将微处理机系统的各种 CPU 外的资源(如 ROM、RAM、定时器、并行口、串行口及其他各种功能模块)集成到 CPU 硅片上的时代。

1980 年，Intel 公司对 MCS-48 单片机进行了全面完善，推出了 8 位 MCS-51 单片机，并获得巨大成功，奠定了嵌入式系统的单片机应用模式。至今，MCS-51 单片机仍在大量使用。

1984 年，Intel 公司又推出了 16 位 8096 系列并将其称为嵌入式微控制器，这可能是“嵌入式”一词第一次在微处理机领域出现。此外，为了高速、实时地处理数字信号，1982 年诞生了首枚数字信号处理芯片(DSP)，DSP 是模拟信号转换成数字信号以后进行高速实时处理的专业处理器，其处理速度比当时最快的 CPU 还快 10～50 倍。随着集成电路技术的发展，DSP 芯片的性能不断提高，目前已广泛用于通信、控制、计算机等领域。

20 世纪 90 年代后，伴随着网络时代的来临，网络、通信、多媒体技术得以发展，8/16 位单片机在速度和内存容量上已经很难满足这些领域的应用需求。而由于集成电路技术的发展，32 位微处理器价格不断下降，综合竞争能力已可以和 8/16 位单片机媲美。32 位微处理器面向嵌入式系统的高端应用，由于速度快，资源丰富，加上应用本身的复杂性、可靠性要求等，软件的开发一般会需要操作系统平台支持。

4.4　物联网中间件软件技术

1. 物联网中间件的概念与结构

物联网中间件是一种独立的物联网系统软件或服务程序，物联网系统借助这种软件在不同的技术之间共享资源。中间件位于客户机/服务器的操作系统之上，管理资源和网络通信，是连接两个独立应用程序或独立系统的软件。相连接的两个物联网系统，即使它们具有不同的接口，但通过物联网中间件相互之间仍能交换信息。执行物联网中间件的一个关键途径是信息传递。通过物联网中间件，应用程序可以工作于多平台或 OS 环境。

2. 物联网中间件工作原理

目前物联网中间件的主要代表是 RFID 中间件，其他还有嵌入式中间件、通用中间件、M2M 中间件等。

RFID 中间件是 RFID 标签和应用程序之间的中介，从应用程序端使用中间件提供一组通用的应用程序接口(API)，能够读写 RFID 标签。RFID 中间件在系统中的位置和作用如图 4.2 所示。

RFID 中间件扮演 RFID 标签和应用程序之间的中介角色，从应用程序端使用中间件所提供一组通用的应用程序接口(API)，即能连到 RFID 读写器，读取 RFID 标签数据。这样一来，即使存储 RFID 标签情报的数据库软件或后端应用程序增加或改由其他软件取代，或者读写 RFID 读写器种类增加等情况发生时，应用端不需修改也能处理，省去多对多连接的维护复杂性问题。

RFID 中间件独立并介于 RFID 读写器与后物联网端应用程序之间，并且能够与多个

RFID 读写器及多个后端应用程序连接，以减轻架构与维护的复杂性。数据流(Data Flow) RFID 的主要目的在于将实体对象转换为信息环境下的虚拟对象，因此数据处理是 RFID 最重要的功能。RFID 中间件具有数据的搜集、过滤、整合与传递等特性，以便将正确的对象信息传到企业后端的应用系统。

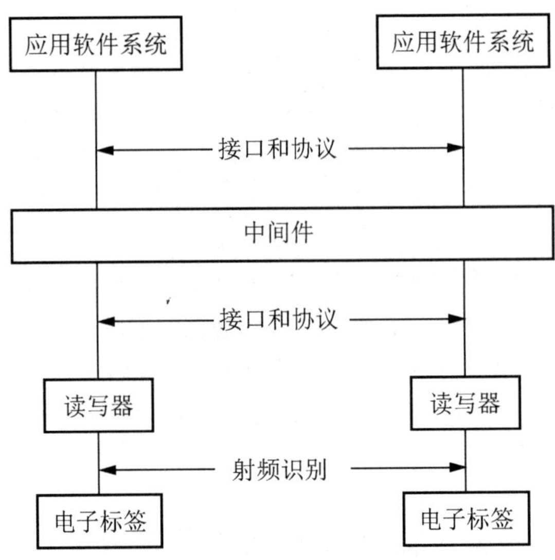

图 4.2　RFID 中间件在系统中的位置和作用

4.5　无线传感器网络节点设计

无线传感器网络是由大量微型传感器节点通过无线自组织方式构成的网络。它集成了传感器、微机电和无线通信 3 大技术，能够实时地感知、采集和处理网络覆盖范围内的对象信息，并发送给观察者；具有覆盖区域广、可远程监控、监测精度高、布网快速和成本低等优点，在军事、环保、医疗保健、空间探索、工业监控、精细农业等领域均有非常良好的应用前景。

1. 无线传感器节点的结构

无线传感器网络是由大量靠近或处于待检测目标内部的传感器节点组成。在不同的应用中，节点的组成略有不同，如图 4.3 所示，但都包括传感器单元(传感器及相关信号处理和数模转换等)、处理单元(CPU、存储器、嵌入式操作系统)、通信单元及电源(相关电源管理等基本单元)。此外还可以配置其他的功能单元，如定位系统、移动系统、执行机构、电源自供电装置及复杂信号处理(包括声音、图像、数据处理及信息融合)，即图 4.3 中虚线所示，并可以根据不同的应用场合做出取舍。

传感器节点可以采用飞机播撒、人工布置或火炮发射等方式进行布置，分散节点通过自组织的方式组成网络。由于无线传感器网络的节点数量巨大，因此传感器节点的成本必须尽可能低，同时无线传感器网络的工作环境和工作方式决定了传感器节点必须体积小、功耗低、功能尽可能单一。

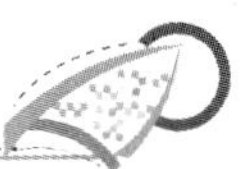

目前，国内外已经出现了许多网络节点的设计方法，在功能实现上类似，只是在微处理器和通信方式的选择不同。如无线通信方式采用自定义的协议 ISM 频段(Industrial Scientific Medical)的技术包括射频技术、蓝牙技术、ZigBee 技术、UWB 技术。

典型的传感器网络的系统结构及整体构架有传感器节点、汇聚节点(sink)、现场数据采集处理决策部分及分散用户接收装置组成。传感器节点散布在感知区域内，每个节点都可以采集数据，并用平面自组多跳路由(Multi-hop)无线方式把数据传送到汇聚点，同时汇聚点也可以将信息发送给各节点，汇聚节点直接与互联网以有线的方式相连，通过互联网或无线方式实现任务管理节点(用户)与传感器之间的相互通信。

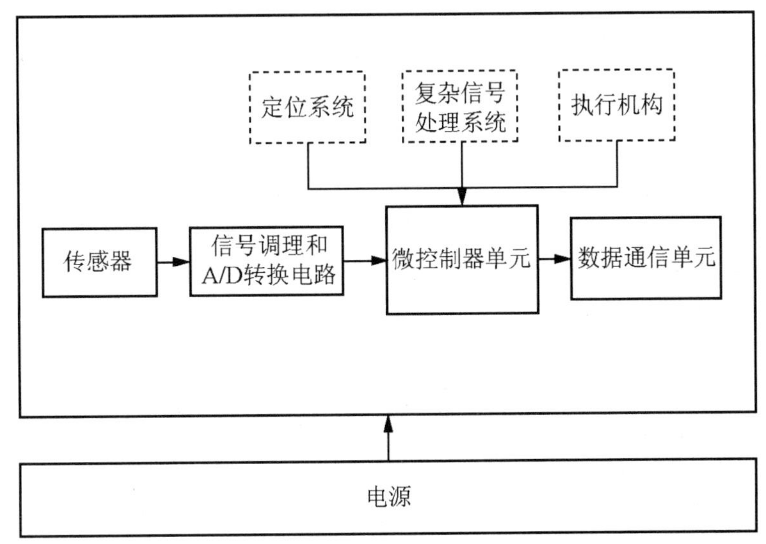

图 4.3 无线传感器节点的基本结构

2. 无线传感器网络节点设计原则

无线传感器网络节点设计包括节点硬件设计和节点软件设计。

无线传感器网络节点的硬件一般包括处理单元、传感采集单元、无线传输单元、电源供应单元和其他扩展单元。其中，处理单元负责控制传感器节点的操作及数据的存储和处理；传感采集单元负责监测区域内信息的采集；无线传输单元负责节点间的无线通信；电源供应单元负责为节点供电。传感器网络网关节点功能更多，除包含上述功能单元以外，还包含与后台监控通信的接口单元。在硬件设计时，需要遵循低功耗、可重构和可冗余性的设计原则。

无线传感器网络节点的软件一般包括网络组网程序、网络数据收发程序和节点传感器采集程序。网络组网程序用于组建基于若干个无线传感器网络节点的网络，其中涉及网络的拓扑结构。网络数据收发程序主要实现数据从一个节点传输到另一个节点的功能，根据网络拓扑结构的不同，传输过程可能还需经过网络中的协调器节点，实现路由转发功能。节点传感器采集程序用于节点通过传感器实时接收周围环境状态信息。在软件设计时，需要遵循软件构件化的设计思想。

3. 无线传感器网络嵌入式操作系统

相比一般的嵌入式系统，无线传感器网络节点对操作系统的体积大小、能量利用率、节点相互间通信及可重配置、可靠性和适应性等方面提出了更高的要求。无线传感器网络嵌入式操作系统应当具有以下特点。

(1) 传感器节点电源能量、通信能力、计算存储能力有限。传感器采用电池供电，能量有限，因此节能设计非常关键。无线传感器网络以“多跳”方式传输数据，通信范围一般只有几十米。传感器节点由于体积、成本及能量的限制，处理器和存储器的能力和容量有限，因此计算能力十分有限。这就要求操作系统不仅要体积小，能运行在有限的资源下，还要求操作系统在节能的要求下对数据处理、数据通信进行管理。

(2) 网络具有大规模、自组织、动态性、可靠性等特点。传感器节点的数量可能达到几百万个。网络经常有新节点加入或已有节点失效，网络拓扑结构变化快。这就要求传感器节点操作系统具有可重新配置和自适应性、高健壮性和容错性等性能，当网络拓扑结构发生变化时，操作系统必须能对这种变化做出反应，同时网络在需要的时候也能够主动对自己进行更新。

(3) 应用相关性强。相同的传感器网络应用关系不同的物理量，对系统的要求也不同，其硬件平台、软件系统和网络协议有很大差别。这要求操作系统具有良好的移植性能，能满足各种各样的硬件平台，同时能够提供各种不同的功能，满足实际需要。

现有的无线传感器网络操作系统主要有以下几种。

1) TinyOS

TinyOS 是由加州大学伯克利分校开发的开源微型操作系统，专为无线传感器网络设计，目前在无线传感器网络操作系统领域占据了主导地位。TinyOS 基于组件的架构使其能够快速实现各种应用。TinyOS 的组件库包括网络协议、分布式服务、传感器驱动及数据获取工具等，一个完整的应用系统是由这些库组合起来的，不用的组件不会引入进来，从而达到减少内存需求的目的。TinyOS 采用了事件驱动模型，这样可以在很小的空间中处理高并发事件，并且能够达到节能的目的，因为 CPU 不需要主动去寻找感兴趣的事件。

2) MANTIS OS(MOS)

MOS 是由美国科罗拉多大学 MANTIS 项目组为无线传感器网络而开发的源代码公开的多线程操作系统。它的内核和 API 采用标准 C 语言，提供 Linux 和 Windows 开发环境，易于用户使用。MOS 提供抢占式任务调度器，采用节点循环休眠策略来提高能量利用率，目前支持的硬件平台有 Mica2、MicaZ 及 Telos 等，其对 RAM 的最小需求可到 500B，对 nash 的需求可小于 14KB。

3) SOS

SOS 是由加州大学洛杉矶分校网络和嵌入式实验室(NESL)为无线传感器网络节点开发的操作系统。SOS 使用了一个通用内核，可以实现消息传递、动态内存管理、模块装载和卸载及其他一些服务功能。SOS 的动态装载软件模块功能使得它可以创建一个支持动态添加、修改和删除网络服务功能的系统。

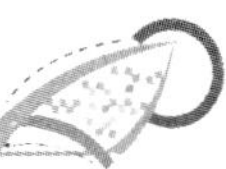

4) Contiki

Contiki 是瑞典计算机科学研究所 Adam Dunkels 等人专为内存资源非常有限的嵌入式系统如网络传感器节点等开发的一个多任务操作系统。Contiki 完全用 C 语言写成，源代码开放，支持网络互联，具有高度的移植性，代码量非常小，支持从 8 位微控制器构成的嵌入式系统到老式的 8 位家用电脑。自从 2003 年 5 月推出以来，Contiki 已经被移植到了 20 种不同类型的硬件平台。

5) WMN OS

上海市计算技术研究所独立开发了无线微网节点专用操作系统 WMN OS，可以稳定运行在自行研制的 Z205、Z305 等硬件模块上，目前已经在多个项目上得到了应用。

4. 无线传感器网络应用软件设计

无线传感器网络节点的软件一般包括网络组网程序、网络数据收发程序和节点传感器采集程序。网络组网程序用于组建基于若干个无线传感器网络节点的网络，其中涉及网络的拓扑结构。网络数据收发程序主要实现数据从一个节点传输到另一个节点的功能，根据网络拓扑结构的不同，传输过程可能还需经过网络中的协调者节点和路由转发跳转功能。节点传感器采集程序用于节点通过传感器实时接收周围环境状态信息的功能。

4.6　可穿戴计算研究及应用

可穿戴计算是人类为增强对世界的感知能力而出现的一项技术，是未来物联网感知层最具智能的感知工具之一。了解可穿戴计算技术的研究与发展，对于理解物联网的发展是十分有益的。

1. 可穿戴计算概念

可穿戴计算技术(wearable computing)。顾名思义，可穿戴计算技术就是把计算机“穿”在身上进行应用的技术。可穿戴计算中的硬件设备是可穿戴计算机，可穿戴计算机是一种新型计算机系统，由使用者控制，并包含使用者的个人使用空间，具有可再编程能力、网络连接能力、操作和交互的连续性等特性，整个计算机和使用者融为一体。

计算机自问世以来，为满足应用的需要，一直在不断变化，从二进制输入和指示灯显示，到现在常见的主机和桌面上的显示器、鼠标、键盘、网络，这一状态至今已维持了将近 30 年的时间。但是，近年来许多应用领域都要求计算机能随着人的活动在任何时间、任何地点运行程序并上网工作，也就是说，跟着人进行“移动计算”和“移动网络通信”。例如，新闻记者进行现场报道时，需要抢时间对信息进行实时处理并随时上网；飞机维修人员要边维修、边阅读手册，可能还要上网进行讨论和交流，并在使用计算机的同时不影响双手的维修操作;军事上的应用则更为普遍，像特种兵的作战和侦察等。于是，人们就把计算机从桌面请到了人的身上，通过微小型设计和合理的布局，将各模块分布到人体的各个部位，从而能“穿”在身上，并与人相结合，通过无线传输构成一个移动节点，实现移动网络计算的可穿戴计算模式。

2. 可穿戴计算的主要特征

可穿戴计算以信息为主要处理对象，适合野外或移动场合使用，具有以下特征。

(1) 移动性：可穿戴计算机随使用者在移动中正常工作。

(2) 解放双手：可穿戴计算机采用单手操作或者语音操作等方式，减少双手的占用率。

(3) 持续工作性：可穿戴计算机始终处于工作状态，使用者随时可用。

(4) 无线通信能力：可穿戴计算机作为网络节点可通过无线传输实现网络互联。

3. 可穿戴计算机的研究与发展状况

可穿戴计算机的发展可以追溯至1955年，Edward O.Thop为弄清楚“轮盘赌”的赌博游戏与Claude Shannon在1966年研制出模拟计算机系统，配置数据采集器，通过按键控制数据采集器采集轮盘的速度。

1967年Hubert Upton还发明了一种模拟计算机，它用眼镜作为显示器来辅助人们读唇语。

早期的随身携带的计算机系统，不能编程，并不是严格意义的可穿戴计算机，直到20世纪70年代，加拿大多伦多大学的Steve Mann研制出用于控制照相设备的可穿戴计算机，使用者可以边工作边操作计算机使其具有划时代意义。同一时期，以Eudaemons为代表的西海岸的物理学家也研制出鞋式可穿戴计算机。但是，直到微电子技术的迅猛发展，集成电路的密度越来越高，计算机的小型化、低功耗设计成为可能，可穿戴计算机才得到迅速发展。

20世纪90年代是可穿戴计算机的高速发展期。在这一阶段，美国的CMU大学对可穿戴计算机的研究比较系统。1991—2000年，先后研制了多种不同型号应用于不同的领域的可穿戴计算机，均采用嵌入式系统设计技术，通过系在腰带上的3个按键进行输入操作，并输出到采用反射技术的专用眼镜上，随后所研制的可穿戴计算机朝着体积小、功耗低、使用方便的方向发展。

习　　题

1. 简述个人计算机、个人数字助理、智能手机和智能家电的发展阶段及各阶段的特点。
2. 简述SoC的特点及基本组成结构。
3. 简述嵌入式系统的特点及发展历程。
4. 简述物联网中间件的用途及其在RFID应用系统中的具体应用。
5. 简述无线传感器网络中的节点类型和基本组成结构。
6. 假设如下应用场景：工作车间无线温度监测系统中，4个无线测温节点通过无线传感器网络互连，搭建星型网络。简述该系统的组成结构及网络拓扑、无线测温节点的结构框图及设计方法、系统的工作原理及主要软件工作流程。
7. 简述可穿戴计算的概念及主要特点。

第 5 章 计算机网络与互联技术

在计算机技术和通信技术快速发展的过程中，人们将这两种彼此独立发展的技术结合起来，计算机网络就应运而生了。它的诞生使得计算机整个体系结构发生了巨大的变化，对信息产业的发展有着深远的影响。而计算机网络的发展，实现了远距离通信、远距离信息处理和大范围的信息资源共享，缩短了人与人之间的交往距离，将地球变成了地球村，给我们的政治、经济、生产、生活等方方面面带来了很大的便利。

本章将针对计算机网络的发展历史，基本概念、结构组成和分类进行系统的讨论，并针对互联网和网络接入技术进行较为详尽的探讨，使得读者通过本章的学习对计算机网络产生较为充分的了解。

教学目标

了解计算机网络的基本概念、组成及功能；
理解 OSI、TCP/IP 参考模型；
掌握计算机网络的组成和结构；
熟悉互联网的起源，发展趋势和相关知识；
熟悉多种网络接入技术。

5.1 计算机网络的发展史

5.1.1 计算机网络发展的四个阶段

计算机网络的发展过程是从简单到复杂，从单机到多机，由终端—计算机之间的通信到计算机—计算机之间的直接通信的演变过程，经历了具有通信功能的批处理系统、具有通信功能的多机系统和计算机网络系统等演变阶段，计算机网络按年代划分，具体可以分为以下几个阶段。

第一阶段：20 世纪 60 年代。该阶段出现了以批处理为运行特征的主机系统和远程终端之间的数据通信。

第二阶段：20 世纪 70 年代。美国国防高级计划局开发出 ARPA 网投入使用，计算机网络开始出现。ARPA 网是计算机网络技术发展中的一个里程碑，它的研究成果对促进网络技术的发展起到重要作用，并为 Internet 的形成奠定了基础。

第三阶段：20 世纪 80 年代。该阶段是计算机网络高速发展的阶段，网络开始商品化和实用化，通信技术和计算机技术互相促进，结合更紧密，特别是计算机局域网的发展和应用十分广泛。

第四阶段：20 世纪 90 年代以后。局域网成为计算机网络的基本单元，网络间的互联要求越来越强，真正达到了资源共享、数据通信和分布处理的目标。

5.1.2 计算机网络发展的趋势

计算机网络技术及其应用的产生和发展，与计算机技术(包括微电子、微处理机)和通信技术的科学进步密切相关。由于计算机网络技术，特别是 Internet/Intranet 技术的不断进步，又使各种计算机应用系统跨越了主机/终端式、客户/服务器式、浏览器/服务器式的几个时期。今天的计算机应用系统实际上是一个网络环境下的计算系统。

未来网络的发展有以下几种基本的技术趋势。

(1) 朝着低成本微机所带来的分布式计算和智能化方向发展，即 Client/Server(客户/服务器)结构。

(2) 向适应多媒体通信、移动通信结构发展。

(3) 网络结构适应网络互连，扩大规模以至于建立覆盖全球的网络，是可以可随处连接的巨型网。

(4) 前所未有的带宽以保证承担任何新的服务。

(5) 贴近应用的智能化网络。

(6) 高可靠性和服务质量。

(7) 较好的延展性来保证时迅速的发展做出反应。

(8) 较低的使用和服务费用。

未来比较明显的趋势是宽带业务和各种移动终端的普及，如可照相手机越来越多，实际上这对网络带宽和频谱产生了巨大的需求。整个宽带的建设和应用将进一步推动网络的整体发展。IPv6 和网格等下一代互联网技术的研发和建设将在今后取得比较明显的进展。

未来有以下几大网络趋势。

1. 语义网

语义网是 2011 年 Web 创始人 Tim Berners-Lee 提出的，它是对未来网络的一个设想。简单地说，语义网涉及机器间的对话，是一种能理解人类语言的智能网络，它不但能够理解人类的语言，而且还可以使人与计算机之间的交流变得像人与人之间交流一样轻松。它的核心是通过给万维网上的文档(如 HTML)添加能够被计算机所理解的语义(Meta Data)，从而使整个互联网成为一个通用的信息交换媒介，现在更是与 Web 3.0 这一概念结合在一起，作为 3.0 网络时代的特征之一。一些公司，如 Hakia、Powerset 及 Alex 的 adaptive blue 都正在积极地实现语义网，因此，未来人们关系将变得更亲密，但是还需等上好些年，才能看到语义网的设想实现。

2. 人工智能

人工智能(Artificial Intelligence，AI)，自 1950 年英国数学家阿伦 • 图灵提出的测试机器(如人机对话能力的图灵测试)开始，人工智能就成为计算机科学家们的梦想。

它是计算机科学的一个分支，所涉及的研究领域主要包括机器人、语言识别、图像识别、自然语言处理和专家系统等，其目的是了解智能的实质，并生产出一种新的能以人类智能相似的方式做出反应的智能机器，使得机器更加智能化，在这一点上，人工智能和语义网在某些方面是不谋而合的。在未来的日子里，我们可以利用计算机的计算速度远远超过人类的特点，解决一些以前无法解决的问题。

3. 虚拟世界

目前在互联网上所表现出的“虚拟世界”是以计算机模拟环境为基础，以虚拟的人物化身为载体，用户在其中生活、交流的网络世界。作为将来的网络系统，目前最能体现出“虚拟的现实世界”的案例是由美国加州“林登实验室(Linden Lab)开发”的第二人生(second life)，而在国内，最早是北京海皮士信息技术有限公司创建的 3D 虚拟世界 Hipihi(海皮士)。但在最近一次 Sean Ammirati Ⅰ 参加的超新星小组(Supernova panel)会议中，讨论了一些涉及许多其他虚拟世界的机会。

它不仅只是关于数字生活，也使真实生活更加数字化。就像 Alex Iskold 说明的，一方面我们有第二人生和其他虚拟世界的快速增长。另一方面，我们开始通过像 Google Earth 这样的技术用数字信息注释这个星球。

4. 移动网络

移动网络是未来另一个发展前景巨大的网络应用。它已经在亚洲和欧洲的部分城市迅猛发展。苹果推出 iPhone 是美国市场移动网络的一个标志事件。这仅仅是个开始。在未来的几年的时间将有更多的定位感知服务可通过移动设备来实现，例如，当你逛当地商场时，会收到很多你定制的购物优惠信息，或者当你在驾驶车的时候，收到地图信息，或者周五晚上跟朋友在一起的时候收到玩乐信息。我们也期待大型的互联网公司如 Yahoo，Google 成为主要的移动门户网站，还有移动电话运营商。

5. 在线视频/网络电视

在线视频和网络电视已经在网络上爆炸般显现，但是仍感觉有很多方向待开发，还有很广阔的前景。2006 年 10 月，Google 获得了这个地球上最热门在线视频资源 YouTube。同月，KaZaA 与 Skype 的创始人也正在建立一个互联网电视服务，昵称威尼斯项目(后来命名 joost)。2007 年，YouTube 继续称霸，同时，互联网电视服务正在慢慢腾飞。很明显的是，在未来，互联网电视将和我们现在完全不一样。更高的画面质量，更强大的流媒体，个性化，实现共享及更多优点，都将在接下来的几年里实现。

6. 注意力经济

注意力经济是一个消费者同意用他们的注意力交换服务的市场。示例包括个人新闻，个人搜索，快讯和推荐购买。注意力经济说的是消费者有选择权——他们选择他们的注意力“花”在哪里。另一个注意力游戏中的关键因素是关联。在消费者看到关联内容的时候，他/她可能会粘在那周围——这就创造了更多销售机会。

料想这个概念在接下来的十年在网络经济中会越来越重要。我们已经看到它受到 Amazon 和 Netflix 的喜爱，但是新兴公司去探索还有更多的机会。

5.2 互联网的形成与发展

互联网(Internet)，即广域网、局域网及单机按照一定的通信协议组成的国际计算机网络。互联网是指将两台计算机或者是两台以上的计算机终端、客户端、服务端通过计算机信息技术的手段互相联系起来的结果，人们可以与远在千里之外的朋友相互发送邮件、共同完成一项工作、共同娱乐。

这个定义至少揭示了 3 个方面的内容。

(1) 互联网是全球性的。

(2) 互联网上的每一台主机都需要有“地址”，互联网通过全球唯一的网络逻辑地址在网络媒介基础上逻辑地链接在一起，这个地址是建立在“互联网协议”(IP)或今后其他协议基础之上的。

(3) 这些主机必须按照共同的规则(协议)连接在一起，互联网通过“传输控制协议”和“互联网协议”(TCP/IP)，或者今后其他接替的协议或兼容的协议来进行通信。

5.2.1 互联网的起源

互联网经过几十年的发展，已经是当今世界上覆盖范围最广、规模最大、信息资源最丰富的全球信息基础设施。互联网的发展历程包含了技术、管理、社会参与等许多方面的内容，下面主要从技术角度回顾互联网的起源和历史。

1957 年苏联发射第一颗人造卫星以后，美国出于军备竞赛的需要，采取在国防部建立先进研究计划局(Advanced Research Projects Agency，APRA)的对应措施，以继续保持在积极前沿领域的领先地位。20 世纪 60 年代初，美国空军委托兰德公司研究如何在核打击以后仍然保持对攻击力量的控制能力，其主导思想就是“资源共享的计算机网络”。因为在此之前美国军队中的通信网络是由中央控制的，如果敌人将中央控制系统破坏，那么美国军队在战场上将失去指挥，国家安全将受到威胁，所以美国国防部高级计划署研制出一种新型的网络拓扑结构“分布式网络”拓扑结构，这种网络结构的优点是安全，不会出现“占线”问题。一个分布式、能耐受核打击的军用网络设施，对美国科学技术创造能力是一个挑战。

关于“全球网络”的这一划时代的思想，其奠基人和先驱是麻省理工学院(MIT)的心理学/计算机科学家 J.C.R.Licklider。最早的记录是 1962 年 Licklider 所写的一系列备忘录。他描述了一种通过把计算机互相连接成网来实现人与人之间信息交换的概念，他称之为“银河系网络”。按照他的想象，在全球范围内互相连接起来的许多计算机将可以使每个人从任何地点很快地得到所需要的数据和程序。他在“人机共栖(*Man-Computer Symbiosis*)”

这篇于 1960 年发表的论文中写道："互相以宽带通信线路连接起来的计算机，将具备现在的图书馆这样的功能，即先进的信息存储、提取及其他人机共栖(交互)的功能。"原则上，他的设想与现在的互联网已经非常接近。他被人命名为 ARPA 信息技术研究计划的首任领导。随后，Licklider 又将这种网络概念的重要意义传递给他的继任者——Ivan Sutherland、Bob Taylor 和 Lawrence Robert。

与此同时，另一个重要思想也开始萌芽，这就是包交换(也称分组交换)理论。"分布式网络"的拓扑结构，使数据交换的方式也随之改变，一种新的数据交换方式"包交换"出现了。它不是一次把所有的数据全部发送出去，而是把发送的数据分割成大小一定的数据块，然后分别打包发送。这样就可以保证网络的传输速度和数据的可靠。

"包交换网络"的理论与实践，完全各自独立地、平行地同时在 MIT(1961—1967 年)、兰德公司(1962—1965 年)、英国国家物理实验室(1964—1967 年)发展，互相之间没有任何关联。在这 3 个平行发展的团队中，只有兰德公司的工作考虑了核战问题。而从 MIT 发展起来的 ARPANET 与此事并没有关联。当然，在以后研究互联网的鲁棒性和幸存能力时，也考虑了互联网在损失大部分底层网络时的耐受性。

在 MIT 的 Leonard Kleinrock 关于包交换通信的必要性和可行性完全得到确认后，1968 年 APRA 正式立项支持 APRANET。"包交换"应用到 ARPANET 上，需要在网络中的每台主机上都配备一台处理网络通信的设备。美国国防部高级计划署提出了研制网络通信的关键设备——包交换，1969 年 BBN 公司开发出了"接口信号处理机"，也就是我们现在所说的"路由器"。不久 BBN 公司分别给加州大学洛杉矶分校、斯坦福研究院(SRI)、加州大学桑塔芭芭拉分校和盐湖城犹他学院(UTAH)的计算机分别连上了接口信号处理机，这样，到了 1969 年底，按照国防计划署的计划，由 4 个节点构成的 ARPANET 正式投入运行。这 4 个节点已经具备了今天互联网的最基本的功能，大家可以通过它进行各种实验和研究，相互合作，共同探讨，跨越了地域的限制，这无疑是互联网发展史上的一个里程碑。

5.2.2　TCP/IP 协议研究与发展

TCP/IP 是在网络应用中最流行的协议，已经成为公认的"事实上的标准"。TCP/IP 协议不是一个协议，而是一个协议簇，它包括一组协议。

TCP/IP 协议有以下特点。

(1) 开放的协议标准，独立于计算机硬件和操作系统。

(2) 独立于特定的网络硬件，可以运行在局域网、广域网中，特别适用于互联网中。

(3) 统一的网络地址分配方案，使得 TCP/IP 设备在网络中都具有唯一地址。

(4) 标准化的高层协议，可以提供多种可靠的用户服务。

阅读材料 1-1

TCP/IP 的由来

在上面的互联网起源中，我们了解了 APRANET 的由来，这个网络最早应用于美国军方，但是出现了这样一个问题：美国陆军、空军、海军使用的计算机都不一样。在这种情况下，要想用 ARPANET 将各军种的计算机连起来，并使它们内部系统中各台计算机都运行正常，能够相互通信并共享资源，是非常困难的。这个问题不解决，ARPANET 的研究将毫无意义。这就涉及一个协议的问题。“协议”一词来源于人类各个集团为了自身的利益而进行各种谈判，最后双方或多方达成共识，签订“协议”。现在，在不同的计算机之间也需要谈判，共同遵守某种“协议”，只有这样两台不同的计算机之间才可以通信。

1970 年 12 月，由 S.克罗克领导的网络工作小组(NWG)着手制定最初主机对主机的通信协议，这个协议的主要功能是用各种计算机都认可的信号来打开通信管道，数据通过后还要关闭通道这个协议被称作“网络控制协议”(NCP)。但是这个协议只是一个局部通信协议，并不能彻底解决不同类型的电脑的互联问题。因此，必须设计出一种新的网络通信协议，使之能够完成不同类型的计算机的互联。1973 年春天，文顿·瑟夫和鲍勃·康共同研究这个协议的各个细节，后来这个协议成为今天互联网共同的标准，即现在仍在互联网中使用的 TCP/IP 协议。

1. OSI 参考模型

20 世纪 80 年代初期，美国电气和电子工程师学会 IEEE 802 委员会结合局域网自身的特点，参考 OSI/RM，提出了局域网的参考模型(LAN/RM)，制定出局域网体系结构，IEEE 802 标准诞生于 1980 年 2 月，故称为 802 标准。

由于计算机网络的体系结构和国际标准化组织(ISO)提出的开放的系统互联参考模型(OSI)已得到广泛认同，并提供了一个便于理解、易于开发和加强标准化的统一的计算机网络体系结构，因此局域网参考模型参考了 OSI 参考模型。根据局域网的特征，局域网的体系结构一般仅包含 OSI 参考模型的最低两层：物理层和数据链路层，解决了最低两层的功能及网络接口服务、网际互联有关的高层功能，如图 5.1 所示。

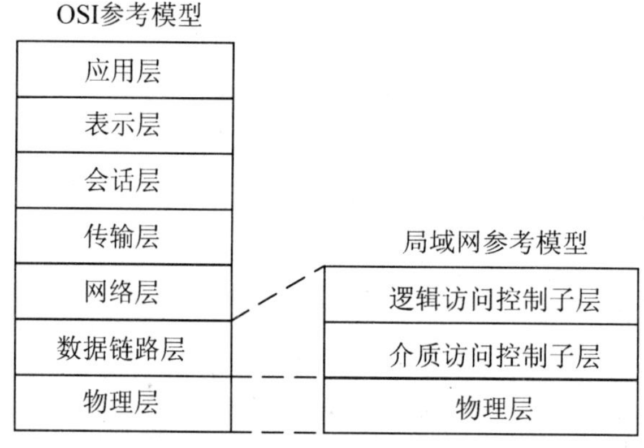

图 5.1　OSI 参考模型和局域网参考模型

1) 物理层

物理层的主要作用是处理机械、电气、功能和规程等方面的特性，确保在通信信道上二进制位信号的正确传输。其主要功能包括信号的编码与解码，同步前导码的生成与去除，二进制位信号的发送与接收，错误校验(CRC 校验)，提供建立、维护和断开物理连接的物理设施等。

2) 数据链路层

在 ISO/OSI 参考模型中，数据链路层的功能简单，它只负责把数据从一个节点可靠地传输到相邻的节点。在局域网中，多个站点共享传输介质，在节点间传输数据之前必须首先解决由哪个设备使用传输介质，因此数据链路层要有介质访问控制功能。由于介质的多样性，所以必须提供多种介质访问控制方法。为此 IEEE 802 标准把数据链路层划分为两个子层：逻辑链路控制(Logical Link Control，LLC)子层和介质访问控制(Media Access Control，MAC)子层。LLC 子层负责向网际层提供服务，它提供的主要功能是寻址、差错控制和流量控制等；MAC 子层的主要功能是控制对传输介质的访问，不同类型的 LAN，需要采用不同的控制法，并且在发送数据时负责把数据组装成带有地址和差错校验段的帧，在接收数据时负责把帧拆封，执行地址识别和差错校验。

(1) LLC 子层。逻辑链路控制子层构成数据链路层的上半部，与网络层和 MAC 子层相邻。LLC 子层在 MAC 子层的支持下向网络层提供服务。LLC 子层与传输介质无关，隐藏了各种局域网技术之间的差别，向网络层提供一个统一的信号格式与接口。LLC 子层的作用是在 MAC 子层提供的介质访问控制和物理层提供的比特服务的基础上，将不可靠的信道处理为可靠的信道，确保数据帧的正确传输。

LLC 子层的功能主要是建立、维持和释放数据链路，提供一个或多个服务访问点，为网络层提供面向连接的或无连接的服务。另外，LLC 子层还提供差错控制、流量控制和发送顺序控制等功能。

尽管将局域网的数据链路层分成了 LLC 和 MAC 两个子层，但这两个子层是都要参与数据的封装和拆封过程的，而不是只由其中某一个子层来完成数据链路层帧的封装及拆封。在发送方，网络层下来的数据分组首先要加上 DSAP(Destination Service Access Point)和 SSAP(Source Service Access Point)等控制信息在 LLC 子层被封装成 LLC 帧，然后由 LLC 子层将其交给 MAC 子层，加上 MAC 子层相关的控制信息后被封装成 MAC 帧，最后由 MAC 子层交局域网的物理层完成物理传输；在接收方，则首先将物理的原始比特流还原成 MAC 帧，在 MAC 子层完成帧检测和拆封后变成 LLC 帧交给 LLC 子层，LLC 子层完成相应的帧检验和拆封工作，将其还原成网络层的分组上交给网络层。

(2) MAC 子层。介质访问控制子层构成数据链路层的下半部，它直接与物理层相邻。MAC 子层的一个功能是支持 LLC 子层完成介质访问控制功能，MAC 子层为不同的物理介质定义了介质访问控制标准。MAC 子层的另一个主要的功能是在发送数据时，将从上一层接收的数据组装成带 MAC 地址和差错检测字段的数据帧；在接收数据时拆帧，完成地址识别和差错检测。

3) 网络层

网络层的主要作用是进行子网的运行控制。其中关键的问题就是确定分组从源端到目的端如何选择路由，这里的路由可以按照网络中固定的静态路由表，也可以根据当前网络的负载状况，动态地为每个分组选择路由。

另外拥塞控制和计费功能也属于网络层的范畴。

4) 传输层

传输层的从会话层接收数据，并高速准确地将接收到的数据传递给网络层，从而保证

在传输层后的高层用户可以屏蔽通信子网的存在，利用传输层的服务直接进行端对端的数据传输。

通常，会话层请求一个传输连接，传输层就会创建一个独立的网络连接，但如果传输连接需要提高信息吞吐量，则可以创建多个网络连接进行分流，另外就是，如果为了节省费用，降低成本，也可以将多个传输连接复用到一个网络连接上，不管如何处理，传输层为上层用户提供端对端的透明优化传输服务。

5) 会话层

会话层允许不同主机上的进程之间建立会话，即传输层是主机与主机之间的层次，而会话层是进程与进程之间的层次。

会话层的服务之一就是管理会话。会话层允许信息同时双向传输，或任一时刻只能单向传输。在后一种情况下，会话层将记录某一时刻该哪一方进行数据发送，譬如令牌机制，会话层提供令牌，持有令牌的一方才能进行操作。

另外，会话层还提供了同步机制，譬如两台主机之间进行长达数小时的文件传输，一旦网络故障，都会导致传输失败，不得不重新传输文件，会话层提供了再数据流中插入检查点，每次网络故障后，仅需要重传最后一个检查点以后的数据。

6) 表示层

表示层为上层用户提供通用数据或信息语法表示变换。在这里值得注意的是，表示层以下的各层只关心可靠的比特流传输，而表示层则关心所传输信息的语法和语义。譬如，大多数用户程序之间是要交换人名、日期、货币数量等信息，这些对象是用字符串、整型、浮点数或其组合的数据结构来表示。不同主机采用不同的编码方式来表示这些数据类型或数据结构(如 ASCII 或二进制反码/补码)。为了让不同编码方式的主机之间可以进行通信，交换中使用的数据类型或数据结构可以用抽象的方式来定义，并使用标准的编码方式。表示层管理这些抽象数据结构，并在主机内部表示法和网络标准表示法之间进行转换。

7) 应用层

应用层是 OSI 模型的最高层，直接与用户和应用程序打交道，它包含了大量普遍需要的协议族，譬如支持通过全屏幕文字编辑器方式来模拟不同类型的终端，另外，应用层可以进行文件传输，兼容不同系统之间传输文件所需要处理的各种问题，此外还有电子邮件、远程作业输入、名录查询和其他各种通用和专用的功能。

2. TCP/IP 模型

TCP/IP 参考模型共分为 4 层：网络接口层、网络层、传输层和应用层。与 OSI 参考模型的对应关系如图 5.2 所示。

1) 网络接口层

网络接口层在模型的底层，负责将帧放入线路或从线路中取下帧。

2) 网络层

Internet 协议将数据包封装成 Internet 数据包并运行必要的路由算法。

3) 传输层

传输协议在计算机之间提供通信会话。数据投递要求的方法决定了传输协议。传输层

有两种协议，分别为 TCP 及 UDP，二者之间是有区别的，如图 5.3 所示。

应用层 (Application Layer)
表示层 (Present Layer)
会话层(Session Layer)
传输层 (Transport Layer)
网络层 (Internet Layer)
数据链路层 (Data Link Layer)
物理层 (Physical Layer)

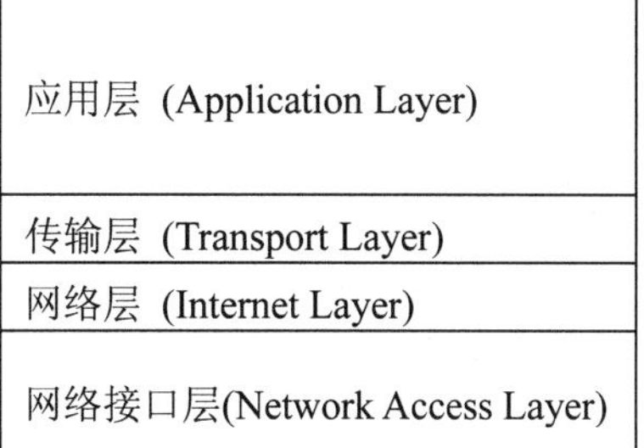

应用层 (Application Layer)
传输层 (Transport Layer)
网络层 (Internet Layer)
网络接口层(Network Access Layer)

图 5.2　TCP/IP 参考模型与 OSI 参考模型对应关系

(1) TCP(Transmission Control Protocol)为典型的传输大量数据或需要接收数据许可的应用程序提供连接定向和可靠的通信。

(2) UDP(User Datagram Protocol)提供无连接的通信，并不保证数据包被发送到。典型的即时传输少量数据的应用程序使用 UDP。可靠的发送是应用程序的责任。由于传输方法不同，TCP 数据包与 UDP 数据包是不一样的。但两者都用端口与插槽进行通信。

TCP	UDP
面向连接	无连接
传输大量数据	即时传输少量数据
可靠的	不可靠的

图 5.3　TCP 与 UDP 协议区别

4) 应用层

应用层在模型的顶部，是应用程序进入网络的通道。在应用层有许多 TCP/IP 工具和服务，如 FTP、Telnet、SNMP、DNS 等。该层为网络应用程序提供了两个接口：Windows Sockets 和 NETBIOS。

5.2.3　互联网的高速发展

互联网发展经历了研究网、运行网和商业网 3 个阶段。互联网正以当初人们始料不及的惊人速度向前发展，已经从各个方面逐渐改变人们的工作和生活方式。人们可以随时从网上了解当天最新的天气信息、新闻动态，可以足不出户在家炒股、网上购物、收发电子邮件、享受远程医疗和远程教育等。

互联网的意义并不在于它的规模，而在于它提供了一种全新的全球性的信息获取手段。当今世界正向知识经济时代迈进，信息产业已经发展成为世界发达国家的新的支柱产业，成为推动世界经济高速发展的新的源动力，并且广泛渗透到各个领域，特别是近几年来国际互联网络及其应用的发展，从根本上改变了人们的思想观念和生产生活方式，推动了各行各业的发展，并且成为知识经济时代的一个重要标志之一。Internet 已经构成全球信息高速公路的雏形和未来信息社会的蓝图。纵观 Internet 的发展史，可以看出互联网的发展趋势主要表现在如下几个方面。

1. 运营产业化

以 Internet 运营为产业的企业迅速崛起，从 1995 年 5 月开始，多年资助 Internet 研究开发的美国科学基金会(NSF)退出 Internet，把 NFSnet 的经营权转交给美国 3 家最大的私营电信公司(即 Sprint、MCI 和 ANS)，这是 Internet 发展史上的重大转折。

2. 应用商业化

随着 Internet 对商业应用的开放，它已成为一种十分出色的电子化商业媒介。众多公司、企业不仅把它作为市场销售和客户支持的重要手段，而且把它作为传真、快递及其他通信手段的廉价替代品，借以形成与全球客户保持联系和降低日常的运营成本。如电子邮件、IP 电话、网络传真、VPN 和电子商务等日渐受到人们的重视便是最好例证。

3. 互联全球化

Internet 虽然已有 30 来年的发展历史，但早期主要是限于美国国内的科研机构、政府机构和它的盟国范围内使用。现在不一样了，随着各国纷纷提出适合本国国情的信息高速公路计划，已迅速形成了世界性的信息高速公路建设热潮，各个国家都在以最快的速度接入 Internet。

4. 互联宽带化

随着网络基础的改善、用户接入方面新技术的采用、接入方式的多样化和运营商服务能力的提高，接入网速率慢形成的瓶颈将会得到进一步改善，上网速度将会更快，宽瓶颈约束将会消除，互联必然宽带化，从而促进更多的应用在网上实现，并能满足用户多方面的网络需求。

5. 多业务综合平台化、智能化

随着信息技术的发展，互联网将成为图像、话音和数据“‘三网’合一”的多媒体业务综合平台，并与电子商务、电子政务、电子公务、电子医务、电子教学等交叉融合。10～20 年内，互联网将超过报刊、广播和电视的影响力，逐渐形成“第四媒体”。

综上所述，随着电信、电视、计算机“‘三网’融合”趋势的加强，未来的互联网将是一个真正的多网合一、多业务综合平台和智能化的平台，未来的互联网是移动＋IP＋广播多媒体的网络世界，它能融合现今所有的通信业务，并能推动新业务的迅猛发展，给整个信息技术产业带来一场革命。

6. 基于云技术的服务项目

互联网专家们均认为未来的计算服务将更多地通过云计算的形式提供。据最近 Telecom Trends International 的研究报告表明，2015 年前云计算服务带来的营收将达到 455 亿美元。国家科学基金会也在鼓励科学家们研制出更多有利于实现云计算服务的互联网技术，他们同时还在鼓励科学家们开发出如何缩短云计算服务的延迟并提高云计算服务的计算性能的技术。

7. 节能环保

目前的互联网技术在能量消耗方面并不理想，未来的互联网技术必须在能效性方面有所突破。据 Lawrence Berkeley 国家实验室统计，互联网的能耗在 2000—2006 年间增长了一倍。据专家预计，随着能源价格的攀升，互联网的能效性和环保性将进一步增加，以减少成本支出。

5.2.4　宽带城域网与“三网”融合技术发展状况

传播信息的现代通信网主要有电信网、广播电视网和计算机网络 3 种形式。

(1) 电信网又分成电话通信网和数据通信网。电话通信网又由公用电话交换网、专用通信网和移动通信网组成。数据通信网包括分组交换公用数据网、数字数据网、帧中继网和 ATM 宽带网。

(2) 广播电视网包括有线电视网、卫星广播和地面无线电视网等。

(3) 计算机网络包括局域网、城域网、广域网和因特网等。

“三网”融合的核心组成部分主要是指电信网、有线电视网和计算机网络之间的融合。“三网”的这种分割并不是物理网的分割，而是业务的分割。实际网络(即物理网络)只有电信网和广播电视网。

“三网”融合是指电信网、有线电视网和计算机网络三大网络通过技术改造，提供包括视频、语音和数据等综合多媒体业务，宽带城域网的建设导致了“三网”融合的产生。

1. 国外“三网”融合发展状况

1) 美国

美国是较早实现“三网”融合的国家，有统一的监管机构，也有较为成熟的融合方面的法律，并随着市场的发展变化不断调节其监管政策。美国 1996 年开始实施新电信法，从法律上解除了对“三网”融合的禁令。《1996 年电信法》的颁布增加了基础电信领域内的竞争性，其最大特点是取消对各种电信业务市场的限制，允许长话、市话、广播、有线电视、影视服务等业务互相渗透，也允许各类电信运营者互相参股，创造自由竞争的法律环境，以促进电信业的发展。由此，整个电信市场获得了前所未有的竞争性准入许可。美国的电信和有线电视的相互进入由 FCC 进行管制，并且负责颁发相关的许可证。

2) 法国

目前，“三网”融合在法国快速发展。市场研究机构 Pyramid 在一份最新的报告中指出，到 2014 年，随着法国各运营商加快投资光纤网络，将有 50%以上的家庭选择“三网”融合的服务。

3) 日本

“三网”融合在日本正在催生网络的融合、用户终端的融合和相关法律的融合。随着“三网”融合的深入，互联网络和通信网络的分立已经不再必要。日本正在着手开发下一代网络——NGN。虽然实现“三网”融合，目前的电信、广电和互联网仍各有各的网络，NGN 所要实现的目标简单来说，就是消除这些网络的界限，整体更新为以互联网技术为基础的网络，实现各种服务的融合。NGN 博采现有的电信、广电网络和互联网之长，它既具备传统电话网的可靠性和稳定性，又像 IP 网络一样具有弹性大、经济划算的优点，而且比现在的互联网通信速度更快、通信品质更高、安全性更强。“三网”融合还推动用户终端的融合。日本日益流行的信息家电就是传统家电和信息通信技术的结合。“三网”融合在日本面临的难题是有关法律的重整。日本的通信产业和广电产业分属独立的法律体系，因此，以日本广播协会为代表的广电产业和通信产业迄今一直是“划界而治”，各自独立发展的。两个产业各有各的固有既得权益，在价值观和文化方面也存在差异。所以，当要推动通信和广电融合时，势必要涉及如何调整两者间上述种种的课题。另外，近年来出现的新服务超出了现行《广播法》和通信领域相关法律调整的范畴。日本国际通信经济研究所高级研究员裘春晖介绍，日本总务省计划 2010 年向国会例会提交《信息通信法》的草案。这部法律将统一与通信和广电相关的《电波法》《广播法》《电气通信事业法》等 9 部现行法律，旨在打破条块分割，创造一个通信、广电相关企业都能自由参与竞争的环境。

4) 欧洲

1997 年融合指令的发布和 2003 年统一监管框架的实施，推动了欧盟各国“三网”融合的发展。欧盟大多数国家均开放了有线电视和电信市场，允许彼此进入。这方面英国走得比较快，英国 1992 年修订了有线广播电视法，允许有线电视公司经营电话业务，同时允许电信运营商提供有线电视，但是先从区域运营开始，而且当时还不允许最大的运营商 BT 做电视业务。到 2001 年英国已经全面开放，所有的电信运营商都可以经营全国范围的广播业务。2003 年英国推出了《通信法》，将原来的电信管理局——OFTEL、无线电通信管理局、独立电视委员会、无线电管理局、播放标准委员会等通信行业的监管机构合而为一，成立了融合的组织机构——OFCOM。

2. 国内“三网”融合发展状况

2010 年 1 月 13 日，国务院常务会议通过“三网”融合决议，“三网”融合的政策法律壁垒基本打破，但是与“三网”融合相适应的法律法规和监管机构却没有完善。第一阶段 2010—2012 年试点阶段，重点开展广电和电信业务双向进入试点，探索形成相关政策体系和体制机制；第二阶段 2013—2015 年推广阶段，全面实现“三网”融合发展，普及应用融合业务。2010 年 7 月 1 日，国务院公布了首批“三网”融合试点城市名单，共 12 个城市。首批试点城市的入选标准：第一具备较好的网络基础和技术基础；第二有线电视网络用户和电信宽带用户数要达到一定规模；第三前期已开展了双向进入业务的地区，广电部门已批准的 IPTV 试点地区和电部门批准的有线电视网。由于电信企业在企业规模上远大于广电企业，所以在试点方案设计上，采取了非对称双向进入的原则。广电企业不仅牢牢抓住了内容播控权，同时还允许进入部分基础电信业务，而电信企业仅允许从事部分广电节目制作和传输，仍无法涉足内容集成和播控环节。

只有建立统一的监管体制，才能打破高层融合的僵局。没有统一的监管体制很难推进“三网”融合的快速发展。统一的监管体制也是实现实体机构的融合的重要举措；待“三网”融合发展成熟后，一个能够实施全面监管职能大监管机构则是“三网”融合快速成长的重要保证。公平的市场竞争环境是“三网”融合是否能有实质性推进的关键。政府通过政企分离、广台分离、制播分离、公共台和商业台分离等措施，能够有效地构建公平健康的市场竞争环境，也是自身改革和发展必要的前提和制度的保证。配套政策和规章制度是维系国家网络安全和推进产业发展的双刃剑。配套的政策制度是确保党和国家对于网络安全的控制权、维系网络服务的必要水平、推动体制改革、市场竞争、资源共享和合作共赢的必要措施。行业准入规定决定了我国“三网”融合是否能够顺利进行。完善的法律保障体系是“三网”融合的可持续发展的重要保障，相关部门应加快电信法的制定和出台，为“三网”融合提供法律体制的保障。完善的法律保障体系，能够让市场主体根据国家、企业和用户的最大利益交集决定具体的技术选择。不仅能有效协调广电监管部门与电信监管部门的分工，统一对国家资源进行规划管理，而且能够促进技术和业务的融合，鼓励技术和业务的创新。

5.3 计算机网络

计算机网络是计算机技术和通信技术相结合的产物。如今，计算机网络已经成为信息存储、传播和共享的有力工具，成为信息交流的最佳平台。

5.3.1 计算机网络的定义

计算机网络通常指将地理位置不同且具有独立功能的多个计算机系统通过通信线路和通信设备相互连接在一起，由网络操作系统和协议软件进行管理，实现资源共享的系统。从上面的叙述中可以得知，计算机网络有 3 要素：通信主体、通信介质和通信协议，主要的功能是实现网络资源的共享。

5.3.2 计算机网络的分类

根据不同的划分标准，计算机网络有不同的划分方法。

1. 根据地理覆盖范围分类

计算机网络根据地理覆盖范围分为广域网、城域网、局域网和个域网，如图 5.4 所示。

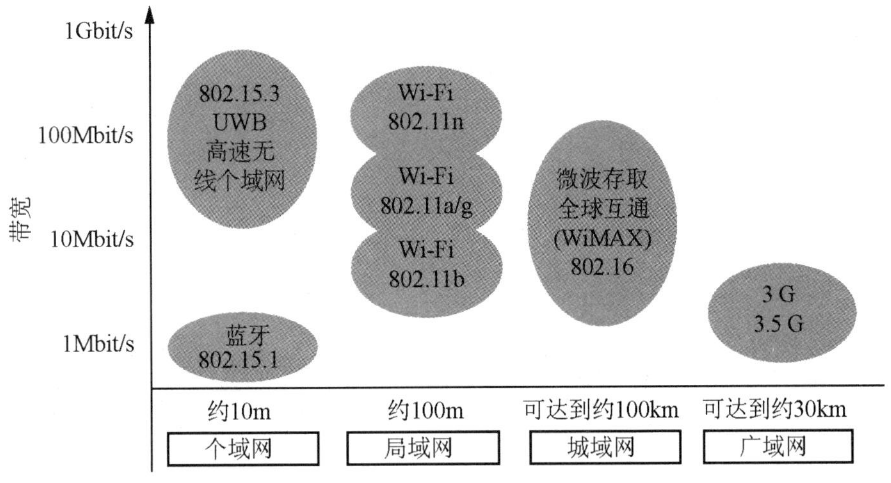

图 5.4 计算机网络按地理覆盖范围划分示意图

广域网(Wide Area Network，WAN)：覆盖范围为一个地区、一个国家或者几个国家。

城域网(Metropolitan Area Network，MAN)：也称为都市网，地理范围通常覆盖一个城市或者地区，距离十几千米至几十千米。一个 MAN 可能是一个大公司将分布在不同办公地点的 LAN 连接而成的公司专用网络，也可能是电信公司组建、提供公用的公用网络。

局域网(Local Area Network，LAN)：覆盖的地理范围只有几千米，一般分布在一栋大楼或者一组建筑群中，由一个单位或者部门自行组建和使用，是技术最成熟、应用最广泛的一种计算机网络。

个域网(Personal Area Network，PAN)：为了实现活动半径小、业务类型丰富、面向特定群体、无线无缝的连接而提出的新兴无线通信网络技术。PAN 能够有效地解决“最后的几米电缆”的问题，进而将无线联网进行到底。

2. 根据拓扑结构分类

计算机网络还可根据拓扑结构进行划分，可分为总线型、环型、星型、混合型、树型及网状等，如图 5.5 所示。

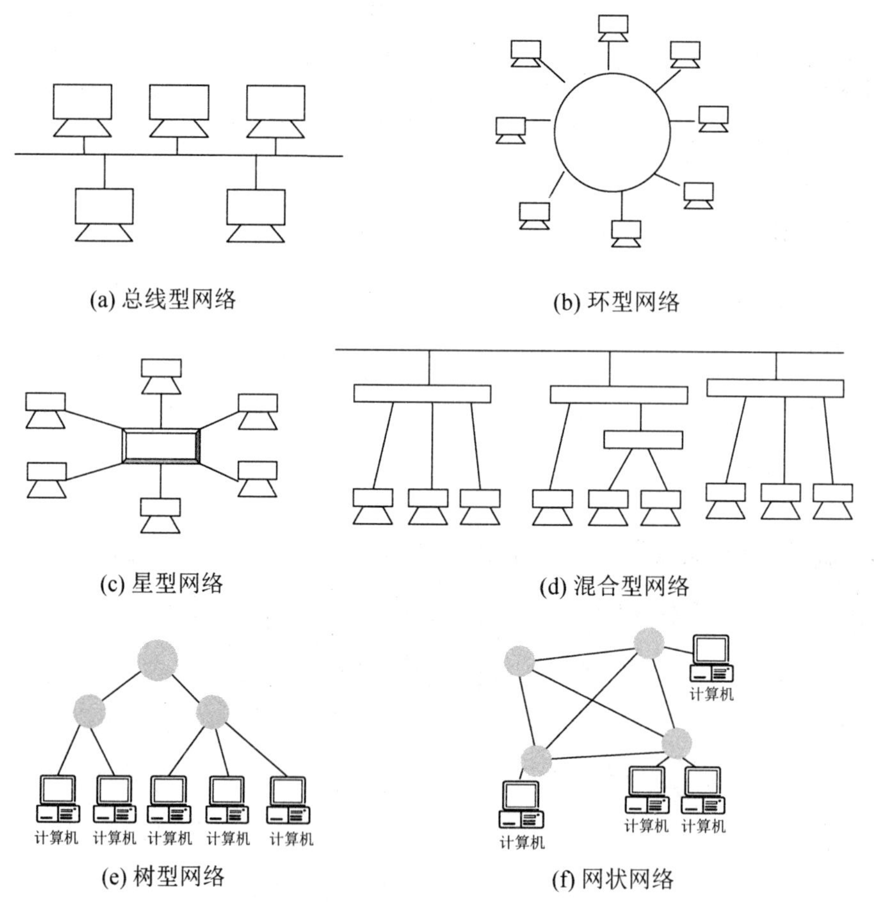

图 5.5 计算机网络拓扑结构图

1) 总线型拓扑结构的网络

该结构比较简单，总线型中所有设备都直接与采用一条称为公共总线的传输介质相连，这种介质一般也是同轴电缆(包括粗缆和细缆)，不过现在也有采用光缆作为总线型传输介质的，如 ATM 网、Cable Modem 所采用的网络等都属于总线型网络结构，如图 5.5(a)所示。

总线型结构具有以下几个方面的特点。

(1) 组网费用低：从示意图可以看出这样的结构根本不需要另外的互联设备，而直接通过一条总线进行连接，所以组网费用较低。

(2) 这种网络因为各节点是共用总线带宽的，所以在传输速度上会随着接入网络的用户的增多而下降。

(3) 网络用户扩展较灵活：需要扩展用户时只需要添加一个接线器即可，但所能连接的用户数量有限。

(4) 维护较容易：单个节点(每台计算机或集线器等设备都可以看作是一个节点)失效不影响整个网络的正常通信。但是如果总线一断，则整个网络或者相应主干网段就断了。

(5) 这种网络拓扑结构的缺点是一次仅能一个端用户发送数据，其他端用户必须等待到获得发送权。

2) 环型拓扑结构的网络

环型结构的网络形式主要应用于令牌网中，在这种网络结构中各设备是直接通过电缆来串接的，最后形成一个闭环，整个网络发送的信息就是在这个环中传递，通常把这类网络称为“令牌环网”，如图 5.5(b)所示。

图 5.5(b)所示只是一种示意图，实际上大多数情况下这种拓扑结构的网络不会是所有计算机真的连接成物理上的环型，一般情况下，环的两端是通过一个阻抗匹配器来实现环的封闭的，因为在实际组网过程中因地理位置的限制不方便真的做到环的两端物理连接。

环型结构的网络主要有如下几个特点。

(1) 这种网络结构一般仅适用于 IEEE 802.5 的令牌网(Token ring network)，在这种网络中，“令牌”是在环型连接中依次传递。所用的传输介质一般是同轴电缆。

(2) 这种网络实现也非常简单，投资小。可以从其网络结构示意图中看出，组成这个网络除了各工作站就是传输介质——同轴电缆，以及一些连接器材，没有价格昂贵的节点集中设备，如集线器和交换机。但也正因为这样，所以这种网络所能实现的功能最为简单，仅能当作一般的文件服务模式。

(3) 维护困难：从其网络结构可以看到，整个网络各节点间是直接串联，这样任何一个节点出了故障都会造成整个网络的中断、瘫痪，维护起来非常不便。另一方面因为同轴电缆所采用的是插针式的接触方式，所以非常容易造成接触不良，网络中断，而且这样查找起来非常困难。

(4) 扩展性能差：也是因为它的环型结构，决定了它的扩展性能远不如星型结构的好，如果要新添加或移动节点，就必须中断整个网络，在环的两端作好连接器才能连接。

3) 星型拓扑结构的网络

星型结构是目前在局域网中应用得最为普遍的一种，在企业网络中几乎都是采用这一方式。星型网络几乎是 Ethernet(以太网)网络专用，它是因网络中的各工作站节点设备通过一个网络集中设备(如集线器或者交换机)连接在一起，各节点呈星状分布而得名。这类网络目前用得最多的传输介质是双绞线，如常见的五类线、超五类双绞线等，如图 5.5(c)所示。

星型拓扑结构网络的基本特点主要有如下几点。

(1) 实现方便，它所采用的传输介质一般都是采用通用的双绞线，价格便宜，安装方便，这种拓扑结构主要应用于 IEEE 802.2、IEEE 802.3 标准的以太局域网中。

(2) 节点扩展、移动方便，节点扩展时只需要从集线器或交换机等集中设备中增加一接点即可，而要移动一个节点只需要把相应节点设备移到新节点即可，而不会像环型网络那样“牵一发而动全身”。

(3) 维护容易，一个节点出现故障不会影响其他节点的连接，可任意拆走故障节点。

(4) 采用广播信息传送方式，任何一个节点发送信息在整个网中的节点都可以收到，这在网络方面存在一定的隐患，但这在局域网中使用影响不大。

(5) 网络传输数据快，这一点可以从目前最新的 1000Mbit/s 到 10Gbit/s 以太网接入速度可以看出。

4) 混合型拓扑结构的网络

混合型拓扑结构网络是由前面所讲的星型结构和总线型结构的网络结合在一起的网络结构，这样的拓扑结构更能满足较大网络的拓展，解决星型网络在传输距离上的局限，而同时又解决了总线型网络在连接用户数量的限制。这种网络拓扑结构同时兼顾了星型网与总线型网络的优点，在缺点方面得到了一定的弥补。这种网络拓扑结构示意图如图 5.5(d)所示。

这种网络拓扑结构主要用于较大型的局域网中，如果一个单位有几栋在地理位置上分布较远(当然是同一小区中)，如果单纯用星型结构来组成整个公司的局域网，因受到星型结构传输介质——双绞线的单段传输距离(100m)的限制而很难成功；如果单纯采用总线型结构来布线则很难承受公司的计算机网络规模的需求。结合这两种拓扑结构，在同一栋楼层我们采用双绞线的星型结构，而不同楼层我们采用同轴电缆的总线型结构，而在楼与楼之间我们也必须采用总线型，传输介质当然要视楼与楼之间的距离，如果距离较近(500m 以内)我们可以采用粗同轴电缆来作为传输介质，如果在 180m 之内还可以采用细同轴电缆来作为传输介质。但是如果超过 500m 我们只有采用光缆或者粗缆加中继器来满足了。这种布线方式就是我们常见的综合布线方式。这种拓扑结构主要有以下几个方面的特点。

(1) 应用相当广泛，这主要是因它解决了星型和总线型拓扑结构的不足，满足了大公司组网的实际需求。

(2) 扩展相当灵活，这主要是继承了星型拓扑结构的优点。但由于仍采用广播式的消息传送方式，所以在总线长度和节点数量上也会受到限制，不过在局域网中不存在太大的问题。

(3) 同样具有总线型网络结构的网络速率会随着用户的增多而下降的弱点。

(4) 较难维护，这主要受到总线型网络拓扑结构的制约，如果总线断，则整个网络就瘫痪了，但是如果是分支网段出了故障，则仍不影响整个网络的正常运作。另外，整个网络非常复杂，维护起来不容易。

(5) 速度较快，因为其骨干网采用高速的同轴电缆或光缆，所以整个网络在速度上不受太多的限制。

5) 树型拓扑结构网络

树型结构网络又称为分级的集中式网络，如图 5.5(e)所示。特点是网络成本低，结构简单。网络中任意两个节点不产生回路，每个链路都支持双向传输，网络中的节点扩充方便灵活，故障查询方便。

6) 网状网络

网状网络是一种无规定的连接方式，每个节点均可能与任何节点相连，如图 5.5(f)所示。网状结构一般用于广域网的组网。优点是网络间路径多，碰撞和阻塞的可能性小，局部故障不会影响整个网络的正常工作，可靠性高；网络扩充和主机入网比较灵活简单，但是这种网络的关系复杂，建网难，网络控制机制复杂。

3. 根据所有权分类

计算机网络根据所有权可以分为专用网和公用网。专用网是由某单位自行组建使用；公用网一般由政府电信部门管理和控制，用户申请使用的公用数据网。

计算机网络还可按照数据交换方式、传输介质、网络操作系统等进行多种分类。在组网时，局域网通常采用星型、环型、总线型和树型结构，广域网通常采用树型和网状结构，实际网络工程中，可能是上述几种网络结构的混合，建网时要根据实际的情况，选择合适的网络拓扑结构来建网。

5.3.3　广域网的基本概念

当主机之间或局域网之间的距离较远时，如相隔几十或几百千米，甚至几千千米，我们可以通过广域网接入技术来实现网络互联，从而满足它们之间的通信要求。

1. 广域网的定义

广域网是一种使用本地和国际电话网或公用数据网络，将分布在不同国家、地域甚至全球范围内的各种局域网、计算机、终端等设备，通过互联技术而形成的大型计算机通信网络。

常见的广域网技术实例有 X.25、帧中继、ATM(Asynchronous Transfer Mode)等。

2. 广域网的类型

常见的广域网从应用性质上可以分为如下两种类型。

1) 电信部门提供的电话网或数据网络

例如，公用电话网、公用分组交换网、公用数字数据网和宽带综合业务数字网等公用通信网，这些网络可以向用户提供世界单位的数据通信服务。

2) 专有广域网

这种广域网是将分布在同一城市、同一国家、同一洲甚至几个洲的局域网，通过电信部门的公用通信网络进行互联而形成的专有广域网。这类广域网的通信子网和资源子网分属不同的机构，如通信子网属于电信部门，资源子网属于专有部门。如 IBM、SUN 等大跨国公司，都建立了自己的广域网。它们都是通过电信部门的公用通信网来连接分布在世界各地的子公司。

3. 广域网的组成

广域网 WAN 一般最多只包含 OSI 参考模型的底下 3 层，即物理层、数据链路层和网络层。如图 5.6 所示，广域网是由许多交换机和连接这些交换机的链路组成的，各台计算机连接到交换机上，交换机之间采用点到点的连接方式，如光纤、微波、卫星信道等点对点的通信方式都可以用于广域网中。而广域网交换机实际上就是一台计算机，有处理器和输入/输出设备进行数据包的收发处理。

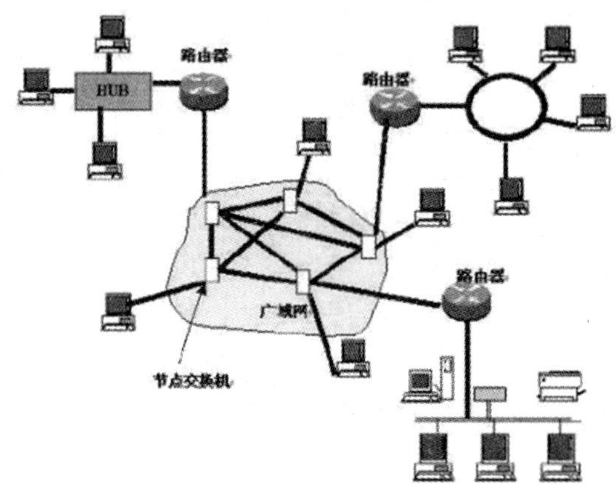

图 5.6　广域网组成示意图

目前大部分广域网都采用存储转发方式进行数据交换，广域网中的交换机先将发送给它的数据包完整接收下来，然后经过路径选择找出一条输出线路，最后交换机将接收到的数据包发送到该线路上去，以此类推，直到将数据包发送到目的节点。也就是说，广域网是基于报文交换或分组交换技术的(传统的公用电话交换网除外)。

广域网可以提供面向连接和无连接两种服务模式，对应于两种服务模式，广域网有两种组网方式。

1) 虚电路(virtual circuit)方式

虚电路方式是在数据传送前在发送端和接收端之间建立一条虚电路，发送端和接收端通过该虚电路进行数据传送，当数据传输结束时，释放该虚电路。在虚电路方式中，其数据报文在其报头中除了序号、校验和及其他字段外，还必须包含一个虚电路号。

虚电路不是通信双方的物理连接，而是指在通信双方建立一条逻辑连接，该连接的物理含义是指明收发双方的数据通信应按虚电路指示的路径进行。虚电路的建立并不表明通信双方拥有一条专用通路，即不能独占信道带宽，到来的数据报文在每个交换机上仍需要缓存，并在线路上进行输出排队。

2) 数据报(data gram)方式

数据报是报文分组存储转发的一种形式。分组传输前不需要预先在源主机与目的主机之间建立“线路连接”。发送端发送的每个分组都可以独立选择一条传输路径，每个分组

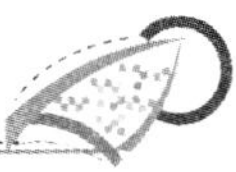

在通信子网中可能通过不同的传输路径到达接收端。数据报方式中每个报文都要单独寻址，因此要求每个数据报包含完整的目的地址。

4. 广域网的特点

广域网是连接不同地区、城市和国家之间的计算机通信的远程计算机网，主要有以下特点。

(1) 覆盖的地理范围广，通常跨接很大的物理范围，所覆盖的范围从几十千米到几千千米。

(2) 适应大容量与突发性通信的要求。

(3) 适应综合业务服务的要求。

(4) 开放的设备接口与规范化的协议。

(5) 完善的通信服务与网络管理。

5.3.4　城域网的基本概念

城域网是在一个城市范围内所建立的计算机通信网。它的传输媒介主要采用光缆，基于一种大型的 LAN，通常使用与 LAN 相似的技术。

1. 城域网的定义

城域网通常是将分布在都市范围内的各种类型的 LAN、计算机通过调制解调器或者直接数据设备与线路(如光缆或电缆)连接在一起构成的计算机网络。

而宽带城域网，就是在城市范围内，以 IP 和 ATM 电信技术为基础，以光纤作为传输媒介，集数据、语音、视频服务于一体的高带宽、多功能、多业务接入的多媒体通信网络。它能够满足政府机构、金融保险、大中小学校、公司企业等单位对高速率、高质量数据通信业务日益旺盛的需求，特别是快速发展起来的互联网用户群对宽带高速上网的需求。

2. 城域网的类别

城域网按照实现的技术可以分为如下 4 类。

1) 以 SDH(同步数字系列)为基础的多业务平台

SDH 技术自从 20 世纪 90 年代引入以来，至今已经是一种成熟、标准的技术，而 SDH 多业务平台最适合作为网络边缘的融合节点支持混合型业务量，它不仅适合缺乏网络基础设施的新运营者，如大企事业用户驻地，对于已敷设了大量 SDH 网的运营公司，以 SDH 为基础的多业务平台也可以更有效地支持分组数据业务，有助于实现从电路交换网向分组网的过渡。

2) 基于以太网的多业务平台

以太网方案具有技术标准，操作简单，成本低，扩展性好等优点，但是原来的以太网技术主要用于企事业网络，在城域网这个新应用上，需要解决一些公共网络中针对个体用户差异而做不同处理的问题，如差异的 QOS，实时的业务计费等问题都需要解决。

3) 以波分复用(WDM)为基础的多业务平台

WDM 技术是从长途传输领域向城域网领域扩展的，这种扩展需要针对城域网的特定环境进行逐步的改造。

4) 以 ATM(异步传输模式)为基础的多业务平台方案

ATM 是一种出色的多业务平台技术，而且由于其固有的设计已经充分考虑了业务的 QOS 问题，因此可以为 IP 或其他任意客户层信号提供面向连接的、带宽可控、安全性好、延时小的高质量业务。

3. 城域网的组成

城域网可分为业务网络层和传输网络层，其中传输网络层又可分为核心层、汇聚层和接入层。

核心层主要提供高带宽的业务承载和传输，采用以 IP 技术为核心的设备，包括大容量路由器、三层高端交换机、优选路由器等，完成和已有网络(如 ATM、FR、DDN、IP 网络)的互联互通，其特征为宽带传输和高速调度。

汇聚层的主要功能是给业务接入节点提供用户业务数据的汇聚和分发处理，这一层是城域网实施业务管理的主要层面。由网络数据库、网络服务器、计费服务器等构成网络的业务部分，负责处理业务逻辑。

接入层利用多种接入技术支持各类用户的快速接入，包括多业务接入集中器、话音接入网关、远端接入服务器等多种接入节点设备，完成多业务的复用和传输。

4. 城域网的特点

城域网是为整个城市而不是为某个特定的部门服务的，主要有以下特点。

(1) 传输速率高。

(2) 宽带城域网采用大容量的 Packet Over SDH 传输技术，为高速路由和交换提供传输保障，而且千兆以太网技术在宽带城域网中的广泛应用，使数据传输速度达到 100Mbit/s、1000Mbit/s。

(3) 用户投入少，接入简单。

(4) 宽带城域网用户端设备便宜而且普及，可以使用路由器、HUB 甚至普通的网卡。个人用户只要在自己的计算机上安装一块以太网卡，将宽带城域网的接口插入网卡就联网了。

(5) 技术先进、安全。

5.3.5 局域网的基本概念

局域网是在一个局部的地理范围内(如一个学校、工厂和机关内)，一般是方圆几千米以内，将各种计算机，外部设备和数据库等互相联接起来组成的计算机通信网。它可以通过数据通信网或专用数据电路，与远方的局域网、数据库或处理中心相连接，构成一个较大范围的信息处理系统。局域网可以实现文件管理、应用软件共享、打印机共享、扫描仪共享、工作组内的日程安排、电子邮件和传真通信服务等功能。局域网严格意义上是封闭型的，它可以由办公室内几台甚至上千上万台计算机组成。

1. 局域网定义

局域网是一组台式计算机和其他设备，在物理地址上彼此相隔不远，以允许用户相互

通信和共享诸如打印机和存储设备之类的计算资源的方式互连在一起的系统。这种定义适用于办公环境下的 LAN、工厂和研究机构中使用的 LAN。

2. 局域网类型

局域网的类型很多，决定局域网的主要技术要素为网络拓扑，传输介质与介质访问控制方法。按照不同的技术要素，局域网的分类如下。

按网络使用的传输介质分类，可分为有线网和无线网。

按网络拓扑结构分类，可分为总线型、星型、环型、树型、混合型等。

按传输介质所使用的访问控制方法分类，可分为以太网、令牌环网、FDDI 网和无线局域网等。其中，以太网是当前应用最普遍的局域网技术。

3. 局域网组成

局域网只涉及OSI参考模型的物理层和数据链路层的功能。局域网的信道为广播信道，内部采用共享信道的多路访问技术，通常情况下，局域网不单独设立网络层，其高层功能由具体的局域网操作系统实现。

所以，在组成上，局域网由网络硬件、网络传输介质及网络软件所组成。这里的网络硬件主要包括网络服务器、网络工作站、网络打印机、网卡、网络互联设备等。

4. 特点

局域网一般为一个部门或单位所有，主要有以下特点。

(1) 覆盖的地理范围较小，属于某一组织机构所有。

(2) 覆盖范围有限，通常在数百米到数千米之间。

(3) 具有较高的数据传输速率，一般为 1～100Mbit/s。

(4) 通信延迟时间短，可靠性较高，具有较低的误码率。

(5) 可以支持多种传输介质。

(6) 容易组建、维护和扩展，系统灵活度高。

5. 典型应用——无线 Wi-Fi

Wi-Fi(Wireless Fidelity)是由 Wi-Fi 联盟(Wi-Fi Alliance)所持有的一个无线网路通信技术品牌，目的是改善基于 IEEE 802.11 标准的无线网路产品之间的互通性。随着 IEEE 802.11a 及 IEEE 802.11g 等标准的出现，现在 IEEE 802.11 这个标准已被统称作 Wi-Fi。不同 802.11 协议的差异主要体现在使用频段，调制模式和信道差分等物理层技术上，见表 5-1。

表 5-1　IEEE 802.11 系列标准比较

	发 布 时 间	频宽/GHz	最 大 带 宽	调 制 模 式
IEEE 802.11—1997	1997 年 6 月	2.4～2.485	2Mbit/s	DSSS
IEEE 802.11a	1999 年 9 月	5.1～5.8	54Mbit/s	OFDM
IEEE 802.11b	1999 年 9 月	2.4～2.485	11Mbit/s	DSSS

续表

	发布时间	频宽/GHz	最大带宽	调制模式
IEEE 802.11g	2003 年 6 月	2.4～2.485	54Mbit/s	DSSS 或 OFDM
IEEE 802.11n	2009 年 10 月	2.4～2.485 或 5.1～5.8	100Mbit/s	OFDM

在构建 Wi-Fi 网络的时候，基本服务组(Basic Service Set，BSS)是 802.11 规范中 Wi-Fi 架构中最重要的组成部分，在基本服务组中，主要有两种无线连接模式。

1) 基站模式

图 5.7 是基站模式 Wi-Fi 组成结构图，在这种模式中，无线用户，如笔记本电脑、PDA、台式机等，通过与接入点相关联获取上层网络数据。而作为接入点的基站通过有线网络设备(交换机/路由器)连入上层公共网络。无线路由器是接入点和路由器功能的结合体。

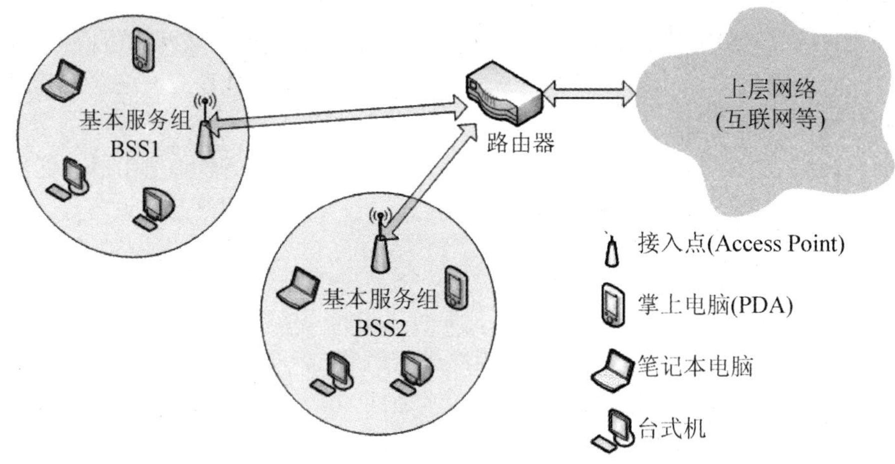

图 5.7　基站模式 Wi-Fi 组成结构图

2) 自组织模式

在这种模式下每个无线网络用户既是数据交互的终端也是数据传输过程中的路由。

5.3.6　个域网的基本概念

1. 个域网定义

个域网指个人范围(随身携带或数米之内)的计算设备(如计算机、电话、PDA、数码相机等)组成的通信网络。个人区域网即可用于这些设备之间互相交换数据，也可以用于连接到高层网络或互联网。

2. 个域网分类

个域网按照传输方式的不同，可以分为以下两种形式。

(1) 有线的形式，如 USB 或者 Firewire(IEEE 1394)总线等。

(2) 无线的形式，如红外传输技术、蓝牙传输技术和 ZigBee 等。

目前应用比较广泛的是无线形式的个人区域网，也就是无线个人区域网(Wireless

Personal Area Networks，WPAN)。WPAN 是指在很小的(约为 10m)范围内，以自组织模式在用户间建立用于相互通信的无线连接

① 蓝牙传输技术。蓝牙传输技术遵循的是一种短距离、低功耗的传输协议，最早始于 1994 年，由爱立信公司研发。

蓝牙传输技术以无线电波作为载波，采用跳频技术(frequency-hopping spread spectrum)，使用的频段范围在 2.402～2.480GHz 之间，覆盖范围为 30m 左右，带宽约为 1Mbit/s。蓝牙主要是为了替换一些个人用户携带的有线设备，如耳机、键盘等。这些设备对带宽的要求相对较少，或者说不是经常使用，比如手机间的传送小文件，或者说这些设备的资源拥有量(电量、计算资源等)相对较低。

② 红外传输技术。红外传输技术比蓝牙出现更早，是一种较早的无线通信技术。

红外传输技术采用的是 875nm 左右波长的广播通信，覆盖范围为 1m 左右，带宽约为 100Kbit/s。在进行红外传输中，不需要进行频率申请，但是要求互相进行传输的设备之间必须互相可见，其对障碍物的衍射较差。

③ ZigBee

ZigBee 是无线传感网领域最为著名的无线通信协议，ZigBee 协议从下到上分别为物理层(PHY)、媒体访问控制层(MAC)、传输层(TL)、网络层(NWK)、应用层(APL)等。其规范主要由 ZigBee 联盟和 IEEE 制订，ZigBee 联盟主要定义了网络层、传输层及应用层的规范，IEEE 802.15.4 主要定义了短距离通信的物理层及媒体访问控制层的规范，如图 5.8 所示。

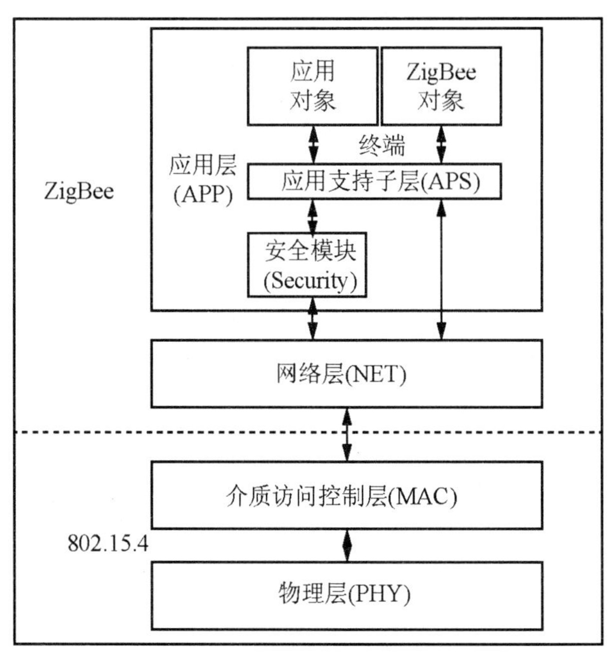

图 5.8　ZigBee 分层示意图

ZigBee 技术属于短距离的无线通信技术，相对蓝牙传输技术，ZigBee 技术的系统复杂度低，而且能够保证安全性和低功耗，是目前很有发展前景的一项无线个域网的传输技

术。表 5-2 为 ZigBee 技术与几种常用的无线通信协议比较。

表 5-2 ZigBee 与常用无线通信协议对比

	ZigBee 802.15.4	Bluetooth 802.15.1	Wi-Fi 802.11	GPRS/GSM 1XRTT/CDMA
主要应用场景	监控	替代电缆	Web，音视频，电子邮件	WAN，语音业务
系统资源	4～32KB	250KB+	1MB+	16MB+
电池寿命/天	100～1000+	1～7	1～5	1～7
网络节点数	255/65K+	7	30	1000
带宽/(kbit/s)	20～250	720	11000+	64～128
覆盖范围/m	1～75+	1～10+	1～100	1000+
关键要求	可靠性 低功耗 低成本	低成本 使用方便	速度 灵活性	覆盖范围广 质量高

在 ZigBee 网络中，设备可分为协调器(Coordinator)、汇聚节点(Router)和终端节点(EndDevice)3 种角色。

协调器：包含所有的网络消息，是三种角色类型中最复杂的一种，存储容量最大，计算能力最强，其主要作用是发送网络信标，建立一个网络，管理网络节点，存储网络节点信息，寻找一对节点间的路由消息，不断地接收信息等。

汇聚节点：可以担任网络协调者，形成网络，让其他的汇聚节点或终端节点能够连接起来，具备一定的控制器功能，可以提供信息的双向传输。

终端节点：只能传送信息给汇聚节点或从汇聚节点接收信息。正是由于终端节省掉了内存和其他电路，因此降低了 ZigBee 部件的成本，同时，在终端节点中采用简单的八位处理器和小协议栈，也对成本的降低起到了作用。

按照不同的拓扑方式，支持 ZigBee 协议的不同角色的设备节点有不同的组网方式，如图 5.9 所示，可以进行星型结构组网、网状结构组网和簇状结构组网。

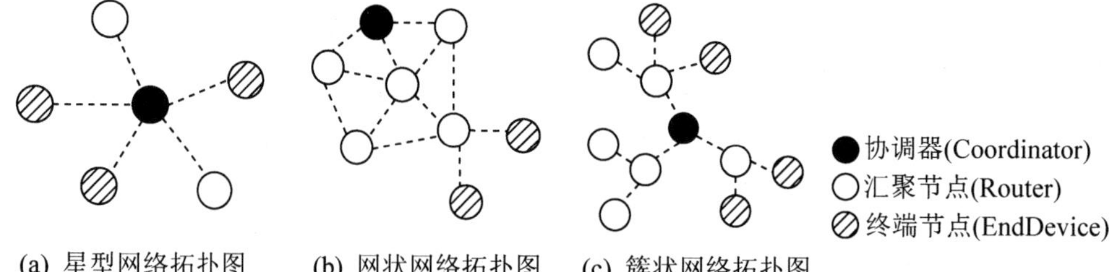

图 5.9 ZigBee 典型组网方式

3. 个域网特点

个人区域网主要针对个人使用范围，具有如下特点。

(1) 覆盖范围很小，属于个人范围，通常在数米之内。

(2) 具有较低的数据传输速率。

(3) 网络功耗低。

(4) 网络建设成本低。

(5) 在无线连接的情况下，多采用自组网的方式，灵活性好。

5.4　计算机网络的组成与结构

5.4.1　计算机网络组成与结构介绍

1. 计算机网络的组成

从逻辑上讲，计算机网络由“通信子网”和“资源子网”两部分组成，具体的功能如图 5.10 所示，通信子网和资源子网可以分开建设。

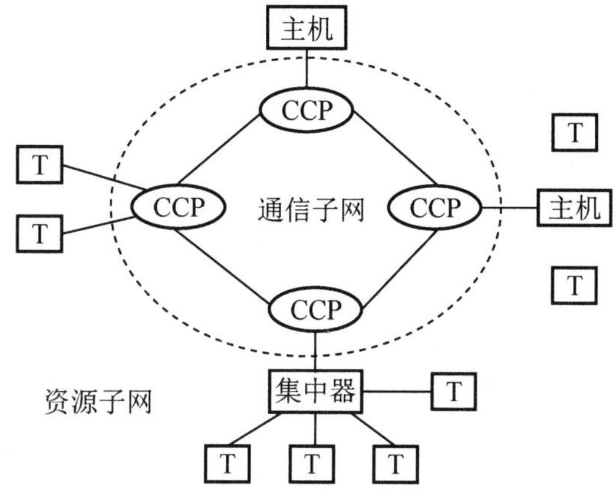

图 5.10　计算机网络组成

1) 通信子网

通信子网由通信设备和通信线路组成，提供信息分组的传递功能，完成主机之间的数据传输、交换、控制等通信任务。以局域网和广域网为例，局域网的通信子网由传输介质(以太网电缆和双绞线等)和网卡组成，广域网的通信子网除了包括传输介质和网卡外，还包括如分组交换机、路由器和网关等转发部件。

2) 资源子网

资源子网一般由主计算机系统、终端和终端控制器、联网外围设备等与通信子网的接口设备以及各种软件资源、数据资源组成，负责全网的数据处理和向网络用户提供网络资源及网络服务等。

(1) 主计算机：在计算机网络中，主机负责数据处理和网络控制，它与其他模块中的主机联网后，构成网络的主要资源。

(2) 终端：用户进行网络操作、实现人机对话所使用的设备。

从硬件上讲，计算机网络由网络硬件和网络软件组成。

1) 网络硬件

网络硬件是指在计算机网络中所采用的物理设备，包含以下内容。

(1) 网络服务器：提供网络资源。

(2) 网络设备。

(3) 网络服务器：提供网络资源。

(4) 工作站：又称为用户机。

(5) 网卡：又称为网络适配器。

(6) 集线器：用于接线(Hub)。

(7) 中继器：用于完成信号的再生和放大。

(8) 网桥：用于两个局域网连接，起到桥接的作用。

(9) 路由器：用于局域网与广域网的连接，连接两个不同的网段。

(10) 传输介质：包括同轴电缆，双绞线、光缆、无线电和微波等。

2) 网络软件

协议和软件在网络通信中扮演了及其重要的角色，网络软件大致可以分为网络系统软件和网络应用软件。

(1) 网络系统软件：由控制和管理网络运行、提供网络通信和网络资源分配与共享功能的网络软件，为用户提供了访问网络和操作网络的友好界面。主要包括以下几种。

① 网络操作系统，如 Windows Server 2003。

② 网络协议软件，如 TCP/IP 软件包。

③ 网络通信软件：各种类型的网卡驱动程序。

(2) 网络应用软件：为某一个应用目的而开发的网络软件，为用户提供一些实际的应用。网络应用软件既可以用于管理和维护网络本身，也可以用于某一个业务领域，如网络管理监控程序，网络安全软件、分布式数据库等。网络应用的领域极其广泛，应用软件也极其丰富。

2. 计算机网络的结构

1) 网络体系结构

网络体系(Network Architecture)：为了完成计算机间的通信合作，把每台计算机互连的功能划分成有明确定义的层次，并规定了同层次进程通信的协议及相邻之间的接口及服务。

网络体系结构：用分层研究方法定义的网络各层的功能，各层协议和接口的集合。网络体系结构最早是由 IBM 公司在 1974 年提出的，名为 SNA。

2) 计算机网络体系结构

计算机网络体系结构是指计算机网络层次结构模型和各层协议的集合。计算机网络的实现是按照体系结构对计算机网络及其部件所应完成功能的精确定义，用何种硬件和软件实现这些功能，因此，体系结构是抽象的，实现是具体的，是真正运行的计算机硬件和软件。

目前计算机网络体系结构的参考模主要有 OSI 和 TCP/IP 参考模型，而在具体实现中，

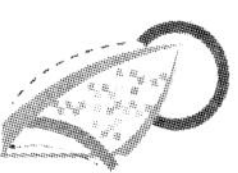

按照信息处理的方式不同，计算机网络主要的结构类型有以下几种。

(1) 集中处理的主机——终端机结构。

(2) 对等网络结构。

(3) 客户机/服务器网络结构(C/S 结构)。

(4) 浏览器/服务器结构(B/S 结构)。

(5) 无盘工作站网络结构。

5.4.2　ISP 的层次结构

ISP(Internet Service Provider)是互联网服务提供商，向广大用户综合提供互联网接入业务、信息业务和增值业务的电信运营商。ISP 是经国家主管部门批准的正式运营企业，享受国家法律保护。

ISP 的网络主要包括 3 个层次。

1. 核心层

核心层提供互联网连接、与远程站点地连接及其内部 IP 网络基础结构的连接。ISP 的主要收入来自于互联网的连接。该层可为 ISP 提供以下性能及与它们所提供的服务相关的益处。

(1) 与互联网的高速连接。

(2) 互联网冗余连接。通过该功能，ISP 的客户可以减少由于传输故障导致的运转中断。ISP 客户期望或需要 ISP 具有互联网冗余连接，并且希望每一连接端接至不同的接入网点(POP)。最理想的情况是，每根传输线必须来自不同的运营商而且位于不同的 POP 位置。

(3) 接入多个边界网关协议(BGP)对等互连。在典型的情况下，有多个 BGP 对等互连的 BGP 连接是 ISP 必须提供给客户的另一性能。具有多 BGP 对等互连性能，配合多通信量交换协议可使 ISP 与互联网的网络接入点(NAP)之间具有最小的跳距。ISP 与其客户之间的跳距保持最小进一步保证了客户的应用程序的时延可以保持最短。

2. 聚合层

聚合层提供了从 ISP 内部 IP 网络到“客户机柜”(ISP 的客户设备)的网络基础结构。

聚合层通过 ISP 三种重要的方式实现的互联网的连接，增加了投资回报(ROI)。

(1) 允许 ISP 服务多个客户。服务的客户越多，ISP 的收入就越多，从而实现更大的经济效益。

(2) 将 ISP 服务拓宽至带宽聚合、多路 LAN 及高可用性服务。通过服务的拓宽，ISP 可提供不同的主机托管和主机租赁服务。

(3) 允许 ISP 创建自己的可提供 IP 服务的“服务器群”(或“服务器协作处”)。这些 IP 服务包括 E-mail，网络租赁、FTP、Gopher 或 WAIS 服务。提供 IP 服务允许 ISP 提供使其区别于其他 ISP 的附加服务。

聚合层可为 ISP 提供以下性能和益处。

(1) 带宽聚合、多路 LAN 和高可用性服务。这些功能是基于基本主机托管和主机租赁服务所产生的变项服务。为 ISP 服务增添这些变项服务可增加 ISP 的市场机遇，满足不同客户的需要和预算。

(2) 互联网服务。引入额外的 IP 服务可使 ISP 有别于其他 ISP。例如，提供远程访问服务可满足企业客户的需要。

(3) 提供安全性保障。大多数 ISP 客户需要 L2(第 2 层)和(或)L3(第 3 层)安全保障。安全保障即可以使用基于 IP 服务的 ACL 也可以使用 MAC 地址 ACL，提供安全保障可使 ISP 拓宽其主机托管和主机租赁服务。

(4) SLA 强化。在衡量主机托管和主机租赁服务的效能时，度量标准是非常重要的。对于 ISP 网络基础结构而言，能够提供广泛的故障及效能度量标准的网络设备是至关重要的。

3. 客户层

客户层提供网络基础结构，用于支持 ISP 提供主机托管或主机租赁服务。客户层含有 ISP 的“客户机柜”和 ISP 的服务器群。该层为 ISP 所提供的核心服务提供支持。

(1) 主机托管服务。

(2) 按照需要，ISP 可提供网络咨询服务，为客户指定他们所需的网络设备。中小型企业可以利用 ISP 设在该区域的咨询专业人员，因为重新培训内部专业人员的费用通常很高。

(3) IP 服务。

ISP 可以出租其自身的能够提供 IP 服务的服务器群。通过付费或免费服务，ISP 可以利用租赁服务来吸引客户，这些客户既可以是远程访问(RA)客户也可以是企业客户。

5.4.3 互联网的网络结构

互联网一般划分为 5 层，如图 5.11 所示，从下到上依次为物理层、数据链路层、网络层、传输层和应用层，不同的分层将互联网进行数据传输过程中的问题进行分类解决，一层中技术的变革不会影响其他层技术的应用。不同的层，支持不同的通信协议，传输的数据单元也不同。

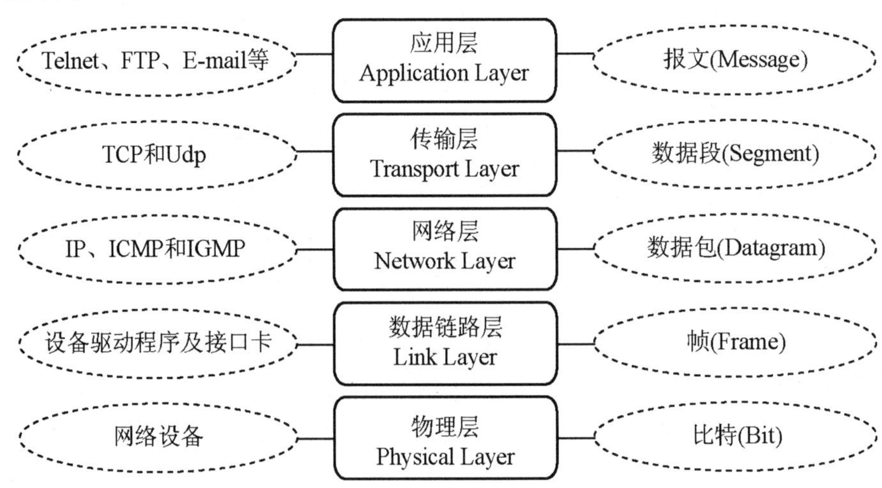

图 5.11 互联网的分层结构

互联网不同分层主要的通信协议以及传输的数据单元，见表 5-3。

表 5-3　互联网不同分层相关通信协议及数据单元

	通信协议	数据单元
应用层	HTTP、FTP、SMTP、DNS 协议	报文
传输层	TCP、UDP 协议	数据段
网络层	IP、ICMP、GMP 协议	数据包
数据链路层	MAC 协议	帧
物理层		比特

5.4.4　IPv4 与 IPv6

1. IP 协议

IP 协议(Internet Protocol)又称互联网协议，是为计算机网络相互连接进行通信而设计的协议。IP 协议主要用于负责 IP 寻址、路由选择和 IP 数据包的分割及组装，通过将不同网络所传输的不同格式的数据帧统一转换为 IP 数据报的格式，使得所有各种计算机都能在互联网上实现互通。

IP 协议提供不可靠的、五连击的、尽力模式的数据报服务方式。所谓不可靠，是指 IP 协议不保证数据报的投递结果，在 IP 数据报的传输过程中，IP 数据报可能发生丢失、重复传输、延迟、乱序等各种错误情况，IP 协议不关心这些情况的发生，也不会将传输的结果通知发送方和接收方。

目前，我们常用的 IP 协议是 IP 协议的第 4 版本，即 IPv4，是互联网中最基础的协议，IETF 于 1981 年在 RFC 791 中定义。IPv6 是下一版本的互联网协议，它的提出是为了解决随着互联网的迅速发展，IPv4 定义的有限地址空间将被耗尽，地址空间的不足将影响互联网的进一步发展的问题，为互联网的普及与深化发展提供基本条件。

2. IPv4

IPv4 发展至今已经使用了 30 多年，IPv4 采用了 32 位地址，通常使用下圆点分隔的 4 个十进制数字表示，如 192.168.0.1。目前，IPv4 最多支持 2^{32}(大约 43 亿)个地址连接到 Internet。IPv4 的数据包结构如图 5.12 所示，由一个数据包头和数据包体所组成。

<table>
<tr><td>4</td><td>8</td><td>16</td><td colspan="2">32bit</td></tr>
<tr><td>Version</td><td>IHL</td><td>Type of service</td><td colspan="2">Total length</td></tr>
<tr><td colspan="3">Idetification</td><td>Flags</td><td>Fragment offset</td></tr>
<tr><td colspan="2">Time to live</td><td>Protocol</td><td colspan="2">Header checksum</td></tr>
<tr><td colspan="5">Source address</td></tr>
<tr><td colspan="5">Destination address</td></tr>
<tr><td colspan="5">Option+Padding</td></tr>
<tr><td colspan="5">Data</td></tr>
</table>

图 5.12　IPV4 数据包结构

其中的各个字段分别为以下几种。

Version：版本号，4 位，指定 IP 协议的版本号，对 IPv4 而言，该字段取值 4。

IHL(IP Header Length)：包头长度，4 位，指明 IPv4 协议包头长度的字节数包含多少个 32 位。由于 IPv4 的包头可能包含可变数量的可选项，所以这个字段可以用来确定 IPv4 数据报中数据部分的偏移位置。IPv4 包头的最小长度是 20 个字节，因此 IHL 这个字段的最小值用十进制表示就是 5 (5×4 = 20(字节))。就是说，它表示的是包头的总字节数是 4 字节的倍数。

Type of Service：服务类型，8 位，定义 IP 协议包的处理方法，各种可靠性和速率的组合都是可能的。譬如，对数字化的声音传输，速度的要求要高于准确性要求，而对于文件传输，准确性又比速度重要。

Total Length：总长，16 位，包括数据报中所有信息(包括头部和数据体)的长度。

Identification：标识，16 位，用于让接收方判断信赖的分段属于哪个分组，所有属于同一个分组的分段包含相同的标识值。

Flag：标志，3 位，紧跟着的是 1 个未用的位(必须为 0)，然后是两个 1 位字段 DF((Don't Fragment)和 MF(More Fragments)。

DF：1 位，表示不要分段，目的是告知路由器不要将数据报分段，接收方也不能重组分段。

MF：1 位，表示还有进一步的分段，除了最后一个分段的所有分段都设置这一位，因此可以用来标志是否所有分组都已经到达。

Fragment Offset：段偏移量，13 位，当数据段被分割时，说明分段在当前数据报的什么位置，帮助接收方将分段的包组合。

TTL(Time To Live)：生命期，8 位，表示数据包在网络上生存多久，每通过一个路由器该值减一，为 0 时将被路由器丢弃。

Protocol：协议，8 位，这个字段定义了 IP 数据报的数据部分使用的协议类型。具体定义参见 RFC 1700，常用的协议及其十进制数值包括 ICMP(1)、TCP(6)、UDP(17)。

Head Checksum：头部校验和，16 位，对报头的正确性进行校验。这种校验和对路由器中的内存坏字带来的错误很有用。

Source Address：源 IP 地址，32 位，发送数据报的源主机 IP 地址。

Destination Address：目的 IP 地址，32 位，接收数据报的目的主机 IP 地址。

Options：选项，可变长度，提供人选服务，如错误报告和特殊路由等。

Padding：填充，可变长度，提供报头与 32 位的边界对齐。

3. IPv6

从 IPv4 到 IPv6 最显著的变化就是网络地址的长度。RFC 2373 和 RFC 2374 定义的 IPv6 地址，为 128 位。IPv6 地址的表达形式一般采用 32 个十六进制数，也就是说 IPv6 中可能的地址有 3.4×10^{38} 个。IPv6 的地址通常写作 8 组，每组为 4 个十六进制数的形式。例如，FE80:0000:0000:0000:AAAA:0000:00C2:0002。这个地址看起来很长，可以用零压缩法来缩减其长度。如果几个连续段位的值都是 0，那么这些 0 就可以简单地以::来表示，因此上述

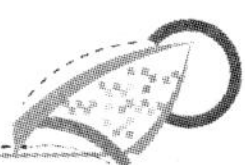

地址就可以写成 FE80::AAAA:0000:00C2:0002。

这里要注意的是只能简化连续的段位的 0，其前后的 0 都要保留，如 FE80 的最后的这个 0，不能被简化。还有这个只能用一次，在上例中的 AAAA 后面的 0000 就不能再次简化。当然也可以在 AAAA 后面使用::，这样的话前面的 12 个 0 就不能压缩了。这个限制的目的是为了能准确还原被压缩的 0，不然就无法确定每个::代表了多少个 0。

除了网络地址长度的变化外，IPv6 相对于 IPv4，主要进步是对头部进行了简化，主要的 IPv6 数据包结构如图 5.13 所示，IPv6 包头长度固定为 40 字节，去掉了 IPv4 中一切可选项，只包括 8 个必要的字段，因此尽管 IPv6 地址长度为 IPv4 的 4 倍，IPv6 包头长度仅为 IPv4 包头长度的 2 倍。

<table>
<tr><td>版本</td><td>业务流类别</td><td colspan="2">流标签</td></tr>
<tr><td colspan="2">净荷长度</td><td>下一个头</td><td>跳极限</td></tr>
<tr><td colspan="4">流IP地址</td></tr>
<tr><td colspan="4">目的IP地址</td></tr>
<tr><td colspan="4">数据报的数据部分</td></tr>
<tr><td colspan="4">(净荷)</td></tr>
</table>

图 5.13　IPv6 数据包结构

其中的各个字段分别为以下几种。

Version：版本号，4 位，指定 IP 协议的版本号，对 IPv4 而言，该字段取值 6。

Priority：优先权，8 位，用来区分哪些分组能进行流量控制，哪些不能。

Flow Label：流标签，20 位，IPv6 新增字段，标记需要 IPv6 路由器特殊处理的数据流。该字段用于某些对连接的服务质量有特殊要求的通信，如音频或视频等实时数据传输。在 IPv6 中，同一信源和信宿之间可以有多种不同的数据流，彼此之间以非“0”流标记区分。如果不要求路由器做特殊处理，则该字段值置为“0”。

Payload Length：负载长度，16 位，表示除了 40 字节的 IPv6 头部外，其余所有扩展与和后续的数据域的总长度。

Next Header：下一包头，8 位，识别紧跟 IPv6 头后的包头类型，如扩展头(有的话)或某个传输层协议头(如 TCP、UDP 或者 ICMPv6)。

Hop Limit：跳段数限制，8 位，类似于 IPv4 的 TTL(生命期)字段，用包在路由器之间的转发次数来限定包的生命期。包每经过一次转发，该字段减 1，减到 0 时就把这个包丢弃。

Source Address：源地址，128 位，发送方主机地址。

Destination Address：目的地址，128 位，在大多数情况下，目的地址即信宿地址。但如果存在路由扩展头的话，目的地址可能是发送方路由表中下一个路由器接口。

4. IPv6 与 IPv4 优劣对比

(1) 更大的地址空间。IPv4 中规定 IP 地址长度为 32，即有$(2^{32}-1)$个地址；而 IPv6 中 IP 地址的长度为 128，即有$(2^{128}-1)$个地址。

(2) 更小的路由表。IPv6 的地址分配一开始就遵循聚类(Aggregation)的原则，这使得路由器能在路由表中用一条记录(Entry)表示一片子网，大大减小了路由器中路由表的长度，提高了路由器转发数据包的速度。

(3) 增强的组播(Multicast)支持及对流的支持(Flow-control)。这使得网络上的多媒体应用有了长足发展的机会，为服务质量(QoS)控制提供了良好的网络平台。

(4) 加入了对自动配置(Auto-configuration)的支持。这是对 DHCP 协议的改进和扩展，使得网络(尤其是局域网)的管理更加方便和快捷。

(5) 更高的安全性。在使用 IPv6 网络中用户可以对网络层的数据进行加密并对 IP 报文进行校验，这极大地增强了网络安全。

5. IPv4 与 IPv6 的过渡技术

目前互联网上成千上万的主机、路由器等网络设备都运行着 IPv4 协议，这就决定了 IPv4 向 IPv6 的过渡是一个庞大的工程，需要一个很长的过程，而且这种过渡与相关各设备的升级顺序无关，我们既可以先对主机升级，也可以先对路由器升级，甚至也可以将部分主机与部分路由器同时升级。那么在此期间，如何保证人们仍然可以正常地使用计算机网络呢？这就对如何保证 IPv4 和 IPv6 具有互操作性提出了要求，这也是 IPv4 向 IPv6 过渡过程中，需要重点进行解决的问题。目前基本的解决技术有 3 种：双栈技术、隧道技术和网络地址翻译技术。

1) 双栈技术

双栈技术是 IPv4 向 IPv6 过渡过程中的一种主要的方式。如图 5.14 所示，双栈方式是指主机同时运行 IPv4 和 IPv6 两套协议栈，同时支持两个版本的网络层 IP 协议。主机和路由器都可以通过双栈方式来获得和 IPv4 及 IPv6 节点的通信能力。

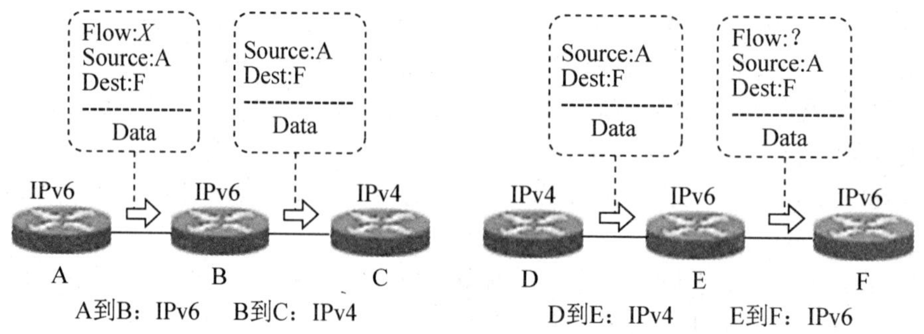

图 5.14　双栈技术示意图

双栈技术的工作原理简要介绍如下。

(1) 如果应用程序使用的目的地址是支持 IPv4 协议的，也就是 IPv4 地址，则使用 IPv4 协议栈。

(2) 如果应用程序使用的目的地址是嵌入 IPv4 地址的 IPv6 地址，则将 IPv6 就封装到 IPv4 中。

(3) 如果目的地址是 IPv6 地址，则使用 IPv6 地址，或者封装在默认配置的隧道中。

在双栈技术的模型下，网络中的任意节点都是同时支持 IPv4 和 IPv6 协议的。这时不存在 IPv4 与 IPv6 之间的相互通信问题，但是这种机制要给每一个 IPv6 的站点分配一个 IPv4 地址。这种方法不能解决 IPv4 地址资源不足的问题，而且随着 IPv6 站点的增加会很难得到满足，因此这种方法只能用在早期的变迁过程。

2) 隧道技术

隧道技术是 IPv4 和 IPv6 综合组网时经常用到的一种技术。随着 IPv6 的发展，出现了许多局部的 IPv6 网络，这些 IPv6 网络需要通过 IPv4 骨干网络相连，在将这些孤立的“IPv6 岛”进行相互联通时，必须使用隧道技术。

隧道技术采用的机制是利用一种协议来传输另一种协议的数据。它包括隧道入口和隧道出口(隧道终点)，这些隧道端点通常都是双栈节点。

如图 5.15 所示，在隧道入口，以一种协议的形式来对另外一种协议的数据进行封装并发送；在隧道出口，对接收到的协议数据解封装，并做相应的处理。通常，在隧道入口还要维护一些与隧道相关的信息，如记录隧道 MTU 等参数；在隧道出口，出于安全性考虑，要对封装的数据进行过滤，以防止来自外部的恶意攻击。

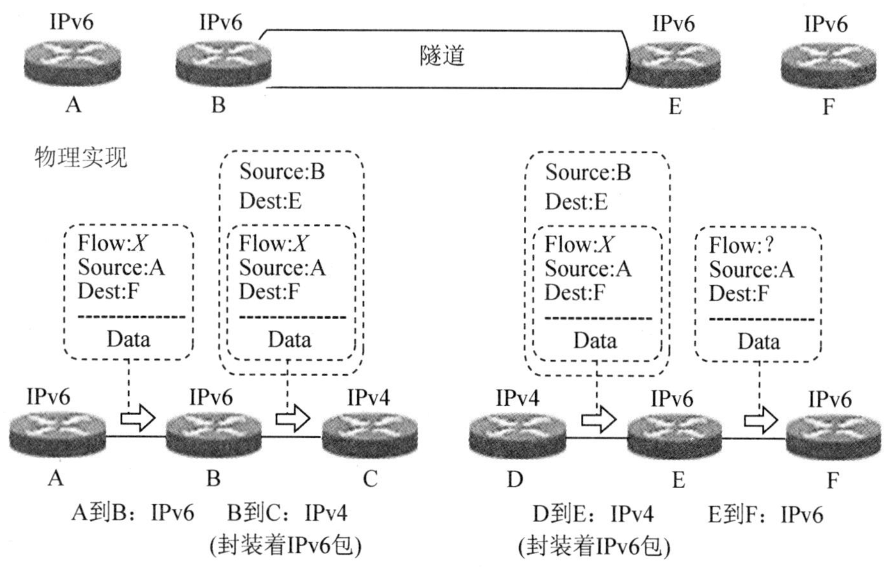

图 5.15　隧道技术示意图

3) 网络地址翻译技术

网络地址翻译技术主要用于 IPv4 和 IPv6 节点间的通信，基本工作原理就是当 IPv6 子网中有 IPv6 分组发给网关时，网关将 IPv6 分组转化成 IPv4 分组发向 IPv4 子网；反过来当 IPv4 子网中有数据分组要发送时，网关就将 IPv4 分组转化成 IPv6 分组发向 IPv6 子网。因此，转化网关要维护一个 IPv4 和 IPv6 地址的映像表，利用端口信息，就可以实现网络地址翻译。

5.5 网络接入技术

如今，网络已经被人们广泛地认同和接受，几乎社会的各行各业都离不开对网络的依赖。随着信息化产业的发展，网络技术的不断普及，网络已经成为我们生活交流的一种新型平台。小至一个家庭单个用户，大到一个企业商业运作，都起着重要的作用。

计算机技术和网络技术不断发展着，计算机网络接入技术也与时俱进，随着各国接入网市场的逐渐开放，网络接入技术的竞争日益加剧和扩大，新业务需求的迅速出现，有线技术和无线技术的发展，接入网开始成为人们关注的焦点。在巨大的市场潜力驱动下，产生了各种各样的接入网技术，但是至今尚无一种接入网技术可以满足所有应用的需要。

5.5.1 接入技术的基本概念

接入技术要解决的问题是如何把用户接入到各种网络上。作为网络中与用户相连的最后一段线路上所采用的技术，为了提供端到端的宽带连接，宽带接入是必须解决的一个问题。

接入技术的多元化是接入网的基本特征之一，接入技术可以分为有线接入技术和无线接入技术两大类。目前的有线接入技术主要有铜线接入、同轴接入、光纤接入及电力线接入等。

5.5.2 ADSL 接入技术

ADSL(Asymmetric Digital Subscriber Line)即非对称数字用户环路，是 DSL(数字用户线路)技术的一种，而 DSL 技术是铜线接入技术的一种，下面先介绍铜线接入技术和 DSL 技术的内容。

1. 铜线接入和 DSL 技术

铜线接入是指以现有的电话线为传输介质，利用各种先进的调制技术和编码技术、数字信号处理技术来提高铜线的传输速率和传输距离。但是铜线的传输带宽毕竟有限，铜线接入方式的传输速率和传输距离一直是一对难以调和的矛盾，从长远的观点来看，铜线接入方式很难适应将来宽带业务发展的需要。

DSL 是以铜电话线为传输介质的点对点传输技术，是铜线接入技术的一种，包括 HDSL(High-speed DSL，高速率 DSL)、SDSL(Symmetric DSL，对称 DSL)、VDSL(Very-high-bit-rate DSL，甚高速 DSL)、ADSL 和 RADSL(Rate Adaptive DSL，速率自适应 DSL)等，一般统称为 XDSL，它们的主要区别就是体现在信号传输速度和距离的不同及上行速率、下行速率对称性的不同这两个方面。

2. ADSL 概述

ADSL 属于非对称式传输，它是利用频分多路复用技术，从现有铜质电话线上分成了电话、上行和下行 3 个相对独立的信道，从而既获取最大数据传输容量，又不干扰在同一条线上进行的常规话音服务。它以现有的普通电话线为传输介质，能够在普通电话线，即铜双绞线上提供远高于 ISDN(综合业务数据网)速率的高速的上行和下行速率，其中，下行速率可达到 32Kbit/s～8.192Mbit/s，传输距离可达到 3 ～5 km，比传统的 28.8K 模拟调制解调器快将近 200 倍；上行速率可达到 32Kbit/s～1.088Mbit/s，只要在线路两端加装 ADSL 设备即可使用 ADSL 提供的宽带服务。

3. ADSL 技术特点

ADSL 设计目的有两个功能：高速数据通信和交互视频。数据通信功能可为因特网访问、公司远程计算或专用的网络应用。交互视频包括需要高速网络视频通信的视频点播(VOD)、电影、游戏等。其主要有以下技术特点。

(1) 一条电话线可同时接听，拨打电话并进行数据传输，两者互不影响。

(2) 虽然使用的还是原来的电话线，但 ADSL 传输的数据并不通过电话交换机，所以 ADSL 上网不需要缴付额外的电话费，节省了费用。

(3) ADSL 的下行速率远大于其上行速率，这种非对称式的传输方式，非常适合互联网的网页浏览，网络视频的点播、多媒体信息检索和交互等多媒体信息业务，因为这些业务都是下行信息比上行信息的信息量更丰富，要求的传输速率更高。

(4) ADSL 的数据传输速率是根据线路的情况自动调整的，它以“尽力而为”的方式进行数据传输。

4. ADSL 分类

现在比较成熟的 ADSL 标准有两种：G.DMT 和 G.Lite。

(1) G.DMT 是全速率的 ADSL 标准，支持 8Mbps/1.5Mbps 的高速下行/上行速率，但是，G.DMT 要求用户端安装 POTS 分离器，故比较复杂且价格昂贵。

(2) G.Lite 标准速率较低，下行/上行速率为 1.5Mbps/512Kbps，但省去了复杂的 POTS 分离器，成本较低且便于安装。

就适用领域而言，G.DMT 比较适用于小型或家庭办公室(SOHO)，而 G.Lite 更适用于普通家庭用户。

5.5.3　混合光纤同轴(HFC)接入技术

1. CATV 网和同轴接入技术

CATV 网称为有线电视网，由有线电视公司运营，提供广播业务，包括电视、图文电视等。早期的 CATV 网采用的传输介质是同轴电缆，同轴电缆是传输带宽比较大的一种传输介质，具有带宽大，速率高的优点。但是由于早期的 CATV 网很难传送双向业务，并且网络比较脆弱，放大器的故障对整个网络的稳定性会产生重大影响，因此，现在的 CATV 网改造成为一种混合光纤同轴电缆网络，主干部分采用光纤，用同轴电缆经分支器介入各家各户，也就是我们所说的混合光纤/同轴(HFC)接入技术。

2. HFC 概述

HFC(Hybrid Fiber Coaxial)是指光纤同轴电缆混合的网络，是一种新型的宽带网络。它以现有的 CATV 网络为基础，采用模拟频分复用技术，综合应用模拟和数字传输技术、射频技术和计算机技术所产生的一种宽带接入网技术。

HFC 在实现上以现有的 CATV 网络为基础，采用光纤到服务区，在进入用户的“最后一千米”采用同轴电缆的方式，支持现有的、新兴的全部传输技术，其中包括 ATM、帧中继、SONET 和 SMDS(交换式多兆位数据服务)。一旦 HFC 部署到位，它可以很方便地被运营商扩展以满足日益增长的服务需求及支持新型服务。总之，在目前和可预见的未来，HFC 都是一种理想的、全方位的、信号分派类型的服务媒质。

HFC 网络能够传输的带宽为 750～860MHz，少数达到 1GHz。根据原邮电部 1996 年意见，其中 5～42/65MHz 频段为上行信号占用，50～550MHz 频段用来传输传统的模拟电视节目和立体声广播，650～750MHz 频段传送数字电视节目、VOD 等，750MHz 以后的频段预留以后技术发展用。

终端用户要想通过 HFC 接入，需要安装一个用户接口盒(UIB)，它可以提供 3 种连接。

(1) 使用 CATV 同轴电线连接到机顶盒(STB)，然后连接到用户电视机。

(2) 使用双绞线连接到用户电话机。

(3) 通过电缆调制解调器(Cable Modem)连接到用户计算机。

Cable Modem 的主要功能是将数字信号调制到射频(FR)及将射频信号中的数字信息解调出来。除此之外，Cable Modem 还提供标准的以太网接口，部分地完成网桥、路由器、网卡和集线器的功能，因此，要比传统的调制解调器(Modem)复杂得多。

3. HFC 特点

HFC 网是目前世界上公认较好的接入方式，是解决信息高速公路最后一千米宽带接入网的最佳方案。HFC 综合网可以提供电视广播(模拟及数字电视)、影视点播、数据通信、电信服务(电话、传真等)、电子商贸、远程教学与医疗、增值服务(电子邮件、电子图书馆)等极为丰富的服务内容。

HFC 网的优点就是可以充分利用现有的有线电视网络，不需要再单独架设网络，不但降低了网络接入成本，而且速度比较快。

但是它的缺点就是 HFC 网络结构是树型的，Cable Modem 上行 10M 下行 38M 的信道带宽是整个社区用户共享的，一旦用户数增多，每个用户所分配的带宽就会急剧下降，而且共享型网络拓扑致命的缺陷就是它的安全性(整个社区属于一个网段)，数据传送基于广播机制，同一个社区的所有用户都可以接收到他人的数据包。

5.5.4 光纤接入技术

光纤是目前传输速率最高的传输介质，其容量大，质量高，保密性好，性能稳定，抗干扰和自然灾害能力强，质量轻，已经在主干网中被大量采用，将光纤应用到用户环路中，

就能满足用户将来各种宽带业务的要求。可以说，光纤接入是宽带接入网的必然趋势，但目前要完全抛弃现有的用户网络而全部重新敷设光纤，对于大多数国家和地区来说还是不经济、不现实的。

1. 光纤接入概述

光纤接入是指从区域电信机房的局端设备到用户终端设备之间完全以光纤作为传输媒体，局端设备为光线路终端(Optical Line Terminal，OLT)、用户端设备为光网络单元(Optical Network Unit，ONU)或光网络终端(Optical Network Terminal，ONT)。根据光纤深入用户的程度，可分为 FTTC(Fiber-To-The-Curb，光纤到路边)、FTTZ(Fiber To The Zone，光纤到小区)、FTTO(Fiber To The Office，光纤到办公室)、FTTB(Fiber To The Building，光纤到楼)、FTTH(Fiber To The Home，光纤到户)等。

光纤用户网的主要技术是光波传输技术，目前光纤传输的复用技术发展相当快，多数已处于实用化。复用技术用得最多的有时分复用(TDM)、波分复用(WDM)、频分复用(FDM)、码分复用(CDM)等。光纤通信不同于有线电通信，后者是利用金属媒体传输信号，光纤通信则是利用透明的光纤传输光波。虽然光和电都是电磁波，但频率范围相差很大。一般通信电缆最高使用频率为 9～24MHz，光纤工作频率在 10^8～10^9 MHz 之间。

2. 光纤接入网

光纤接入网(Optical Access Network，OAN)是指采用光纤接入技术的网络环境，通过光线路终端(OLT)与业务节点相连，通过光网络单元(ONU)或光网络终端 ONT 与用户连接。

从技术上划分，光纤接入网可分为两大类：有源光网络(Active Optical Network，AON)和无源光网络(Passive Optical Network，PON)。

1) 有源光网络

AON 是指从局端设备到用户分配单元之间均用有源光纤传输设备，即光电转换设备、有源光电器件及光纤等。根据数字传输序列的方式，可分为基于 PDH(Plesiochronous Digital Hierarchy，准同步数字系列)和基于 SDH(Synchronous Digital Hierarchy，同步数字系列)的 AON。现在通常使用的是基于 SDH 的 AON。

AON 具有技术简单、易于实现和组网能力强的特点，传输容量大，传输距离远，覆盖范围广，但是初期投资较大，而且作为有源设备存在电磁信号干扰、雷击及有源设备固有的维护问题。因此，AON 不是未来的发展方向。

2) 无源光网络

PON 一般指光传输段采用无源器件(无源光分路器等)，实现点对多点拓扑的光纤接入网。在无源光网络的传输中，信号不会再生放大，由光分路器、无源光功率分配器等传至用户。

无源光纤网络虽然传输距离短，但是其初期投资少，不需要机房，降低了维护的工作量与费用，而且抗干扰能力强，易于扩展，结构灵活，受到了越来越多的关注，是光纤接入网的发展趋势。

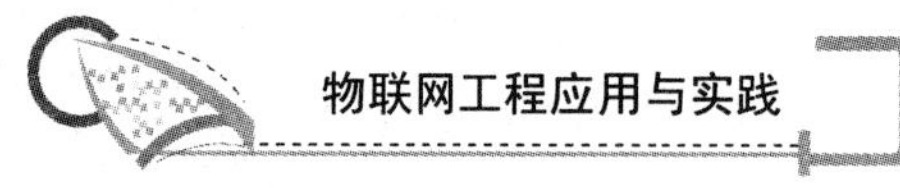

3. 光纤接入网特点

光纤接入网具有如下优点。

(1) 利用高带宽的特性能满足用户对各种业务的需求。随着人们信息生活的不断发展，人们已经不能满足于只是打电话或者看电视等简单的通信业务，人们还想要进行家庭购物、家庭银行、远程教学、视频点播(VOD)及高清晰度电视(HDTV)等多种宽带通信业务，这些业务用铜线或双绞线所提供的传输带宽是不能满足的。

(2) 传输质量可靠。光纤可以克服铜线电缆无法克服的一些限制因素。光纤损耗低、频带宽，克服了铜线径小的限制。此外，光纤不受电磁干扰，保证了信号传输质量，用光缆代替铜缆，可以解决城市地下通信管道拥挤的问题。

(3) 运营经验丰富。光纤接入网提供数据业务，有完善的监控和管理系统，能适应将来宽带综合业务数字网的需要，打破“瓶颈”，使信息高速公路畅通无阻。

(4) 建设价格不断下降。光纤接入网的性能不断提高，价格不断下降，而铜缆的价格在不断上涨。

(5) 用户接入简单，费用低。用户只需要一块网卡即可以享受高速的宽带业务，而目前市场上的网卡价格也就在百元左右。

当然，与其他接入网技术相比，光纤接入网也存在一定的劣势。

(1) 成本较高。光节点离用户越近，每个用户分摊的接入设备成本就越高。

(2) 需要管道资源。这是很多新兴运营商看好光纤接入技术，但又不得不选择无线接入技术的原因。

现在，影响光纤接入网发展的主要原因不是技术，而是成本。但是采用光纤接入网是光纤通信发展的必然趋势，尽管目前各国发展光纤接入网的步骤各不相同，但光纤到户是公认的接入网的发展目标。

5.5.5 电力线接入技术

1. 电力线接入概述

电力线上网(Power Line Communication)也称为 PLC 技术接入，是指利用电力线传输数据和话音信号的一种通信方式。电力线上网的核心产品是调整电力调制解调器，该调制解调器又称电力猫。这种上网方式实际上利用了目前已有的宽带骨干、城域网，使用特殊的转换设备，将因特网运营商提供的宽带网络中的信息信号接入小区局端电力线，用户电脑只要通过电力调制解调器连接到户内 220V 交流电源插座即可上网。信息传送速度可达到 10Mbit/s；能够将整个家庭的电器与网络联为一体，在室内的设备之间构筑起可自由交换信息的局域网，使人们能够通过网络来控制自己家里的电器设备。

目前电力线上网方式已经形成两种发展模式。

1) 家庭联网模式

家庭联网模式以美国为代表的，这种模式的电力线上网只提供家庭内部联网，即利用室内电源线，实现家庭内部多台计算机联网及智能家用电器联网，户外访问使用其他传统的通信方式，支持该模式的国际组织为家庭插电联盟，为高速家用电力线通信网络产品和

服务提供开放规范而成立的论坛。

该模式在国外均处于初级商用阶段。国内深圳国电科技公司和福建省电力公司研制的产品均属于户内联网设备。

2) 户外接入模式

户外接入模式面向欧洲和亚太市场，是(光缆或其他高速通信手段已经连接到楼内总配电室)利用 220/380V 线路解决从楼内总配电室至每个住户的通信接入，实现从配电变压器到住户的高速数据接入。户外接入模式从技术上实现起来难度较大，目前能提供该种方案的公司数量较少，主要有瑞士的 Ascom 公司、韩国的 Xeline 公司等。

2. 电力线接入特点

作为一项新的宽带接入方式，电力线上网目前已经普遍受到关注，因为它不需要重新敷设光纤光缆建设网络，可以充分利用现在的电力系统的资源。其主要的优点如下。

1) 可用资源丰富，投资少

电力线上网以电力线路为传输通道，可以充分利用现有的配电网络基础设施，无须任何布线，从而可以节省了巨大的新增投资。目前，我国拥有全世界长度排名第二的电力输电线路，全国 500kV 和 330kV 的电力线路长达 25094.16km，220kV 线路 107348.06km，加上 110kV 线路共计 310000km，可绕地球将近 8 圈。

2) 连接方便

现在 220V 低压电力线几乎已经接入每一个普通家庭中，因此家庭用户在需要宽带上网时，就可以利用电力线来轻松实现互联网接入，不需要重新添置其他什么设备，只需在事先安装好的万能插座上插入电源插头即可方便连接到互联网中，所以电力线上网技术也被认为是提供“最后一千米”解决方案最具竞争力的技术之一。

3) 传输速率高

电力线网络的信息传送速度可达到 10Mbit/s，能够将整个家庭的电器与网络联为一体，在室内的设备之间构筑起可自由交换信息的局域网，使人们能够通过网络来控制自己家里的电气设备。

4) 覆盖和应用范围广

电力线接入网利用现有的电力网，而电力网规模之大，是其他任何网都不可比拟的，随着电力线上网技术的完善，电力线上网将逐步渗透城区各个角落。

5) 永远在线，安全性高

电力线接入网属于“即插即用”，不需要烦琐的拨号，接入电源插座就等于接入网络。电线上网这种永久在线连接的优势，更有利于普通家庭构建防火、防盗、离有毒有害气体泄漏等保安监控系统。

6) 实现数字化家庭

在室内组网方面，计算机、打印机、VoIP 电话和其他各种智能控制设备都可通过普通电源插座，由电力线连接起来，高速共享 Internet 网络资源，实现数据、语音、视频及电力于一体的“四网合一”。

电力线上网作为一个新生事物进军宽带市场，虽然有着上述优点，但仍存在下面几个主要困难。

1) 使用费用高

大部分电力线上网的用户都是通过电力调制解调器实现的，而目前这种特殊的调制解调器的价格在 800～1200 元之间，这与百元左右的成本来说，用户接入价格偏高，而且随着电信运营商的上网资费逐步下调，电力线上网如不能解决设备、网络运营的成本高等问题，制定低的资费标准，只是依赖电力的网络优势，是不具备竞争力的。

2) 通信不稳定

电力线上网很难保证数据通信的稳定性，因为电力系统的基础设施，无法提供高质量的数据传输服务，且每一个家庭的用电量都比较复杂，用电负荷不断变化。当在电力线上传送数据时，电压的变化肯定会带来干扰，从而影响上网的质量。而且，使用电力线上网可能还会发生一些不可预知的麻烦，如家庭电器产生的电磁波会对信息的传输产生干扰，利用电力线上网也会影响短波收音机的信息接收等。

3) 回程运输问题

现在，电力线上网存在的最大问题是“回程运输”，即数据的双向传送。建立系统将数据从基底电站传送到各家各户还相对简单，但要将数据传送回来就要困难得多。鉴于这个原因，电力公司更好的做法是与通信公司达成协议，建立一套双向系统，即输电线负责单向的输送，而传统电话线负责回程的传送。

4) 信息安全性差

电力线上网可能存在着信息安全问题。目前正在推广的宽带接入技术，不论是以太网还是 ADSL，它们的技术已经发展成熟，但利用电力线上网，目前很难保证它的信息安全，因为电力系统的基础设施和使用特性决定了它是一个开放性结构，虽然采用了技术保护措施，但还不能保证其信息的安全。

5.5.6 无线接入技术

1. 无线接入技术

无线接入技术(Radio Interface Technologies，RIT)主要功能是以无线技术为传输媒介向固定的或移动的终端用户提供与有线接入网相同的业务种类和更广泛的服务，是无线通信的关键技术。

2. 无线接入技术分类

无线接入可分为移动无线接入和固定无线接入，采用的无线技术有微波、卫星等。

1) 移动式接入技术

移动式接入技术主要指用户终端在较大范围内移动的通信系统的接入技术。这类通信系统主要包括以下几种。

(1) 集群移动无线电话系统。

集群移动无线电话系统是专用调度指挥无线电通信系统，在我国得到了较为广泛的应用。集群系统是从一对一的对讲机发展而来的，从单一信道一呼百应的群呼系统，到后来

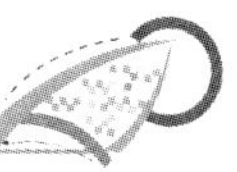

具有选呼功能的系统，现在已是多信道基站多用户自动拨号系统，它们可以与市话网相连，并于该系统外的市话用户通话。

(2) 蜂窝移动电话系统。

蜂窝移动电话系统是 20 世纪 70 年代初由美国贝尔实验室提出的，在给出蜂窝系统的覆盖小区的概念和相关理论之后，得到迅速的发展。其中第一代蜂窝移动电话系统指陆上模拟蜂窝移动电话系统，主要特征是用无线信道传输模拟信号。第二代则指数字蜂窝移动电话系统，它以直接传输和处理数字信息为主要特征，因此具有一切数字系统所具有的优点，代表性的是泛欧蜂窝移动通信系统 GSM。

(3) 卫星通信系统。

采用低轨道卫星通信系统是实现个人通信的重要途径之一，现在有美国 Motorola 公司的“铱星”计划、日本 NTT 计划，欧洲 RACE 计划，整个系统由 3 个部分构成：卫星及地面控制设备(主要部分)、关口站、终端。

2) 固定式无线技术

固定式无线技术(FWA，Fixed Wireless Access)是指能把从有线方式传来的信息(语音、数据、图像)用无线方式传送到固定用户终端或是实现相反传输的一种通信系统，包括了所有来自公共电话网的业务并用无线作传输方式送到固定用户终端的系统，与移动通信相比，固定无线接入系统的用户终端是固定的，或者是在极小范围内。

由于 FMA 主要是解决用户环路部分，所以国内外各大公司的系统方案各不相同。从覆盖区看，其覆盖面积的半径从 50m 至 50km 不等。从频率角度看，从几十赫兹到几千赫兹不等；从寻址方式看，有频分多址(FDMA)、时分多址(TDMA)，也有码分多址(CDMA)等。

虽然各种 FWA 系统的结构不完全一样，但如果按照服务对象和覆盖面积的不同，则可以归成三大类。

(1) 中心局到用户端机之间全部用无线电传输取代有线连接的方式。这样做在某些场合从经济上是十分合算的，安装也是很方便；但由于这种系统覆盖区太大，所以在同一频率和同一多址复用技术下其用户数量太少。也就是前面的宏区(Macro cell)。

(2) 采用 FWA 系统多使用较低功率的系统，以解决中等范围的通信。这种情况下的用户容量可比第一种情况多 20 倍以上，但仍不到微微区容量的 1/5。它相当于前面的微区(MC)。

(3) 只用 FWA 系统。这种情况下使用低功率系统，覆盖区为微微区，用户区只在一个很小的范围内。这种系统采用的是 CT2、CT2+、PACS、DECT、PJS 等技术，因此研制费用低，而用户容量是 3 种情况中最大的。

3. 无线接入技术特点

无线接入的优点：初期投入小，能迅速提供业务，不需要敷设线路，因而可以省去浦县的大量费用和时间；比较灵活，可以随时按照需要进行变更、扩容，抗灾难性比较强。通过无线介质将用户终端与网络节点连接起来，以实现用户与网络间的信息传递。

无线接入技术在一些环境的应用中有着有线手段无法比拟的优越性。

(1) 无线接入系统的系统结构决定了系统组网灵活，适应性强，由于采用无线方式，不需要对用户的精确定位，可以克服一些地理环境的限制(如山区和多湖泊地区)进行网络覆盖，因此网络规划难度不大，网络建设速度快，可以在很短的时间内为用户开通服务。

(2) 无线接入系统的扩容非常容易，因此在建网初期用户较少时只需要较小的投资规模，在用户量增加时随时进行扩容，可以有效利用运营商的投资，更快地收回成本并开始赢利。

(3) 无线传输的方式，减少了维护人员的数量，设备的操作维护，监控及软件升级均可通过操作维护中心进行，极大地降低了运营成本。

(4) 无线接入系统的拆装都非常容易，这就使得老少边远地区作为临时解决方案的设备在通信条件得到根本改善之后，可以将系统用于其他需要的地方，提高了设备的利用率，节省了大量的资金。

当然，无线接入也有其不足的一面，主要是目前的接入价格还比较高。不过随着技术标准的不断颁布，无线接入产品的不断完善及成本的不断下降，这些问题会逐步解决。

习　　题

1. 计算机网络发展分为哪几个阶段？
2. OSI 七层模型分为哪几层？每层的作用主要是什么？
3. TCP/IP 五层模型分为哪五层？每层的作用主要是什么？
4. 什么是计算机网络？主要有哪些分类方式？
5. 广域网的类型主要有哪些？
6. 分别叙述广域网和城域网的特点，分析两者之间的主要区别。
7. Wi-Fi 遵循的规范是什么？主要使用了哪些调制解调方式？
8. ZigBee 遵循的规范是什么？
9. 支持 ZigBee 协议的设备主要有哪 3 种角色？分别有什么特点？
10. ZigBee 主要的网络拓扑结构有哪些？
11. 互联网主要分为哪几层？每层的数据单元是什么？每层主要的传输协议有哪些？
12. 简要叙述 IPv4 和 IPv6 的主要区别。
13. IPv4 向 IPv6 过渡的主要技术有哪些？
14. 什么叫接入技术？网络接入技术主要有哪些？

第 6 章 移动通信技术

移动通信使人们不再被电缆所束缚，已成为现代综合业务通信网中不可缺少的一环，它和卫星通信、光纤通信一起被列为三大新兴通信手段。目前，移动通信已从模拟技术发展到了数字技术阶段，并且正朝着个人通信这一更高阶段发展。

本书首先阐述了通信的基本概念，并对无线通信技术的发展及其中的关键技术进行探讨，然后针对现代移动通信系统的组成、分类和发展进行了全面的介绍。最后，讲解了 3G、LTE 和 M2M 等技术的发展状况、主要应用及前景，本章既讲述了移动通信技术的基本知识和基本原理，又介绍了新技术、新发展和新成果，读者可以从中对移动通信网络产生比较深入的了解和认识。

教学目标

了解通信的基本概念，延伸到无线通信和移动通信的发展；
掌握移动通信的关键技术；
了解 3G 技术的发展和特点；
了解 LTE 和 M2M 的发展和主要应用。

6.1 通信技术的发展

6.1.1 通信的基本概念

通信，就是信息的传输和交换，在当今信息社会，通信和传感及计算机技术紧密结合，称为整个社会的核心。信息可以是语音、符号、文字、图像等各种表现形式，下面将对信息的含义和其定量描述进行介绍，为后续对通信系统的定量分析奠定基础。

1. 信息和消息

信息与消息，虽然在概念上意义相似，但是信息的含义更加普遍而且抽象。信息实际上是消息中包含的有意义的内容，不同的形式的消息，可以包含相同的信息，如报纸刊登的新闻和电台或电视播报的新闻，其包含的信息内容是相同的。

2. 信息量

通信中，如何度量信息传输和交换了多少？

1928 年，R. V. L. 哈特莱首先提出信息定量化的初步设想，他将消息数的对数定义为信息量。若信源有 m 种消息且每个消息是以相等概率产生，则该信源的信息量可表示为 $I=\log m$。但对信息量作深入而系统研究是从 1948 年 C. E. 香农的奠基性工作开始的。

因为消息是多种多样的，因此度量消息中所包含信息量的方法，应该和消息的种类及重要程度无关，可以适合于度量任何形式的消息的信息量。在通信过程中，越不可能出现或存在，越使得人们感到惊奇和吃惊的消息，也就是越不确定发生的消息，其信息量越大。在概率论中，这种不确定性可以用概率表示，事件出现的可能性越小，概率越小；反之，则概率越大。因此，可以得出这样的结论。

(1) 消息的信息量和消息中所包含事件发生的概率相关。

假设消息中所包含的信息量为 I，消息中所包含事件出现的概率为 $P(x)$，则 I 为 $P(x)$ 的函数，即

$$I = I[P(x)]$$

(2) 消息中所包含事件出现的概率越小，消息中包含的信息量越大，极限情况下，如果该消息中所包含事件必然发生，即概率为 1，则该消息传递的信息量为 0。如果消息中所包含事件不可能发生，即概率为 0，则该消息传递的信息量是无穷的。即

$$P(x)=1 \text{ 时，} I=0$$

$$P(x)=0 \text{ 时，} I=\infty$$

(3) 如果我们得到不是由一个时间构成而是由多个独立时间构成的消息，那么我们得到的信息总量，就是多个独立时间的信息量的总和。

$$I[P(x_1)\ P(x_2)\cdots]= I[P(x_1)]+ I[P(x_2)]+\cdots$$

因此，得到 I 和 $P(x)$的函数关系式为

$$I = \log_a \frac{1}{P(x)} = -\log_a P(x)$$

这里信息量的单位由对数底 a 确定：

① a=2，信息量的单位为比特(bit)。

② a=e，信息量的单位为奈特(nit)。

③ a=10，信息量的单位为十进制的单位，哈莱特。

上述 3 个单位的使用场合，可根据计算以及使用的方便来决定，目前使用最广泛的是比特。

6.1.2 无线通信技术的发展

无线通信技术起源于电报和电话的发明，当时电报和电话的出现，极大地方便了人与人之间信息的交流，但是电报和电话首先要有线路，而线路的架设受到地理条件的制约，不能满足人们移动的需求，正是基于这种巨大的通信需求，无线通信在 19 世纪应运而生。

无线通信是指采用电磁波进行信息传递的通信方式。在无线通信技术的演进过程中，主要经历了九大事件。

(1) 1831 年，迈克尔·法拉第发现了电流可以产生磁场，揭示了一种新的电和磁之间交互作用现象；

(2) 1873 年，詹姆斯·克拉克·麦克斯韦从理论上预言了电磁波的存在，并证明它是以光速传播的；

(3) 1887 年，海因里希·鲁道夫·赫兹用实验的方法证明了电磁波的存在，证实了麦克斯韦的电磁场理论，从而为无线电波的应用奠定基础。

(4) 1895 年，亚历山大·斯捷潘诺维奇·波波夫发明了无线电天线，并设计了无线电接收机。

(5) 1897 年，马可尼实验室证明了运动中无线通信的可应用性，开始了人类对移动通信的兴趣和追求。使用 800kHz 中波信号进行了从英国至北美纽芬兰的世界上第一次横跨大西洋的线无电报通信试验，开创了人类无线通信的新纪元。

(6) 1946 年，贝尔实验室推出了世界上第一个公共汽车电话网。

(7) 从 20 世纪 40 年代至 60 年代初，欧美等地区已完成移动通信网从专用网向公共网过渡的研发。

(8) 1976 年，贝尔实验室在美国纽约建立了 12 信道移动电话系统，为 543 个移动用户提供了服务。

(9) 1978 年，贝尔实验室开发了真正意义上的大容量蜂窝移动电话系统。

至此，无线通信技术已经从实验室走向市场，世界各国都纷纷投入技术力量全面研发相关的无线通信产品，真正实现了人们在任何时间、任何地点与任何人进行通信的愿望。

6.1.3　移动通信的分类

在移动中实现的无线通信称为移动通信，它已经成为现代综合业务通信网中不可缺少的一环，和卫星通信、光纤通信一起被列为三大新兴通信手段。移动通信有以下多种分类方法。

(1) 按使用对象可分为民用设备和军用设备。

(2) 按使用环境可分为陆地通信、海上通信和空中通信。

(3) 按多址方式可分为频分多址(FDMA)、时分多址(TDMA)和码分多址(CDMA)等。

(4) 按覆盖范围可以分为宽域网和局域网。

(5) 按业务类型可分为电话网、数据网和综合业务网。

(6) 按工作方式可分为同频单工、异频单工、异频双工和半双工。

(7) 按服务范围可分为专用网和公用网。

(8) 按信号形式可分为模拟网和数字网。

下面简要介绍一下分类中的几个主要问题。

1. 工作方式

在移动通信中，按照传输方式可以分为单向广播式传输和双向应答式传输，单向广播式传输一般用于无线电寻呼、遥控、遥测等系统。双向应答式传输一般分为单工、双工和半双工 3 种工作方式。

1) 单工通信

单工通信，顾名思义，是指消息只能单方向传输的工作方式，通信双方交替进行收、发操作，根据收、发频率的异同，可以分为同频单工和异频单工两种。

在单工通信中，信道是单向的，通信双方使用相同的频率工作，发送信息时不能接收信息，接收信息时不能发送信息。通信双方进行通信时，采用“按—讲”(Push To Talk，PTT)的方式，属于点到点的通信。

2) 双工通信

双工通信，是指通信双方可以同时进行传输消息的工作方式，平时打电话就是一种双工通信的方式，在说话的同时也可以收听到对方的话音，也就是可以一边听一边说。这是因为双工通信的发送端和接收端分别工作在两个不同的频率上。一般情况下，双工通信使用一对频道，以频分双工(FDD)工作方式避免频率间的干扰。

3) 半双工通信

半双工通信可以实现双向通信，但是发送端和接收端不能在两个方向上同时进行通信，必须轮流交替进行。也就是说，在同一个时刻，信息要么从发送端到接收端，要么从接收端到发送端，只能有一个传输方向。

2. 模拟网和数字网

移动通信在最初的阶段，也就是第一代移动通信，采用的是模拟网，其传输的信号以模拟方式进行调制，比如在电话通信中，传送的电信号是随着用户音量的变化而变化的，而且在时间上和幅度上，变化的电信号都是连续的，也就是一个模拟信号，而这种通信方式也称为模拟通信。

随着通信网络向数字化的发展，到了第二代移动通信，采用的是数字网，采用数字信号进行信息的传输和交换，数字信号是一种离散的、脉冲有无的组合形式，现在最常见的数字信号幅度取值只有两种(分别用 0 和 1 表示)的波形，称为二进制信号。

数字信号相对于模拟信号，具有如下优势。

(1) 抗干扰能力强。

(2) 频谱利用率高，系统容量大。

(3) 安全保密性高。

(4) 可降低设备成本和减少用户手机的体积和质量。

3. 语音通信和数据通信

移动通信的传统业务是语音通信，随着信息化和计算机技术的不断发展，移动通信系统中已经能够提供综合的业务服务，包括语音、图像和数据等业务。虽然在移动通信网中，语音、图像和数据业务的信息形式都是二进制数字的形式，但是，各种不同类型的业务，传输的需求是不同的，如语音业务对传输时延比较敏感，时延超过 100ms，用户就会体验很不好，而数据业务相对而言对时延的要求比较宽松。语音业务由于占用的时间一般较长，而且占用时长比较均匀，因此呼叫建立时间可以较长，而数据业务不允许存在长的建立时间，因此产生了语音通信数据通信的分类。

6.1.4　移动通信的发展过程

移动通信，是随着整个通信网络、电子技术、计算机技术的发展而逐渐成长起来的，可以说移动通信从无线电通信发明之日就产生了。

19 世纪末，无线电技术早期的贡献者奥斯特、安培、法拉第、亨利等人，经过无数的实验，奠定了无线电通信的基础。1873 年，苏格兰人麦克斯韦提出了电磁场理论。1880 年，德国物理学家赫兹根据电磁场理论进行了一系列实验，直到 1897 年，意大利人马可尼在英国成功地进行了距离超过 2mile(1mile=1609.344m)的无线电通信实验，开创了无线电通信的新纪元。

现代移动通信技术的发展始于 20 世纪 20 年代，大致经历了 5 个发展阶段。

第一阶段从 20 世纪 20—40 年代，为早期发展阶段。在这期间，首先在短波几个频段上开发出专用移动通信系统，其代表是美国底特律市警察使用的车载无线电系统。该系统工作频率为 2MHz，到 40 年代提高到 30～40MHz。可以认为这个阶段是现代移动通信的起步阶段，特点是专用系统开发，工作频率较低。

第二阶段从 20 世纪 40 年代中期至 60 年代初期。在此期间内，公用移动通信业务开始问世。1946 年，根据美国联邦通信委员会(FCC)的计划，贝尔系统在圣路易斯城建立了世界上第一个公用汽车电话网，称为“城市系统”，如图 6.1 所示。当时使用 3 个频道，间隔为 120kHz，通信方式为单工，随后，西德(1950 年)、法国(1956 年)、英国(1959 年)等国相继研制了公用移动电话系统。美国贝尔实验室完成了人工交换系统的接续问题。这一阶段的特点是从专用移动网向公用移动网过渡，接续方式为人工(图 6.2)，网络的容量较小。

图 6.1　1946 年 10 月贝尔电话公司启动车载无线电话服务

图 6.2　人工交换台

第三阶段从 20 世纪 60 年代中期至 70 年代中期。在此期间，美国推出了改进型移动电话系统(1MTS)，使用 150MHz 和 450MHz 频段，采用大区制、中小容量，实现了无线频道自动选择并能够自动接续到公用电话网。德国也推出了具有相同技术水平的 B 网。可以说，这一阶段是移动通信系统改进与完善的阶段，其特点是采用大区制、中小容量，使用 450MHz 频段，实现了自动选频与自动接续。

第四阶段从 20 世纪 70 年代中期至 80 年代中期。这是移动通信蓬勃发展时期。1978 年底，美国贝尔试验室研制成功先进移动电话系统(AMPS)，建成了蜂窝状移动通信网，大大提高了系统容量。1983 年，首次在芝加哥投入商用。同年 12 月，在华盛顿也开始启用。之后，服务区域在美国逐渐扩大。到 1985 年 3 月已扩展到 47 个地区，约 10 万移动用户。其他工业化国家也相继开发出蜂窝式公用移动通信网。日本于 1979 年推出 800MHz 汽车电话系统(HAMTS)，在东京、大阪、神户等地投入商用。西德于 1984 年完成 C 网，频段为 450MHz。英国在 1985 年开发出全地址通信系统(TACS)，首先在伦敦投入使用，以后覆盖了全国，频段为 900MHz。法国开发出 450 系统。加拿大推出 450MHz 移动电话系统 MTS。瑞典等北欧四国于 1980 年开发出 NMT-450 移动通信网，并投入使用，频段为 450MHz。这一阶段的特点是蜂窝状移动通信网成为实用系统，并在世界各地迅速发展。图 6.3 所示为第一代移动电话，图 6.4 所示为世界上第一台手机，这台手机是摩托罗拉公司生产的，DynaTAC 8000X 重 2lb(1lb=0.45359237kg)，通话时间半小时，销售价格为 3995 美元，是名副其实的最贵重的砖头。

第五阶段从 20 世纪 80 年代中期开始。这是数字移动通信系统发展和成熟时期。该阶段可以再分为 2G、2.5G、3G、4G 等。

图 6.3　第一代移动电话

图 6.4　世界上第一台手机

(1) 2G：第二代手机通信技术规格的简称，一般定义为以数码语音传输技术为核心，无法直接传送如电子邮件、软件等信息；只具有通话和一些如时间日期等传送的手机通信技术规格。不过手机短信 SMS(Short message service)在 2G 的某些规格中能够被执行。主要采用的是数码的时分多址(TDMA)技术和码分多址(CDMA)技术，与之对应的是全球主要有 GSM 和 CDMA 两种体制。经典的 2G 手机如图 6.5 所示。

(2) 2.5G：从 2G 迈向 3G 的衔接性技术，由于 3G 是个相当浩大的工程，所以 2.5G 手机牵扯的层面多且复杂，要从目前的 2G 迈向 3G 不可能一下就衔接得上，因此出现了介于 2G 和 3G 之间的 2.5G。HSCSD、WAP、EDGE、蓝牙(Bluetooth)、EPOC 等技术都是 2.5G 技术。2.5G 功能通常与 GPRS 技术有关，GPRS 技术是在 GSM 的基础上的一种过渡技术。GPRS 的推出标志着人们在 GSM 的发展史上迈出了意义最重大的一步，GPRS 在移动用户和数据网络之间提供一种连接，给移动用户提供高速无线 IP 和 X.25 分组数据接入服务。相较于 2G 服务，2.5G 无线技术可以提供更高的速率和更多的功能。传统的 2.5G 手机如图 6.6 所示。

图 6.5　经典的 2G 手机

图 6.6　传统的 2.5G 手机

(3) 3G：英文 3rd Generation 的缩写，是指支持高速数据传输的第三代移动通信技术。与从前以模拟技术为代表的第一代和目前正在使用的第二代移动通信技术相比，3G 将有更宽的带宽，其传输速度最低为 384Kbps，最高为 2Mbps，带宽可达 5MHz 以上。不仅能传输话音，还能传输数据，从而提供快捷、方便的无线应用，如无线接入 Internet。能够实现高速数据传输和宽带多媒体服务是第三代移动通信的另一个主要特点。目前 3G 存在 4 种标准：CDMA2000、WCDMA、TD-SCDMA、WiMAX。第三代移动通信网络能将高速移动接入和基于互联网协议的服务结合起来，提高无线频率利用效率。提供包括卫星在内的全球覆盖并实现有线和无线及不同无线网络之间业务的无缝连接。满足多媒体业务的要求，从而为用户提供更经济、内容更丰富的无线通信服务。

(4) 4G：第四代移动通信及其技术的简称，是集 3G 与 WLAN 于一体并能够传输高质量视频图像及图像传输质量与高清晰度电视不相上下的技术产品。4G 系统能够以 100Mbit/s 的速度下载，比拨号上网快 2000 倍，上传的速度也能达到 20Mbit/s，并能够满足几乎所有用户对于无线服务的要求。而在用户最为关注的价格方面，4G 与固定宽带网络在价格方面不相上下，而且计费方式更加灵活机动，用户完全可以根据自身的需求确定所需的服务。此外，4G 可以在 DSL 和有线电视调制解调器没有覆盖的地方部署，然后再扩展到整个地区。很明显，4G 有着不可比拟的优越性。

6.2 移动通信技术的研究与发展状况

移动通信技术属于无线通信技术范畴，通信双方或至少一方是处于移动中进行信息交流的通信。移动通信应用的范围越来越大，移动通信系统的种类也越来越多，典型的移动通信系统有无线电寻呼系统、无绳电话系统、蜂窝移动通信系统、集群移动通信系统、移动卫星通信系统、分组无线网络。

6.2.1 无线信道与空中接口

1. 无线信道

信道是对无线通信中发送端和接收端之间的通路的一种形象比喻，对于无线通信而言，无线电波从发送端传送到接收端，其间并没有一个有形的连接，它的传播路径也有可能不止一条，为了形象地描述发送端与接收端之间的工作，人们想象两者之间有一条看不见的道路衔接，并把这条衔接通路称为无线信道。

移动通信就是依靠无线电波的传播，其无线电波的工作频率为甚高频(VHF，30～300MHz)和特高频(UHF，300～3000MHz)，电波以直射的方式在低层大气中传播，传输介质的不均匀会导致折射和吸收现象，而在传播路径上遇到的各种障碍物还可能会发生反射、绕射和散射等现象，因此典型的移动通信环境下，无线电波传播具有如下特点。

1) 时延扩展

无线信道中电波的传播不是单一路径，而是许多路径来的众多反射波的合成。由于电波通过各个路径的距离不同，因而各个路径来的反射波到达时间不同，也就是各信号的时延不同。当发送端发送一个极窄的脉冲信号时，移动台接收的信号由许多不同时延的脉冲组成，称为时延扩展。

2) 信号强度衰落

即使在无障碍的情况下，无线电波随着传输距离的增长，其能量也会逐渐减弱。在典型的移动通信系统中，用户的接入都是通过移动台与基站间的无线链路，无线电波的传播在通信过程中还会受到移动台周围物体的影响，移动台收到的信号是多个反射波和直射波组合而成的多径信号，多径信号往往会造成信号严重衰落，也就是俗称的“多径效应”。

3) 信号干扰

相同无线频段的传输信号之间会造成干扰，外部环境的电磁波噪声也会对信号接收造成干扰，虽然无线电波的传播环境本身就是一个被电磁噪声干扰的环境，但是现在，随着汽车点火系统、广播行业等的蓬勃发展，这种电磁噪声污染日益严重。

2. 空中接口

空中接口是相对于有线通信中的“线路接口”而定义的一个形象化的术语。有线通信中，“线路接口”定义的是线路的物理尺寸及电信号或光信号的规范，无线通信中，“空中接口”定义的是终端设备与网络设备之间的电磁波连接规范，保证通信链路的可靠性传输。

在移动通信中，空中接口就是移动终端与基站之间的无线传输规范，是任何一种移动通信系统的关键模块之一，也是其“移动性”的集中体现。在移动通信中，空中接口主要定义的是每个无线信道的使用频率、带宽、接入时机、编码方法及越区切换方面的规范。

在不同制式的蜂窝移动通信网络中，空中接口的术语是不同的：在 GSM/GPRS/EDGE 网络，CDMA2000 网络中，被称为 Um 接口。在 TD-SCDMA 和 WCDMA 网络中，被称为 Uu 接口。

6.2.2　移动通信系统的结构与工作原理

1. 移动通信系统的结构

移动通信系统有很多种，本章将以 GSM/WCDMA 2/3G 移动通信系统为例，来讲述移动通信系统的结构和工作原理。

GSM/WCDMA 2/3G 移动通信系统的系统结构如图 6.7 所示。

总体上来说移动通信系统主要由两方面的技术所组成：无线接入技术和移动通信网络技术。这两种技术分别对应着移动通信系统中的两个部分，无线接入技术主要对应的是无线接入网络(Radio Access Network，RAN)，移动通信网络技术主要对应的是移动通信网络的核心网(Core Network，CN)。

1) 无线接入网络

如图 6.7 所示，移动通信无线接入技术所涉及的物理实体包括 MS、BSS 和 RNS，因此 RAN 主要是由 MS、BSS 和 RNS 所组成的。

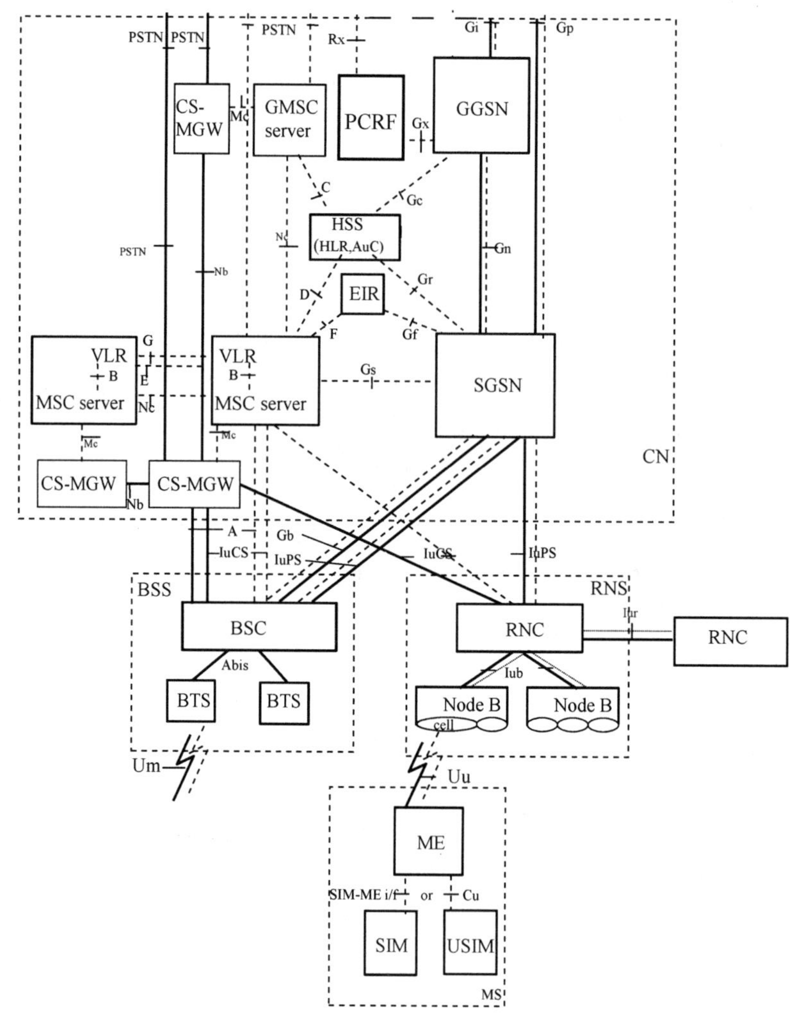

图 6.7　GSM/WCDMA 2/3G 移动通信系统的系统结构

MS(Mobile Station)所代表的是移动终端(Mobile Equipment)，手机作为最主要的移动终端主要形式，实际上是一个集成度相当高，结构复杂，软硬件技术含量很高的电子系统，其硬件系统通常以一块超大规模数字基带处理芯片(DBB)为核心，作为各种软件的运行平台，并协调控制系统的射频、模拟、电源、接口等各个子系统共同工作。MS 里面可以插入 SIM 卡和 USIM 卡，SIM 卡和 USIM 卡里面记录了用户的身份信息；用户身份模块(Subscriber Identity Module，SIM)，通常称为“SIM 卡”，是保存移动电话服务的用户身份识别数据的智能卡。SIM 还能够存储短信数据和电话号码。SIM 卡主要用于 GSM 系统，但是兼容的模块也用于 UMTS 的 UE(USIM)。SIM 由 CPU、ROM、RAM、EEPROM 和 I/O 电路组成。用户使用 SIM 时，实际上是手机向 SIM 卡发出命令，SIM 卡应该根据标准规范来执行或者拒绝。所以 SIM 卡并不是单纯的信息存储器。

基站子系统(Base Station Subsystem，BSS)是 GSM 无线通信网络的接入部分，负责与移动台(无线电话)收发无线信号。BSS 负责语音信道的编码、分配无线信道、寻呼和其他与无线网络相关的功能。BSS 中有两个功能实体 BSC(基站控制器)和 BTS(基站收发信台)，Abis 接口为 BSS 中的两个功能实体 BSC(基站控制器)和 BTS(基站收发信台)之间的通信接口，用于 BTS 与 BSC 之间的远端互连方式，该接口支持所有向用户提供的服务，并支持对 BTS 无线设备的控制和无线频率的分配，其物理连接通过 2Mbit/s 链路实现。一个完整的 BTS 包括无线发射/接收设备、天线和所有无线接口特有的信号处理部分。BTS 可看作一个无线调制解调器，负责移动信号的接收和发送处理。一般情况下在某个区域内，多个子基站和收发台相互组成一个蜂窝状的网络，通过控制收发台与收发台之间的信号相互传送和接收，来达到移动通信信号的传送。BSC 的全称是 Base Station Controller，它是基站收发台和移动交换中心之间的连接点，也为基站收发台(BTS)和移动交换中心(MSC)之间交换信息提供接口。一个基站控制器通常控制几个基站收发台，其主要功能是进行无线信道管理、实施呼叫和通信链路的建立和拆除，并为本控制区内移动台的过区切换进行控制等。

无线网络子系统(Radio Network Subsystem，RNS)是 WCDMA 3G 无线通信网络的接入部分，它包括在接入网中控制无线电资源的无线网络控制器(Radio Network Controller，RNC)。RNC 具有宏分集合并能力，可提供软切换能力。每个 RNC 可覆盖多个 NodeB。NodeB 实质上是一种与基站收发信台等同的逻辑实体，它受 RNC 控制，提供移动设备(UE)和无线网络子系统(RNS)之间的物理无线链路连接。Node B 主要由控制子系统、传输子系统、射频子系统、中频/基带子系统、天馈子系统等部分组成；RNC 则用于提供移动性管理、呼叫处理、链接管理和切换机制。

2) 核心网络

移动通信网络技术可以划分为两个网络，电路域网络和分组域网络。电路域网络主要提供了语音、短消息等业务，分组域网络主要提供了 IP 分组数据通信业务。

(1) 电路域网络。电路域网络所涉及的物理实体包括 MSC Server/VLR 和 CS MGW；GMSC Server 为 MSC Server 的一种特殊存在形式，GMSC Server 主要负责电路域网络与其他电话进行互通；PSTN 是传统的固定电话网络的统称，是 GMSC Server 主要需要互通的对象，GMSC Server 也完成了两个不同的移动网络之间的呼叫互通。

在介绍电路域网元之前需要先介绍一下信令和承载的概念。在网络中传输着各种信号，其中一部分是能直接感知到的，如打电话的语音、上网的数据包等，这些是真实需要传递的信息，这些信息可以认为是一种有效的负载或者载荷，这种有效的信息流在必要的传输、纠错手段处理以后组成了承载流，承载流所承载的对象就是通信的有效信息流。而另外一部分信号是看不见的，不是直接需要，它用来专门控制承载流的建立释放的，这一类型的信号就称为信令，信令的传输需要一个信令网。信令随着技术的发展包含了越来越多的内容，包括移动网络为了记录并维护用户的位置所需要的一系列移动性管理的消息也都称为信令，这些消息不能被用户直接感知到；发展到后来，网络里面除了承载流本身以外的其他消息统称为信令。

MSC SERVER 即移动交换服务器(GMSC Server 和 MSC Server)是 UMTS 移动通信系统中电路域核心网向分组交换方式演进的核心设备，它独立于底层承载协议，主要完成呼叫控制、媒体网关接入控制、移动性管理、资源分配、协议处理、路由、认证、计费等功能，并向用户提供 3GPP R4 阶段的电路域核心网所能提供的业务，以及配合智能 SCP 提供多样化的第三方业务。MGW(Media GateWay)媒体网关，主要功能是提供承载控制和传输资源。MGW 还具有媒体处理设备(如码型变换器、回声消除器、会议桥等)，执行媒体转换和帧协议转换。媒体网关，主要功能是承载和媒体处理。在 Iu 接口上，MGW 可以支持媒体转化，承载控制和有效负荷处理。MGW 支持的功能：针对实现资源控制与 VMSC SERVER 和 GMSC SERVER 交互，共同配合完成核心网络资源的配置(即承载信道的控制)，同时完成回声消除、(多媒体数字)信号的编解码及通知音的播放等功能。

(2) 分组域网络。分组域网络所涉及的物理实体包括 SGSN(Serving GPRS Support Node)和 GGSN。SGSN 作为 GPRS/TD-SCDMA(WCDMA)核心网分组域设备的重要组成部分，主要完成分组数据包的路由转发、移动性管理、会话管理、逻辑链路管理、鉴权和加密、话单产生和输出等功能。

SGSN 即 GPRS 服务支持节点，它通过 Gb 接口提供与基站控制器 BSC 的连接，进行移动数据的管理，如用户身份识别、加密、压缩等功能；通过 Gr 接口与 HLR(Home Location Register)相连，进行用户数据库的访问及接入控制；它还通过 Gn 接口与 GGSN 相连，提供 IP 数据包到无线单元之间的传输通路和协议变换等功能；SGSN 还可以提供与 MSC 的 Gs 接口连接及与 SMSC 之间的 Gd 接口连接，用以支持数据业务和电路业务的协同工作和短信收发等功能。SGSN 与 GGSN 配合，共同承担 WCDMA 的 PS 功能。当作为 GPRS 网络的一个基本的组成网元时，通过 Gb 接口和 BSS 相连。其主要的作用就是为本 SGSN 服务区域的 MS 进行移动性管理，并转发输入/输出的 IP 分组，其地位类似于 GSM 电路网中的 VMSC。此外，SGSN 中还集成了类似于 GSM 网络中 VLR(Visitor Location Register)的功能，当用户处于 GPRS Attach(GPRS 附着)状态时，SGSN 中存储了同分组相关的用户信息和位置信息。当 SGSN 作为 WCDMA 核心网的 PS 域功能节点，它通过 Iu_PS 接口与 UTRAN 相连，主要提供 PS 域的路由转发、移动性管理、会话管理、鉴权和加密等功能。GGSN 主要提供 PS 与外部 PDN(Packet Data Network，分组数据网)的接口，承担网关或路由器的功能。SGSN 和 GGSN 合称为 GSN(GPRS Support Node)。

2. 移动通信网络原理

移动通信网络的原理主要包含 3 个方面：蜂窝组网、切换技术和移动性管理。

正是有了这 3 个技术，结合上面所述的接入技术和网络技术，才能使用户能够在网络中真正移动起来，否则用户只能通过无线接入到网络中去，而不能实现真正的移动。

1) 蜂窝组网技术

把移动电话的服务区分为一个个正六边形的子区，每个小区设一个基站，形成了形状酷似“蜂窝”的结构，因而把这种移动通信方式称为蜂窝移动通信方式，如图 6.8 所示。蜂窝网络又可分为模拟蜂窝网络和数字蜂窝网络，主要区别于传输信息的方式。

蜂窝网络被广泛采用的原因是源于一个数学结论，即以相同半径的圆形覆盖平面，当圆心处于正六边形网格的各正六边形中心，也就是当圆心处于正三角网格的格点时所用圆的数量最少。虽然使用最少个节点可以覆盖最大面积的图形即使要求节点在一个如同晶格般有平移特性的网格上也仍是有待求解的未知问题，但在通信中，使用圆形来表述实践要求通常是合理的，因此出于节约设备构建成本的考虑，正三角网格或者也称为简单六角网

格是最好的选择。这样形成的网络覆盖在一起，形状非常像蜂窝，因此被称作蜂窝网络。

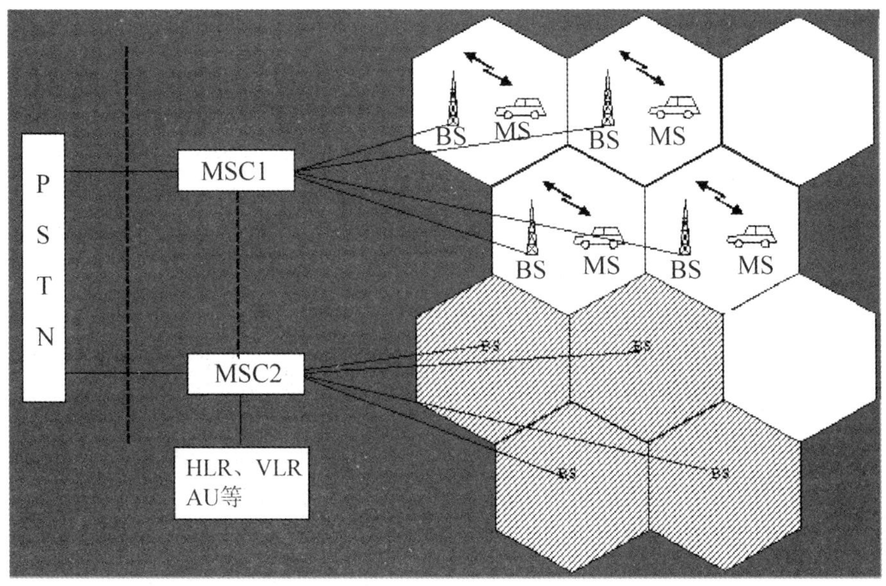

图 6.8 蜂窝技术示意图

蜂窝网络组成主要有以下 3 部分：移动站、基站子系统、网络子系统。移动站就是网络终端设备，比如手机或者一些蜂窝工控设备。基站子系统包括日常见到的移动基站(大铁塔)、无线收发设备、专用网络(一般是光纤)、无数的数字设备等。可以把基站子系统看作无线网络与有线网络之间的转换器。

蜂窝移动电话最大的好处是频率可以重复使用。大家或许知道，在使用移动电话手机进行通信时，每个人都要占用一个信道，即系统要拿出一个信道供你使用。同时通话的人多了，有限的信道就可能不够使用，于是便会出现通信阻塞的现象。采用蜂窝结构就可以使用同一组频率在若干个相隔一定距离的小区重复使用，从而达到节省频率资源的目的。譬如，将一个城市分成 72 个小区，每 12 个小区组成一个小区群。让他们共同使用 300 个频道。那么，就可以将 300 个频道分成 12 个频道组，每个组 25 个频道，第一个小区群的 1 号小区使用第 1 组频道，第一个小区群的 2 号小区使用第 2 组频道，以此类推。经过适当安排，不同小区群的相同编号小区的频道组是可以重复使用的。尽管这些小区基站所使用的无线电频率相同，但由于它们彼此相隔较远，而电波作用范围有限，彼此不会造成干扰。这样，一组频率就可重复使用 6 次，原本 300 个频道只能供 300 个用户同时通话，现在却可同时供 1800 个用户同时通话了。

频率复用：每一个蜂窝使用一组频道。如果两个蜂窝相隔足够远，则可以使用同一组频道。簇(cluster)：由 N 个蜂窝组成的蜂窝组，使用了全部的频率资源频率复用因子(reuse factor)：$1/N$ 对于正六边形的蜂窝，$N = 2i + i*j+ 2j$，$i\geqslant 1$，$j\geqslant 1$，当 $i > 1$ 时，$j\geqslant 0$，或者当 $j > 1$ 时，$i\geqslant 0$，因此，N=3，4，7，9，12…。

2) 切换技术

切换分为软切换、硬切换两大类。

(1) 软切换是发生在同一频率的两个不同基站之间的切换。在码分多址(CDMA)移动通信系统中，采用的就是这种软切换方式。当一部手机处于切换状态下同时将会有两个甚至更多的基站对它进行监测，系统中的基站控制器将逐帧比较来自各个基站的有关这部手机的信号质量报告，并选用最好的一帧。可见 CDMA 的切换是一个“建立—比较—释放”的过程，称这种切换为软切换，以区别与 FDMA、TDMA 中的切换。软切换可以是同一基站控制器下的不同基站或不同基站控制器下不同基站之间发生的切换。所谓软切换，就是在移动台进入切换过程时，与原基站和新基站都有信道保持着联系，一直到移动台进入新基站覆盖区并测出与新基站之间的传输质量已经达到指标要求时，才把与原基站之间的联系信道切断。简单地说，软切换的特点是“先切换、后断开”。这种切换方式是在与新基站建立联系信道后，才断开与原基站的联系信道，因此在切换过程中没有中断的问题，对通信质量没有影响。

由于软切换是在频率相同的基站之间进行的，因此当移动台移动到多个基站覆盖区交界处时，移动台将同时和多个基站保持联系，起到了业务信道分集的作用，加强了抗衰落的能力，因而不可能产生“掉话”。即使当移动台进入了切换区而一时不能得到新基站的链路，也进入了等待切换的队列，从而减少了系统的阻塞率。因此也可以说，软切换是实现了“无缝”的切换。CDMA 通信系统中的跨频切换、跨 BSC 切换也是硬切换。(不同的系统、不同的设备商、不同的频率配置或不同的帧偏置)

(2) 硬切换是在不同频率的基站或覆盖小区之间的切换。这种切换的过程是移动台(手机)先暂时断开通话，在与原基站联系的信道上，传送切换的信令，移动台自动向新的频率调谐，与新的基站接上联系，建立新的信道，从而完成切换的过程。简单来说就是“先断开、后切换”，切换的过程中约有 1/5 秒时间的短暂中断。这是硬切换的特点。在 FDMA 和 TDMA 系统中，所有的切换都是硬切换。当切换发生时，手机总是先释放原基站的信道，然后才能获得新基站分配的信道，是一个“释放—建立”的过程，切换过程发生在两个基站过渡区域或扇区之间，两个基站或扇区是一种竞争的关系。如果在一定区域里两基站信号强度剧烈变化，手机就会在两个基站间来回切换，产生所谓的“乒乓效应”。这样一方面给交换系统增加了负担，另一方面也增加了掉话的可能性。

现在广泛使用的“全球通(GSM)”系统就是采用这种硬切换的方式。因为原基站和移动到的新基站的电波频率不同，移动台在与原基站的联系信道切断后，往往不能马上建立新基站的新信道，这时就出现一个短暂的通话中断时间。在“全球通”系统，这个时间大约是 200ms，它稍微影响了通话质量。如图 6.9 所示，当移动终端 MS，沿轨迹 1 移动在同一基站内部发生同频，就是软切换；而用户沿轨迹 2 移动在不同基站之间发生切换，则是硬切换，硬切换需要 MSCS 的参与才能正常进行。

3) 移动性管理

在移动通信系统中，移动性管理包括位置登记、呼叫处理等过程。

(1) 位置登记。位置登记也称位置注册，是通信网为了跟踪移动台的位置变化，由移动台向网络报告自己的位置信息，网络对其位置信息进行登记的过程。位置信息存储在归属位置寄存器(Home Location Register，HLR)和访问位置寄存器(Visitor Location Register，VLR)中。

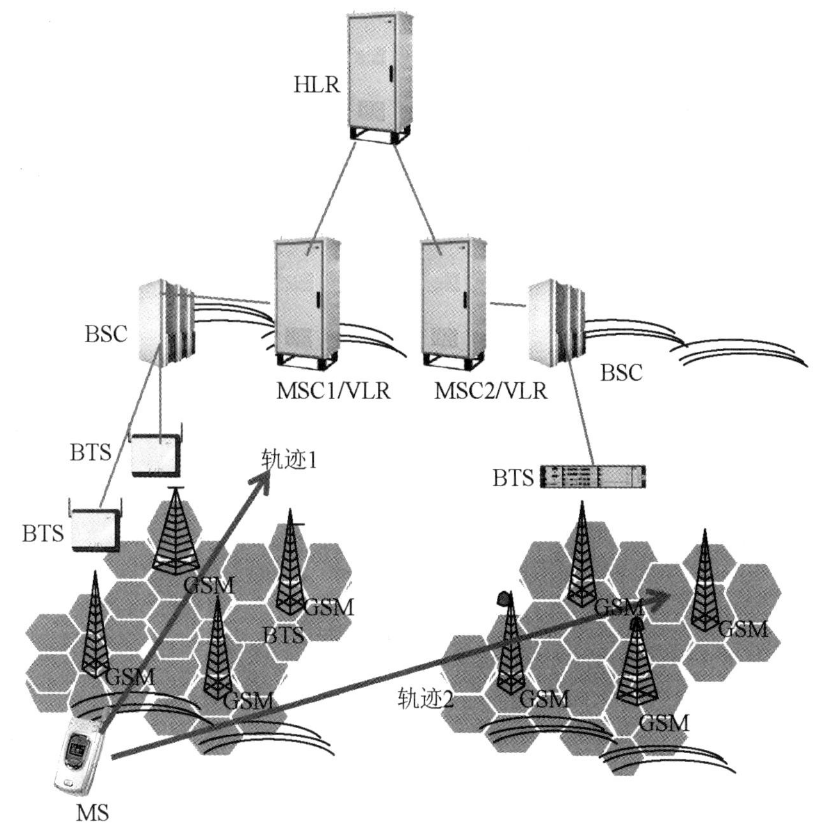

图 6.9　切换技术示意图

① HLR 负责移动用户管理的数据库。存储所管辖用户的签约数据及移动用户的位置信息，可为至某 MS 的呼叫提供路由信息。HLR 中记录了用户当前在哪一个 VLR 中登记的信息。

② VLR 是一个数据库，是存储所管辖区域中 MS(统称拜访客户)的来话、去话呼叫所需检索的信息及用户签约业务和附加业务的信息，如客户的号码、所处位置区域的识别、向客户提供的服务等参数。

VLR 服务于其控制区域内移动用户，存储着进入其控制区域内已登记的移动用户相关信息，为已登记的移动用户提供建立呼叫接续的必要条件。VLR 从该移动用户的 HLR 处获取并存储必要的数据。一旦移动用户离开该 VLR 的控制区域，则重新在另一个 VLR 登记，原 VLR 将取消临时记录的该移动用户数据。因此，VLR 可看作为一个动态用户数据库。

在某一 MSC 区域内漫游的移动用户受控于负责该区域的拜访位置寄存器，当某移动台出现在某一位置区内，VLR 将启动位置更新程序，VLR 包含在它管辖区域内出现的移动用户的数据。

VLR中主要包括以下信息单元：IMSI、MSISDN、TMSI(Temporary Mobile Subscriber Identification，临时移动用户身份)、移动台登记所在的位置区、补充业务参数。

③ 位置登记方式。移动台向网络登记的方式有开机登记、周期性登记。

当移动台的位置发生更新，也就是MS从一个小区移动到另一个小区时，移动台发现其存储的位置区识别码LAI与接收到的LAI发生了变化，移动台重新向网络登记，更新网络数据库的过程，图6.10为位置更新示意图。

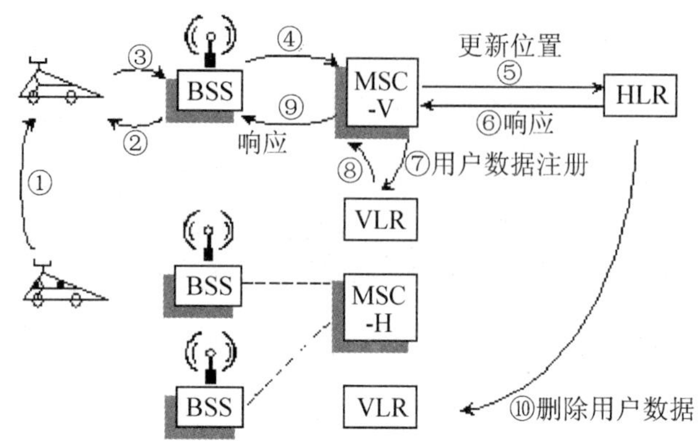

图6.10 位置更新示意图

a. 不同MSC/VLR业务区之间的位置更新。MS从一个BTS小区移向不同MSC的另一个小区时，发现自己所设定的载频信号强度在减弱，而另一个BTS小区的BCCH(广播控制信道)增强，MS就通过新的BTS小区向MSC发送一个“我在这里”的位置更新请求信息。MSC把用户的位置更新请求信息送给HLR，同时给出新的MSC和MS的地址识别码，HLR修改该用户的数据，并回给MSC一个确认响应。VLR对该用户进行数据注册，最后由新的MSC发送给MS一个位置更新确认，同时由HLR通知原来的VLR删除该用户的有关数据。

b. 同一MSC/VLR不同位置区的位置更新。当MS通过新的BSC将位置更新消息传给原来的MSC，MSC分析出新的位置区也属于本业务区内的位置区，即通知VLR修改用户数据，并向MS发送位置更新证实。

(2) 呼叫处理。移动性管理中的呼叫处理过程如下：当移动台漫游到另一个移动交换中心业务区时，该移动交换中心将给移动台分配一个临时漫游号码，用于路由选择。漫游号码格式与被访地的移动台PSTN/ISDN号码格式相同。当移动台离开该区后，VLR和HLR都要删除该漫游号码，以便可再分配给其他移动台使用。

MSRN分配过程如下：市话用户通过公用交换电信网发MSISDN号至GSMC、HLR。HLR请求被访MSC/VLR分配一个临时性漫游号码，分配后将该号码送至HLR。HLR一方面向MSC发送该移动台有关参数，如国际移动用户识别码(IMSI)；另一方面HLR向GMSC告知该移动台漫游号码，GMSC即可选择路由，完成市话用户→GMSC→MSC→移动台接续任务。

一个完整的终呼移动性呼叫处理流程如图6.11所示。

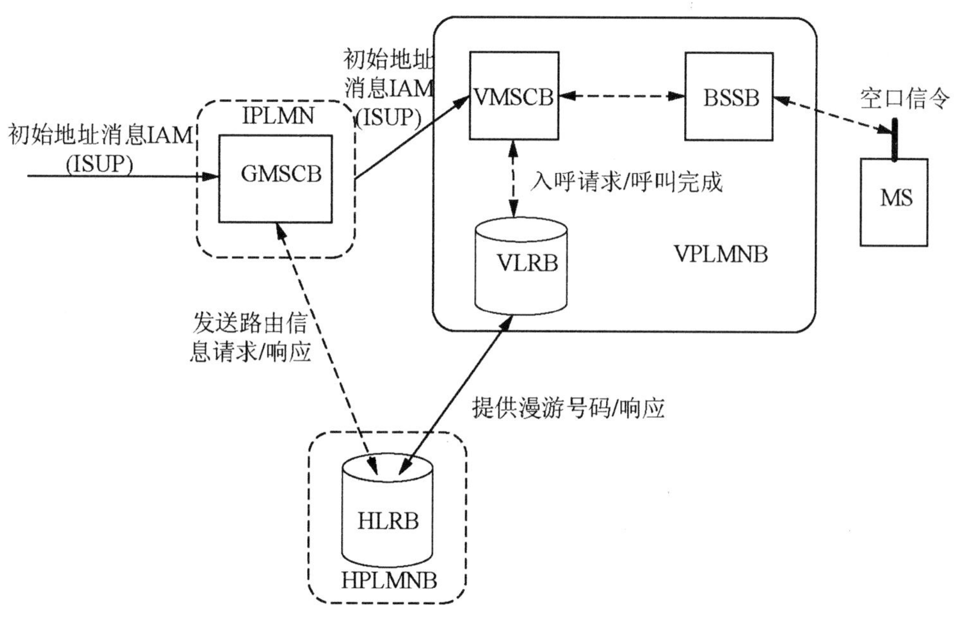

图 6.11 呼叫处理流程示意图

在图 6.11 中 GMSC 发出 Send Routing Info 给 HLR 请求漫游号码，HLR 利用自己存储的 VLR 的信息向 VLR 请求漫游漫游号码 Provide Roaming Number，然后 VLR 将漫游号码通过 Provide Roaming NumberAck 返回给 HLR，然后 HLR 将漫游号码通过 Send Routing InfoAck 返回给 GMSC，最后 GMSC 利用该号码来寻找真正的 VMSCB，从而实现了不管用户在什么地方都可以寻找到真实的被叫目的。

6.2.3 多址技术

多址技术多用于无线通信，是使众多的用户共用公共通信线路的技术。为使信号多路化而实现多址的方法基本上有 3 种，它们分别采用频率、时间或代码分隔的多址连接方式，即人们通常所称的频分多址(FDMA)、时分多址(TDMA)和码分多址(CDMA) 3 种接入方式。图 6.12 用模型表示了这 3 种方法简单的一个概念。

FDMA 是以不同的频率信道实现通信的，TDMA 是以不同的时隙实现通信的，CDMA 是以不同的代码序列实现通信的。

1. 频分多址

频分多址是最成熟的多址方式之一，频分有时也称之为信道化，就是把整个可分配的频谱划分成许多单个无线电信道(发射和接收载频对)，每个信道可以传输一路话音或控制信息。在系统的控制下，任何一个用户都可以接入这些信道中的任何一个。

模拟蜂窝系统是 FDMA 结构的一个典型例子，数字蜂窝系统中也同样可以采用 FDMA，只是不会采用纯频分的方式，如 GSM 系统就采用了 FDMA。

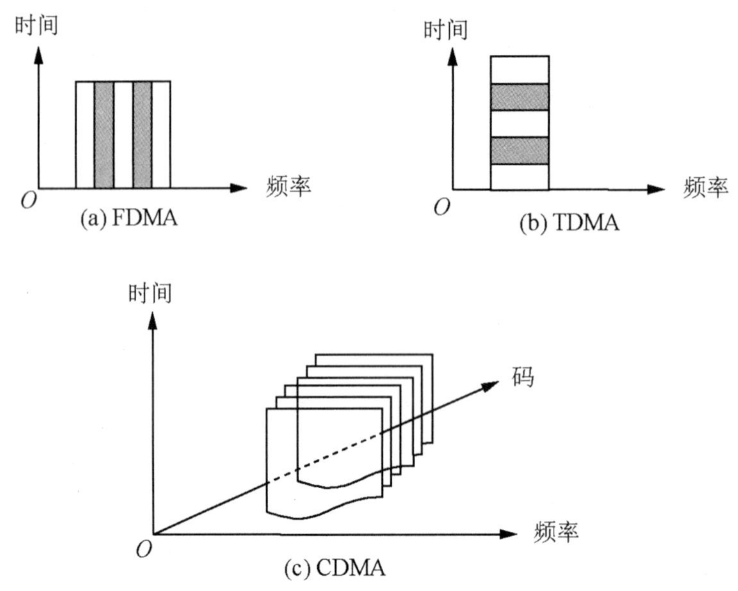

图 6.12　3 种多址方式概念示意图

2. 码分多址

码分多址是一种利用扩频技术所形成的不同的码序列实现的多址方式。它不像 FDMA、TDMA 那样把用户的信息从频率和时间上进行分离，它可在一个信道上同时传输多个用户的信息，即允许用户之间的相互干扰。其关键是信息在传输以前要进行特殊的编码，编码后的信息混合后不会丢失原来的信息。有多少个互为正交的码序列，就可以有多少个用户同时在一个载波上通信。每个发射机都有自己唯一的代码(伪随机码)，同时接收机也知道要接收的代码，用这个代码作为信号的滤波器，接收机就能从所有其他信号的背景中恢复成原来的信息码(这个过程称为解扩)。

3. 时分多址

时分多址是在一个宽带的无线载波上，按时间(时隙)划分为若干时分信道，每一用户占用一个时隙，只在这一指定的时隙内收(或发)信号，故称为时分多址。此多址方式在数字蜂窝系统中采用，GSM 系统也采用了此种方式。

TDMA 是一种较复杂的结构，最简单的情况是单路载频被划分成许多不同的时隙，每个时隙传输一路猝发式信息。TDMA 中关键部分为用户部分，每一个用户分配给一个时隙(在呼叫开始时分配)，用户与基站之间进行同步通信，并对时隙进行计数。当自己的时隙到来时，手机就启动接收和解调电路，对基站发来的猝发式信息进行解码。同样，当用户要发送信息时，首先将信息进行缓存，等到自己时隙的到来。在时隙开始后，再将信息以加倍的速率发射出去，然后又开始积累下一次猝发式传输。

TDMA 的一个变形是在一个单频信道上进行发射和接收，称为时分双工(TDD)。其最简单的结构就是利用两个时隙，一个发一个收。当手机发射时基站接收，基站发射时手机接收，交替进行。TDD 具有 TDMA 结构的许多优点：猝发式传输、不需要天线的收发共

用装置等。它的主要优点是可以在单一载频上实现发射和接收，而不需要上行和下行两个载频，不需要频率切换，因而可以降低成本。TDD 的主要缺点是满足不了大规模系统的容量要求。

6.3　3G 通信技术

在移动通信的发展过程中，3G 通信技术被称为第三代通信技术，相对于第一代和第二代通信技术，其传输容量大大增加，灵活性更强，在声音和数据的传输速度上实现了很大的提升，在全球范围内更好地实现无缝漫游，能够处理图像、音乐、视频流等多种媒体形式，提供包括网页浏览、电话会议、电子商务等多种信息服务，同时也要考虑与已有第二代系统的良好兼容性。因此，3G 通信技术也是目前应用最广泛的成熟的通信技术。

6.3.1　3G 技术发展状况

截至 2007 年 6 月份，全球一共发放了 217 张 3G 许可证，运营商手中持有的有效 3G 许可证是 207 张。目前全球有 171 张 WCDMA 商用网。而 HSDPA 商用网也达到了 128 张。由此可以看出，CDMA2000 1x 发展迅速，已经在全球大规模商用。其原因得益于技术的成熟性以及能后向兼容，但目前运营商仍在 2G 网络的频段上运营，全球尚未有 3G 核心频段的网络运营。随着竞争的加剧和移动增值业务的开展，支持更高数据吞吐量(2.4Mbit/s)的 CDMA2000 1x EV-DO 的商用运营商由 2003 年底的 5 个增加到 2014 年的 10 个，用户达到 930 万，90%以上的用户集中在韩国。

截至 2012 年年底，全球的移动通信用户已经突破了 60 亿，全球的移动用户普及率将会达到 86.1%。新增用户现在大部分都来自于用户基数非常大的印度和中国。从全球市场来看，3G 市场飞速地发展，新增用户和累积用户都得到了明显的提升，截至 2011 年年底的时候，3G 用户的累积用户值，预计会达到 11.5 亿用户，占全球的用户比将接近 20%。在新增中的占比会接近 50%，也达到 46.7%。3G 的用户主要增量都来自于 WCDMA 和 HSPA 的用户，占到全部 3G 新增的 74%，这个也是由于全球 WCDMA 技术的普及和它占主导地位的原因。

虽然从整体上 3G 用户获得了快速的发展，但 3G 在全球的业务发展状况和给运营商带来的盈利能力提升方面却参差不齐，欧洲于 2003 年即开始部署基于 WCDMA 技术的 3G 网络。但从 3G 用户占比、3G 数据服务发展态势和 3G 运营商盈利能力 3 个维度来看，欧洲 3G 发展可谓步履艰难。

欧洲 3G 发展之所以不尽如人意，主要原因有：高额牌照费用加重了运营商的负担；欧盟的强力反垄断措施，致使欧洲电信市场竞争异常激烈；受文化及消费习惯因素影响，欧洲移动用户的数据服务需求未因 3G 服务的推出而有显著增加；欧洲发展 3G 时，其 2G 服务已高度普及，致使欧洲运营商 3G 服务的边际效用不明显。

尽管运营商的 3G 业务持续亏损，但是用户数仍然得到了较快发展，目前，和记电讯 3 公司在欧洲的 3G 用户已经超过了 1500 万。截至 2004 年 3 月 31 日，Vodafone 为取得各国的 3G 牌照累计支付了 144 亿英镑，这使各运营商在随后的经营中面临着高额的折旧摊销等费用。

而运营商在部署 3G 业务之后，并没有带来显著提高的收益，虽然人们愿意为数据业务付费，但语音业务的收益仍然是 3G 的主要收益，而运营商为了改造网络却需要投入很多资金对整个网络进行彻底改造；另外从技术上来讲，3G 虽然能提供比 2G 高得多的数据业务的速率，但在数据大爆炸的时代，3G 的带宽与迅速增长的用户需求相比，又快速地成为瓶颈；比如 HSPA+升级到 42Mbit/s 之后，虽然从技术角度上来说可以进一步地进行升级到 84Mbit/s 的传输速率，但是它的这个网络升级的成本也会非常高，包括对网络的改造及终端的这种改造。

尤其是今年来快速兴起的互联网产业，对传统电信业和 3G 网络的冲击也非常大，价值越来越向云端转移，丰富的利润被各种互联网上的服务提供商赚走，如电子商务平台。甚至运营商费了大力投入的 3G 高速数据网络仅仅只变成了一个数据传输的管道，在价值链上处于价值回报率非常低的一个环节。互联网的快速兴起使得运营商在 3G 时代处于非常尴尬的地位，大笔投入换来的是较低的收益增长率。

随着 VOIP 业务和飞信、微信的出现，甚至运营商的传统电话收益也受到了很大的冲击，管道化对传统电信运营商的影响是致命的，但运营商面临这样的趋势和互联网产业革命，在 3G 网络下似乎却并没有找到太好的应对办法。

在这样的背景下，运营商迫于压力，必须向 4G 转移。4G 与 3G 的最大差别就是数据业务的速率要比 3G 快得多。到了 4G 以后，语音业务也全面的向 VOLTE 演进，IMS 网络则取代传统的移动网络给用户提供电话业务。4G 时代将基于全 IP 构建，电信运营商的网络维护成本将大大降低，这样电信运营商才能腾出手来与互联网一决高下。电信运营商将通过增加数据的黏性来使得用户的数据流量尽量驻留在电信网络中，这就需要电信运营商在业务上进一步创新，这些业务可能包括物联网业务、可能包括大数据业务，还可能包括能提供各种增值服务的云。

6.3.2 3G 通信的关键技术

智能天线、软件无线电、高速下行分组接入(HSDPA)是 3G 的主要的 3 个关键技术，下面分别简要介绍一下这 3 个关键技术的主要原理和特点。

1. 智能天线技术

智能天线采用空分复用(SDMA)方式，利用信号在传播路径方向上的差别，将时延扩散、瑞利衰落、多径、信道干扰的影响降低，将同频率、同时隙信号区别开来，和其他复用技术结合，最大限度地利用频率资源。智能天线基于自适应天线阵原理，利用天线阵的波束赋形产生多个独立的波束，并自适应地调整波束方向来跟踪每一个用户，达到提高信号 SINR(最大信噪比)、增加系统容量的目的。采用智能天线技术实际上是通过数字信号处理使天线阵为每个用户自适应地进行波束赋形，相当于为每个用户形成了一个可跟踪的高增益天线。因此天线的增益不再与用户所处的位置有直接关系，用户所在方向上的增益总是最强而其他方向上的增益大大减小。

根据其工作方式可将智能天线系统划分为两类：预多波束(或切换波束)系统和自适应阵列系统。预多波束系统工作在预多波束工作方式，它利用天线阵预先形成多个窄的定向波束，分别指向各个方向，相当于用 *N* 个天线覆盖 *N* 个角区域。其形式如图 6.13(a)所示。当移动用户发生移动时，系统通过检测信号的强度，从一个波束切换到另一个波束，通过区域选择来实现对用户的大致跟踪。可以认为预多波束系统是对移动通信环境在波束空间的部分自适应。而自适应阵列系统则实现了对移动通信环境在空间域上的完全自适应。自适应天线技术通过自适应信号处理算法，使天线阵实时地产生定向波束准确地指向移动用户，从而实现对各移动用户的自动跟踪和定位，有效地抑制了干扰信号，同时增强了对有用信号的接收。其赋形图如图 6.13(b)所示。自适应阵列系统不用预先形成固定波束，而是根据信号环境的改变实时地调整波束方向，这显然比波束切换系统的性能要好，但是实现上的复杂度也相对较高。而预多波束系统与阵元空间的完全自适应相比尽管有一定的性能损失，但由于其实现的简单而受到了一定的重视。

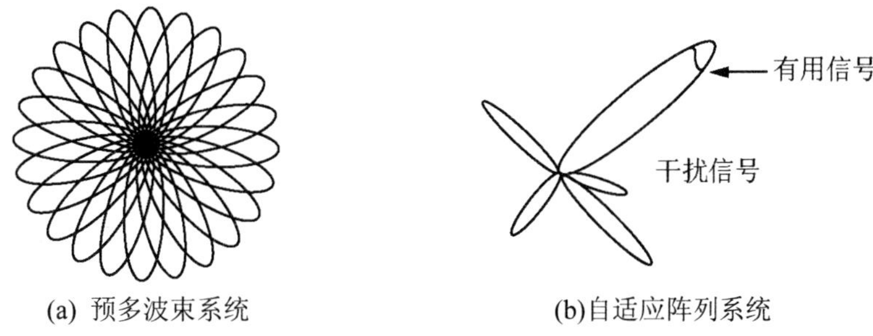

图 6.13 智能天线波束切换系统和自适应阵列天线方向示意图

由于其体积及计算复杂性的限制，目前仅适用于在基站系统中的应用。智能天线包括两个重要组成部分：一是对来自移动台发射的多径电波方向进行到达角(Angle Of Arrival，AOA)的估计，并进行空间滤波，抑制其他移动台的干扰；二是对基站发送信号进行波束成型，使基站发送信号能够沿着移动台电波的到达方向发送回移动台，也就是信号在有限的方向区域发送和接收。充分利用了信号的发射功率，从而降低发射功率，减少对其他移动台的干扰。

智能天线将在以下几个方面提高移动通信系统的性能：增大覆盖范围、提高系统容量、提高频谱利用率、降低基站发射功率和节省系统成本、减少信号间干扰与电磁环境污染等。

2. 软件无线电技术

软件无线电技术的基本思路是研制出一种基本的可编程硬件平台，只要在这个硬件平台上改变软件即可形成不同标准的通信设施(如基站和终端)。这样，无线通信新体制、新系统、新产品的研制开发将逐步由硬件为主转变为以软件为主。软件无线电的关键思想是尽可能在靠近天线的部位(中频，甚至射频)，进行宽带 A/D 和 D/A 变换，然后用高速数字信号处理器(DSP)进行软件处理，以实现尽可能多的无线通信功能。

应用在 3G 通信网络中的软件无线电技术又是由以下关键技术所组成的。

1) 基于软件无线电的宽带多频段、多波束天线与智能天线技术

软件无线电的天线要求有 10 倍频程以上的工作带宽，一般为 1MHz～3GHz。根据天线物理尺寸与信号波长的关系，这种宽频段天线按传统的方法是无法实现的。而实用中并没有必要全频段覆盖，只需要覆盖不同频段的几个窗口，因此可以采用组合宽带多频段天线和多波束天线。智能天线不仅在蜂窝移动通信系统中有着极其重要的作用，而且在军事上，特别是快速展开无线网络(RDRN)中发挥着越来越重要的作用。快速展开与移动意味着要在非常有限的时间来进行预先的频率、拓扑结构与一些特定功能的规划。

2) 宽带模/数(A/D)和数/模(D/A)转换技术

根据软件无线电技术要求，将适合的模天线，尽可能地移至射频(RF)前端，减少模拟环节，则可在较高的中频乃至对射频信号直接进行数字化。这就要求 A/D 器件具有适中的采样频率和很高的工作带宽。一方面，信号的动态范围直接决定了模数转换器(ADC)所必须支持的分辨率；另一方面，在采样率和分辨率之间存在着平衡。一般采样率越高，分辨率越低。在满足采样率的情况下，模数转换器要实现所要求的分辨率是一个技术难点。常用的解决方案有两种：并行采样和带通采样。

3) 高速数字处理技术(DSP)

在软件无线中，具备强大处理能力的数字处理核心是软件无线电技术的关键所在。理想的软件无线电系统要求对整个高频波段进行数字化，而且其后续的中频处理基带、比特流及其他功能都必须用软件来实现。但这些数据流量大，进行滤波、高频等处理运算次数多，这就要求 DSP 必须采用高效、实时、并行的数字处理器模块或采用集成电路来处理。在单个 DSP 处理器无法实现的情况下，可采用多个 DSP 技术，即 DSP 单元由多个 DSP 或 FPGA(现场可编程门阵列处理器)等混合体组成。其中 FPGA 具有强大的现场调整功能的能力，DSP 具有高速数据处理能力，两者优势互补。

4) 高速总线

软件无线电中采用总线结构，各功能部件之间的相互关系成为面向总线的单一关系。这样使无线通信产品易于实现模块化、标准化和通用化。

3. 高速下行分组接入(HSDPA)技术

目前已经得到广泛应用的是基本型 HSDPA，在基本型 HSDPA 中，为了达到提高下行分组数据速率和减少时延的目的，HSDPA 主要采用了一系列链路自适应技术如自适应的编码和调制、快速重传、快速调度等技术，替代了 R99 中的可变扩频码和快速功率控制，同时在 UTRAN 侧原有的物理信道上增加了 3 个信道以支持关键技术的实现，HSDPA 基本原理及相应信道如图 6.14 所示。HSDPA 的关键技术点包括以下内容。

1) 新增的三个物理信道

HSDPA 物理信道的使用与 DCH 和下行共享信道(DSCH) 的配合使用相似，它承载需要更高时延限制的业务。为了实现 HSDPA 功能特性，在 MAC 层新增了 MAC-hs 实体，位于 Node-B，负责 HARQ 操作以及相应的调度，在物理层引入以下 3 种新的信道：HS-DSCH(High Speed Downlink Shared Channel)，HS-SCCH(High Speed Shared Control Channel)，HS-DPCCH(Uplink High Speed Dedicated Physical Control Channel)，通过这 3 个

专用信道加快数据下载的速率。

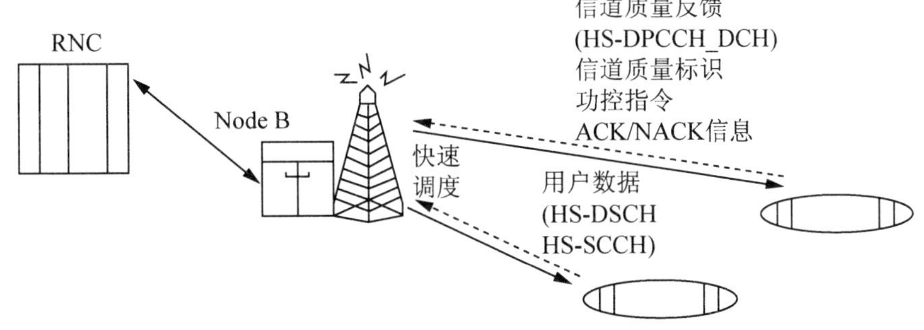

图 6.14　HSDPA 的基本原理及相应的信道

2) 自适应调制编码(AMC)

HSDPA 采用 AMC 作为基本的链路自适应技术对调制编码速率进行粗略的选择。AMC 的原理就是根据用户瞬时信道质量状况和当前资源，选择最合适的下行链路调制和编码方式，以实现最大限度地发送数据信息，实现高的传输速率。基于 AMC 技术，当用户处于有利的通信环境时(如终端靠近基站或者终端和基站之间存在良好的视距链路时)，可以采用高阶调制和高速率的信道编码方式，如采用 16 QAM 和 3/4 编码速率，从而得到较高的数据速率；当用户处于不利的信道环境时，可以选择低阶调制方式和低速率的信道编码方案，如采用 QPSK 和 1/4 编码速率，降低数据速率，以保证通信质量。

3) 混合自动请求重传(HARQ)

为了进一步提高系统性能，HSDPA 在采用 AMC 对调制编码方式进行粗略的选择之后，采用 HARQ 技术进行精确的调节。混合自动请求重传技术是前向纠错编码 FEC 和 ARQ 技术的结合，它结合了自动重发与前向纠错的容错恢复机制，使用合并前后含有相同数据单元的机制或重传信息块的增量冗余机制，带来更低的剩余误块率，从而减少高层协议 RLC 层的重发和降低下行分组包的发送时延与环回时延(Round Trip Delay)。HARQ 重传是在物理层上实现的，它可以自动根据瞬时信道条件，灵活调整有效编码速率，补偿因采用链路适配所带来的误码。HSDPA 将 AMC 和 HARQ 相结合，首先通过 AMC 对速率进行粗略的选择，然后再由 HARQ 进行精确的调节，从而更好地达到链路自适应的效果。HSDPA 支持两种合并机制：对基站重发相同的分组包进行前后合并或对基站重发含有不同编码(即冗余信息)的分组包进行增量冗余合并。

4) 快速调度

快速调度算法是在动态复杂的无线环境下使多用户更有效地使用无线资源，提高整个扇区的吞吐量。调度算法功能实现于基站，采用了时分加码分的技术，而且用户对于共享信道的使用权每一个 2ms 无线子帧都可以重新调度，反应速度大大提高。调度算法可以综合评估多方因素，在实施 HSDPA 分组调度时，调度算法会根据事先掌握的信息，如每个传输时间间隔(TTI)阶段可用的码资源和功率资源；UE 上报的无线信道质量(CQI)；以前发送数据是否被正确接收的反馈信息(ACK/NACK)；将要传送数据块的优先级等在多用户中实施快速调度和无线资源的最优使用，从而提高频谱的使用效率。

6.3.3 3G 特点及应用

3G 技术的主要优点是能极大地增加了系统容量，提高了通信质量和数据传输速率。此外，利用在不同网络间的无缝漫游技术，可将无线通信系统和 Internet 连接起来，从而可对移动终端用户提供更多更高级的服务。

从 3G 标准分析，3G 的网络特征主要体现在无线接口技术上。蜂窝移动通信系统的无线技术包括小区复用、多址/双工方式、应用频段、调制技术、射频信道参数、信道编码及技术、帧结构、物理信道结构和复用模式等诸多方面。纵观 3G 无线技术演变，一方面它并非完全抛弃了 2G，而是充分借鉴了 2G 网络运营经验，在技术上兼顾了 2G 的成熟应用技术；另一方面，根据 IMT-2000 确立的目标，未来 3G 系统所采用无线技术应具有高频谱利用率、高业务质量、适应多业务环境，并具有较好的网络灵活性和全覆盖能力。3G 在无线技术上的创新主要表现在以下几个方面。

(1) 采用高频段频谱资源。为实现全球漫游目标，按照 ITU 规划 IMT-2000 将统一采用 2G 频段，可用带宽高达 230MHz，分配给陆地网络 170MHz、卫星网络 60MHz。为 3G 容量发展，实现全球多业务环境提供了广阔的频谱空间，可以更好地满足宽带业务的需求。

(2) 采用宽带射频信道，支持高速率业务。3G 最大的优点即是高速的数据下载能力，3G 技术中，充分考虑承载多媒体业务的需求，相对 2.5G(GPRS/CDMA1X)100Kbit/s 左右的速度。3G 能够达到 300Kbit/s～1Mbit/s，比家庭用 ADSL 宽带速度还要快几倍。可以实现名副其实的移动宽带，它能够处理图像、音乐、视频流等多种媒体形式，提供包括网页浏览、电话会议、电子商务等多种信息服务。

(3) 快速功率控制。在 3G 的三大主流技术(WCDMA、TD-SCDMA、CDMA2000)中，下行信道均采用了快速闭环功率控制技术，用于改善下行传输信道性能，提高了系统抗多径衰落的能力，但是由于多径信道影响导致扩频码分多址用户间的正交性不理想，从而增加了系统自干扰的偏差。

(4) 采用自适应天线及软件无线电技术。3G 基站采用带有可编程电子相位关系的自适应天线阵列，可以自适应的调整功率，减少系统子干扰，提高系统接收灵敏度，增大系统容量，并对提高系统灵活性，降低成本起到重要作用。

3G 的标志性业务包括无线宽带上网、手机电视及视频通话等。无线上网卡可以达到 1Mbit/s 左右下载速度，手机电视可以即时播放电视节目，可拨打视频电话。

① 视频通话：传统的通话都是语音。3G 的到来带来了视频通话的新体验。接电话的时候不再是单调的声音，而是图文并茂，身临其境的享受。

② 无线宽带上网：传统 GPRS 上网速度较慢，即使是升级后的 EDGE 也不尽如人意。如今的 3G 带来了随身网络的极速体验。

③ 手机电视：手机上实时观看电视节目。

6.4　LTE 和 M2M 的发展和主要应用

6.4.1　LTE 技术的研究与应用

LTE(Long Term Evolution，长期演进)项目是 3G 的演进，LTE 并非人们普遍误解的 4G 技术，而是 3G 与 4G 技术之间的一个过渡，是 3.9G 的全球标准，它改进并增强了 3G 的空中接入技术，采用 OFDM 和 MIMO 作为其无线网络演进的唯一标准，这种以 OFDM/FDMA 为核心的技术可以被看作“准 4G”技术。

3GPP LTE 项目的主要性能目标包括以下几种。

(1) 在 20MHz 的频谱带宽下提供下行 326Mbit/s、上行 86Mbit/s 的峰值速率。

(2) 改善小区边缘用户的性能，提高小区容量。

(3) 降低系统延迟，用户平面内的单向传输时延低于 5ms，控制平面从睡眠状态到激活状态的迁移时间低于 50ms，从驻留状态到激活状态的迁移时间小于 100ms。

(4) 支持最大 100km 半径的小区覆盖。

(5) 能够为 350km/h、最高 500km/h 高速移动的用户提供大于 100Kbit/s 的接入服务。

(6) 支持成对或非成对频谱，并可灵活配置从 1.25MHz 到 20MHz 多种带宽。

如果说 2G、3G 通信对于人类信息化的发展是微不足道的话，那么未来的 4G 通信却带来了真正的沟通自由，并将彻底改变人们的生活方式甚至社会形态。4G 通信具有下面的特征。

1) 通信速度更快

由于人们研究 4G 通信的最初目的就是提高蜂窝电话和其他移动装置无线访问 Internet 的速率，因此 4G 通信给人印象最深刻的特征莫过于它具有更快的无线通信速度。从移动通信系统数据传输速率作比较，第一代模拟式仅提供语音服务；第二代数位式移动通信系统传输速率也只有 9.6Kbit/s，最高可达 32Kbit/s，如 PHS；而第三代移动通信系统数据传输速率可达到 2Mbit/s；到第四代移动通信系统可以达到 10～20Mbit/s，甚至最高可以达到每秒高达 100Mbit/s 速度传输无线信息，这种速度将相当于目前手机的传输速度的 1 万倍左右。

2) 网络频谱更宽

要想使 4G 通信达到 100Mbit/s 的传输，通信营运商必须在 3G 通信网络的基础上，进行大幅度的改造和研究，以便使 4G 网络在通信带宽上比 3G 网络的蜂窝系统的带宽高出许多。据研究 4G 通信的 AT&T 的执行官们说，估计每个 4G 信道将占有 100MHz 的频谱，相当于 W-CDMA 3G 网路的 20 倍。

3) 通信更加灵活

从严格意义上说，4G 手机的功能，已不能简单划归“电话机”的范畴，毕竟语音资料的传输只是 4G 移动电话的功能之一而已，因此未来 4G 手机更应该算得上是一只小型电脑了，而且 4G 手机从外观和式样上，将有更惊人的突破，可以想象的是，眼镜、手表、化妆盒、旅游鞋，以方便和个性为前提，任何一件你能看到的物品都有可能成为 4G 终端，只是目前还不知应该怎么称呼它。未来的 4G 通信不仅可以随时随地通信，更可以双向下载传递资料、图画、影像，当然更可以和从未谋面的陌生人网上联线对打游戏。也许你将有被网上定位系统永远锁定无处遁形的苦恼，但是与它据此提供的地图带来的便利和安全相比，这简直可以忽略不计。

4) 智能性能更高

第四代移动通信的智能性更高，不仅表现在 4G 通信的终端设备的设计和操作具有智能化，例如对菜单和滚动操作的依赖程度将大大降低，更重要的 4G 手机可以实现许多难以想象的功能。例如，4G 手机将能根据环境、时间及其他设定的因素来适时地提醒手机的主人此时该做什么事，或者不该做什么事，4G 手机可以将电影院票房资料，直接下载到 PDA 之上，这些资料能够把目前的售票情况、座位情况显示得清清楚楚，大家可以根据这些信息来进行在线购买自己满意的电影票；4G 手机可以被看作是一台手提电视，用来看体育比赛之类的各种现场直播。

5) 兼容性能更平滑

要使 4G 通信尽快地被人们接受，不但考虑的它的功能强大外，还应该考虑到现有通信的基础，以便让更多的现有通信用户在投资最少的情况下就能很轻易地过渡到 4G 通信。因此，从这个角度来看，未来的第四代移动通信系统应当具备全球漫游，接口开放，能跟多种网络互联，终端多样化及能从第二代平稳过渡等特点。

6) 提供各种增值服务

4G 通信并不是从 3G 通信的基础上经过简单的升级而演变过来的，它们的核心建设技术根本就是不同的，3G 移动通信系统主要是以 CDMA 为核心技术，而 4G 移动通信系统技术则以正交多任务分频技术(OFDM)最受瞩目，利用这种技术人们可以实现例如无线区域环路(WLL)、数字音讯广播(DAB)等方面的无线通信增值服务；不过考虑到与 3G 通信的过渡性，第四代移动通信系统不会在未来仅仅只采用 OFDM 一种技术，CDMA 技术将会在第四代移动通信系统中，与 OFDM 技术相互配合以便发挥出更大的作用，甚至未来的第四代移动通信系统也会有新的整合技术如 OFDM/CDMA 产生，前文所提到的数字音讯广播，其实它真正运用的技术是 OFDM/FDMA 的整合技术，同样是利用两种技术的结合。因此未来以 OFDM 为核心技术的第四代移动通信系统，也将会结合两项技术的优点，一部分将是以 CDMA 的延伸技术。

7) 实现更高质量的多媒体通信

尽管第三代移动通信系统也能实现各种多媒体通信，但未来的 4G 通信能满足第三代移动通信尚不能达到的在覆盖范围、通信质量、造价上支持的高速数据和高分辨率多媒体服务的需要，第四代移动通信系统提供的无线多媒体通信服务将包括语音、数据、影像等大量信息透过宽频的信道传送出去，为此未来的第四代移动通信系统也称为“多媒体移动通信”。第四代移动通信不仅仅是为了因应用户数的增加，更重要的是，必须要因应多媒体的传输需求，当然还包括通信品质的要求。总结来说，首先必须可以容纳市场庞大的用户数、改善现有通信品质不良及达到高速数据传输的要求。

8) 频率使用效率更高

相比第三代移动通信技术来说，第四代移动通信技术在开发研制过程中使用和引入许多功能强大的突破性技术，例如，一些光纤通信产品公司为了进一步提高无线因特网的主干带宽宽度，引入了交换层级技术，这种技术能同时涵盖不同类型的通信接口，也就是说第四代主要是运用路由技术(Routing)为主的网络架构。由于利用了几项不同的技术，所以无线频率的使用比第二代和第三代系统有效得多。按照最乐观的情况估计，这种有效性可以让更多的人使用与以前相同数量的无线频谱做更多的事情，而且做这些事情的时候速度相当快。研究人员说，下载速率有可能达到 5～10Mbit/s。

9) 通信费用更加便宜

由于 4G 通信不仅解决了与 3G 通信的兼容性问题，让更多的现有通信用户能轻易地升级到 4G 通信，而且 4G 通信引入了许多尖端的通信技术，这些技术保证了 4G 通信能提供一种灵活性非常高的系统操作方式，因此相对其他技术来说，4G 通信部署起来就容易迅速得多；同时在建设 4G 通信网络系统时，通信营运商们将考虑直接在 3G 通信网络的基础设施之上，采用逐步引入的方法，这样就能够有效地降低运行者和用户的费用。据研究人员宣称，4G 通信的无线即时连接等某些服务费用将比 3G 通信更加便宜。

6.4.2　LTE 的关键技术

1. 正交频分复用(OFDM)

正交频分复用(OFDM)应用始于 20 世纪 60 年代，主要用于军事通信中，因其结构复杂限制了进一步推广。70 年代人们提出了采用离散傅里叶变换实现多载波调制，由于 FFT 和 IFFT 易用 DSP 实现，所以使 OFDM 技术开始走向实用化。OFDM 在频域把信道分成许多正交子信道，各子信道间保持正交，频谱相互重叠，这样减少了子信道间干扰，提高了频谱利用率。同时在每个子信道上信号带宽小于信道带宽，虽然整个信道的频率选择性是非平坦的，但是每个子信道是平坦的，减少了符号间干扰。此外，OFDM 中添加循环前缀可增加其抗多径衰落的能力。由于 OFDM 把整个信道分成相互正交的子信道，因此抗窄带干扰能力很强，因为这些干扰仅仅影响到一部分子信道。如图 6.15 所示，OFDM 使用了正交子载波以后，相比传统的 FDM 技术可以大大提高整个通信系统的带宽利用率。正是由于 OFDM 的这些优点，LTE 采用 OFDM 技术作为其无线通信的关键技术。

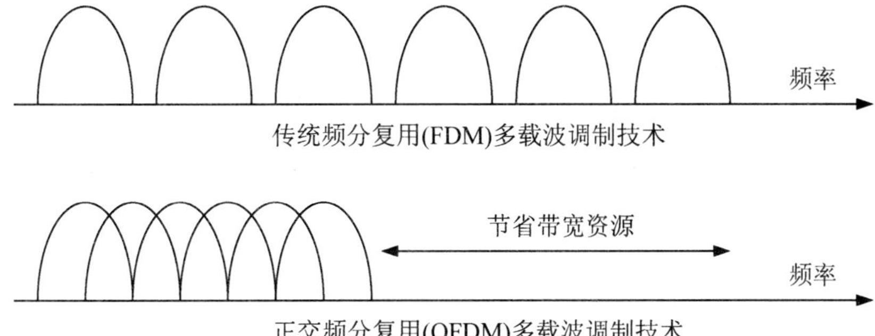

图 6.15　FDM 和 OFDM 带宽利用率的比较

2. 多输入多输出(MIMO)

MIMO 技术是指发送机和接收机同时采用多个天线，其系统模型如图 6.16 所示。其

目的是在发送天线与接收天线之间建立多路通道，在不增加带宽的情况下，成倍改善 UE 的通信质量或提高通信效率。MIMO 技术的实质是为系统提供空间复用增益和空间分集增益，空间复用技术可以提高信道容量，而空间分集则可以增强信道的可靠性，降低信道误码率 LTE 系统支持多种下行 MIMO 模式，R8 版本中共定义了 7 种传输模式，包含发送分集、开环和闭环空间复用、MU-MIMO、波束赋形等 MIMO 应用方式。R9 版本中增加了双流波束赋形模式，并且增加了导频设计支持多 UE 波束赋形。传输模式的选择不同，对容量和覆盖的改善作用不同，所适用的应用场景也不同，系统可根据无线信道和业务需求在各种模式间自适应切换。

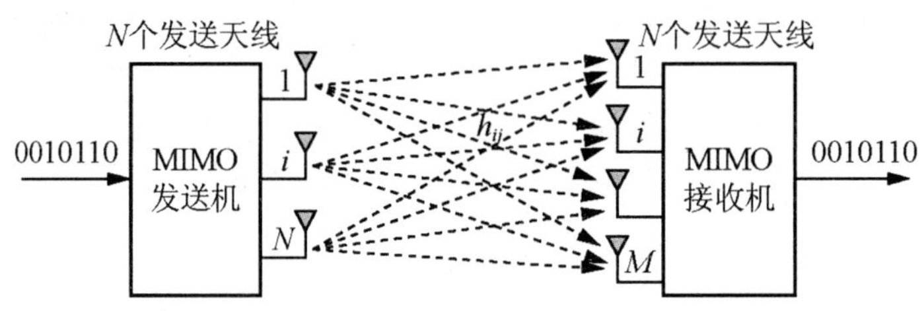

图 6.16　MIMO 系统模型

3. 更简洁的网络架构

3GPP LTE 接入网在能够有效支持新的物理层传输技术的同时，还需要满足低时延、低复杂度、低成本的要求。原有的网络结构显然已无法满足要求，需要进行调整与演进。2006 年 3 月的会议上，3GPP 确定了 E-UTRAN 的结构，接入网主要由演进型 eNodeB(eNB)和接入网关(aGW)构成，这种结构类似于典型的 IP 宽带网络结构，采用这种结构将对 3GPP 系统的体系架构产生深远的影响。eNodeB 是在 NodeB 原有功能基础上，增加了 RNC 的物理层、MAC 层、RRC、调度、接入控制、承载控制、移动性管理和 inter-cell RRM 等功能。

而 LTE 的核心网 SAE 相比 3G 的网络结构也大大进行了简化，LTE 的网络架构将全部基于分组域来构建，传统的 2/3G 网络中的 CS 电路交换域将在 LTE 时代逐步退出历史舞台，IMS 域将代替传统的 CS 域来为用户提供全 IP 的语音业务，IMS 也将作为 LTE 的一个利器来与 Internet 的 OTT 技术相抗衡。

6.4.3　M2M 技术及其在物联网中的应用

物联网是把所有物品通过射频识别等信息传感设备与互联网连接起来，实现智能识别和管理，是继计算机、互联网与移动通信之后的又一次信息产业浪潮。从智慧地球到感知中国，无论物联网的概念如何扩展和延伸，其最基本的物物之间感知和通信是不可替代的关键技术。

M2M(Machine-to-Machine)作为物联网 4 大支撑技术之一，用来表示机器对机器之间的连接与通信，是无线通信和信息技术的整合，用于双向通信，适用范围较广，可以结合 GSM/GPRS/UMTS 等远距离传输技术，同样也可以结合 Wi-Fi、BlueTooth、ZigBee、RFID 和 UWB 等近距离连接技术，应用在各种领域。

M2M 是解决机器开口说话的关键技术，其宗旨将是增强所有机器设备通信和网络能力。但目前绝大多数的机器和传感器不具备本地或远程的通信和联网能力。机器的互联、通信方式的选择、数据的整合成为 M2M 技术的关键。M2M 技术切入物联网需要解决的几个问题有以下几点。

1. 机器

使机器具备智能化，能感知，加工，具备通信能力，解决的方法有增加嵌入式 M2M 硬件，对已有机器改装使其具备通信、联网能力。

2. M2M 硬件

M2M 模块面积要足够小，可以方便地嵌入到各种物联网终端产品中，休眠模式下功耗与瞬间功耗不宜太大，适应高温、高湿、电磁干扰等恶劣的工作环境。符合各种国际认证标准，具有一定灵敏度，内置 TCP/IP 协议栈，并具有丰富的外部接口。

3. 通信网络

随着物联网技术的深入，数以亿计的非 IT 类设备加入到网络中来，各种各样的广域网，局域网在整个 M2M 技术框架中起着核心的作用。物联网将对宽带通信、组网结构、现有网络改造升级提出更高的要求。

4. 中间件

中间件负责获取来自通信网络的数据，将数据传送给信息处理系统。主要的功能是完成不同通信协议之间的转换。网关、数据集成等在通信网络和 IT 系统间起连接作用。

5. 应用层

数据收集/集成部件是为了将数据变成有价值的信息，对原始数据进行不同加工和处理，并将结果呈现给需要这些信息的观察者和决策者。这些中间件包括数据分析和商业智能部件、异常情况报告和工作流程部件、数据仓库和存储部件等。

M2M 目前的应用已经非常的广泛，主要的应用和解决方案有以下几种。

1. 未来小区环境监测系统

(1) 在小区不同地点安装无线传感器，每隔一段时间将温度、湿度、风速风向等环境数据自动采集，通过小区广播设备向业主实时公布，提供生活出行方便。

(2) 为小区不同位置的垃圾筒安装无线传感装置，通过与终端连接实时监测垃圾的堆放量，及时清运垃圾，给小区居民带来整洁环境。

2. 超市冷鲜柜温湿度监视系统

生鲜产品要保证食品的存放温度，传统的方法是派人定期做检查。M2M 技术提供了更低成本的选择，建立冷鲜柜的温湿度监视系统。

(1) 在冷鲜柜的固定几个位置安装无线传感器，将温湿度与监视器连接。

(2) 通过对食品的新鲜度控制，可以抑制食品质量的恶劣，提高食品的价值。

(3) 将数据采集到 GW 终端，在中心服务器上监测。

3. 交通流量监测系统

交通流量是智能交通中最基础的设施。但检测点和监控中心之间的数据传输却成了很大的问题。传统的方式一般采用有线传输的方式，包括架设电话线、租用专线等。这些方式都存在建设费用高、线路维护困难等问题。

GPRS 数据终端稳定可靠，可以代替传统的有线/专线方式，并且具有永远在线、按数据流量计费等特点。该系统通过分布于道路上的各种交通流量检测设备以一定的时间间隔通过 GPRS 数据终端将检测数据回传到指挥中心，经预处理后存储在数据库中以供统计、查询、分析和领导决策层制定交通管理规划政策之用。对交通流量状态的处理、分析结果可以通过对外信息发布系统向社会交通参与者实时公布。这样可以选择最佳出行方式、路线，从而缩短旅行时间，减少交通拥堵，均衡交通流量分布。

4. 供应链优化系统

制造和物流设施及流程网络构成现代供应链，包括原料采购、原料加工成半成品或成品、物流配送至顾客等。多年前，供应链可能非常简单易懂，但是随着为降低成本而衍生的外包业务蓬勃发展已发生由分散制造朝着现代供应链、多重供应商/客户间的复杂关系转变。M2M 能在不同的原料供应商、生产商和分销商间实现实时信息共享并确保了需求组件和加工好产品的持续供货。通过更好的供应策略、分类、生产运行、物流及其他商业流通过程间协调，成本得到控制且库存更加优化。

供货方可采用 M2M 组合系统来进行远程监控，系统使用传感器技术通过标准的无线调制解调器将客户仓库与供货公司网络连接。M2M 系统配置远程监控仓库，当库存过低或电源出错、温度失控等状况出现问题时，系统会发送信息报告。同时，补货时，物流人员需扫描下条形码表明其身份，连同每一种他们发送的货品种类和数量信息，所有信息都将发送到供货方的数据库和 SAP 供应链管理系统中。实时补货数据的发送更好地协调供应策略、计划及过程，降低成本优化库存。

5. 电力系统应用案例

基于 M2M 技术平台，可实现对配电网络在正常及事故情况下的监测、保护和控制；实现计量和供电部门的工作管理；实现对电表的统一监测和分布式管理、自动抄表；通过移动网络传输信息，电力部门可以对各工业用户的用电负荷进行实时监测和单独到户控制。

习　　题

1. 什么叫消息？什么叫信息？什么叫信息量？
2. 信息量是如何进行计算的？
3. 无线通信发展分为哪几个主要阶段？有哪些事件？
4. 移动通信有哪些分类方式？

5. 移动通信按照按多址方式可以分为哪几类？
6. 无线电波的传播有哪些特点？
7. 什么是硬切换？什么是软切换？
8. 移动通信系统有哪些主要的网元？主要有什么功能？
9. 3G 通信的关键技术有哪些？主要内容分别是什么？
10. 智能天线包括哪两种主要技术？
11. LTE 的关键技术有哪些？

第 7 章 定位及测距技术

传感器节点的位置信息常常是其他应用的先决条件。本章首先介绍了节点定位的基本概念、节点定位性能评价标准。随后介绍了无线传感器网络中的常见测距技术，并介绍了常见的几种定位方法。在本章的最后借助 MATLAB 数据仿真软件仿真并分析非测距的 DV-Hop 定位方法和基于 RSSI 测距的定位方法。

教学目标

了解节点定位的基本概念；
了解节点定位的评价机制；
了解常见的测距方法；
学会使用 MATLAB 仿真工具，并能实现几种相关定位算法。

7.1 传感器节点定位的重要性

随着无线传感器网络技术快速的发展，传感器网络的应用越来越多，在各种应用中，检测到事件后关系的一个重要问题就是该事件发生的位置。有文献统计约 80%的上下文感知信息与节点位置有关，在许多传感器网络应用中节点的位置信息起着关键性的作用。例如，在商业应用中，需要知道仓库中物品的存放位置；又如，在养老院中需要确切的获知老人的位置。在公共的安全和军事应用中定位系统可被用于跟踪监狱中的犯人和导航公安干警、消防战士以完成他们的任务。

除此之外，节点的位置信息还可以为其他技术的应用提供帮助。如在路由选择中，位置信息和传输距离相结合，从而避免信息网络中无目的地扩散，可以缩减数据的传送范围从而能够降低能耗，为路由算法的设计提供帮助；在网络拓扑控制中，利用节点传回来的位置信息构建网络拓扑，并实时的统计网络覆盖情况，对节点密度低的区域即使采取必要的措施；在网络安全中，位置信息为认证提供验证数据等。因此，在传感器网络中，传感器节点的精确定位对各种应用有着重要作用。

7.2　节点定位的概念

定位问题产生于 16—17 世纪的航海大发现，在当时，航行中的船舶需要通过灯塔等确切参照物的估计出其所处的位置。在“二战”期间，随着无线电波的发现，它很快被用于确定紧急情况下士兵的位置。在其后的越南战争中，美国国防部开发了全球定位系统(Global Positioning System，GPS)用于支持在作战区域的军事行动。1990 年，GPS 卫星定位被允许私人和商业使用，如导航、紧急援助等。今天，GPS 技术在民用市场上广泛使用的个人导航应用。尽管，GPS 的定位在众多领域得到广泛的成功，但它仅适用于室外无遮挡条件下，且受制于天空中的 GPS 卫星，在战争期间可能将无法使用 GPS，此外 GPS 接收器体积大、成本高、功耗高还需要固定的基础设施，因而它并不适合传感器网络“低价格、低成本、低功耗”这样的要求。在无线传感器网络监测区域内，节点的位置一般是借助部分已知位置的节点通过一定的估计算法计算出来。

在传感器网络节点定位技术中，通常还会涉及以下一些基本概念。

(1) 信标节点(Beacon Nodes)：信标节点为监测区域内位置已知的节点，通常在系统初始化阶段就已获知其所处位置，信标节点可以通过加装 GPS 设备或认为设定方式预先获得位置信息。也有文献称之为锚节点(Anchor Nodes)或参考节点(Reference Nodes)。

(2) 未知节点(Unknow Nodes)：监测区域内除信标节点以外的节点被称为未知节点。

(3) 邻居节点(Neighbor Nodes)：节点通信半径内的所有其他节点的集合。

(4) 跳数(Hop Count)：两个节点之间的跳断总数。

(5) 跳距(Hop Distance)：两个节点之间的各个跳段的距离之和。

(6) 基础设施(Infrastructure)：协助传感器节点定位的已知自身位置的固定设备，如基站、卫星等。在定位过程中，这些基础设施也可以当作信标节点使用。

(7) 不可定位节点比例(Non-Locatable node ratio)：不可估计位置节点占未知节点的比例。

(8) 视距关系(Line of Sight，LoS)：两个节点之间没有障碍物，它们之间可以直接通信。

(9) 非视距关系(Non-line of Sight，NLoS)：节点之间存在障碍物导致它们之间不能够直接通信。

7.3　节点定位与性能评价

1. 节点定位

所谓节点定位(Node Localization)，就是通过一定的技术和方法来获取网络中未知节点的绝对或者相对位置的过程。按照用途，可以将定位分为节点目标定位和自身定位。目标定位是利用已知位置的节点去确定监测区域内目标的位置的过程；而节点自身定位是未知节点自身位置确定的过程。节点自身定位是本文研究的主要对象。

一个节点定位系统一般由 3 个部分组成，即距离测量、位置估计和定位算法，如图 7.1 所示，图中 *B* 代表信标节点，*U* 代表未知节点。这 3 个部分相互影响、相互制约，且每一

个部分都能影响其余部分，并影响最终定位精度。定位系统的每一部分都可以被看作定位问题的一个局部，需要分开单独研究。定位系统的 3 个部分详细内容如图 7.1 所示。

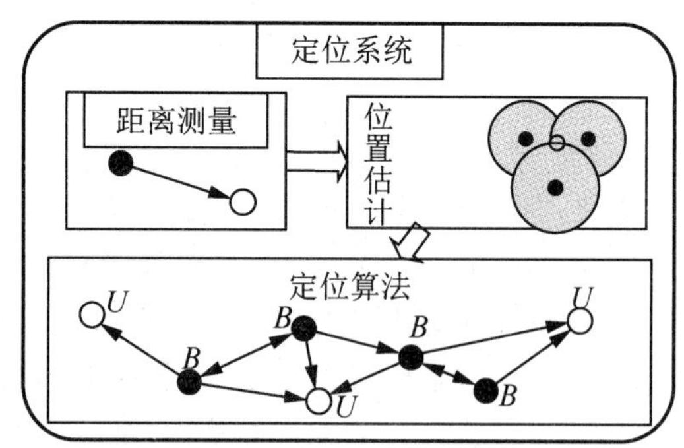

图 7.1　定位系统的组成

(1) 相邻节点之间通过某种物理测量获取相互之间的距离信息，或者通过多跳通信对相互之间的距离信息进行估计，这阶段所获取的结果将被另外两个部分所使用。通常，测量手段是接收信号强度指示、到达时间、到达时差、到达角中的一种或者多种。

(2) 未知节点利用获取的测量信息，以信标节点为参照，采用一定的算法，如三边法、“极大似然估计法”及三角法，来估计未知节点的位置。

(3) 这部分是定位系统中最为重要的部分，利用某种定位方法，即在获得前期的信息基础上使得监测区域内所有的未知节点获得位置信息。常见的定位方法有 Ad Hoc Positioning System(APS)、RADAR 等。

2. 性能评价

在无线传感器网络中，受传感器节点自身配置、能力、通信能力等限制，加之传感器网络一般规模较大，并且节点随机部署，因此，定位的性能直接影响其可用性和应用范围，定位算法的性能指标是评价其优劣性及可用性的重要参数，常用的性能指标如下。

(1) 定位精度：一般被定义为误差值与节点通信半径的比例。例如，定位精度为 10% 时表示定位误差相当于节点通信半径的 10%。也有分布的定位方法将定位区域划分为网格，其定位精度就是网格的大小，如 RADAR、基于压缩感知的定位方法等。为了评价整个网络的定位精度，通常选用平均定位误差(Average Localization Error，ALE)，其被定义为所有未知节点估计位置到真实位置的欧式距离的平均误差与通信半径的比值。

(2) 不可定位节点比例：定位算法运行结束后不能成功定位的未知节点总数占网络中所有未知节点总数的比例，反映了算法的定位覆盖率。

(3) 能耗：由于传感器节点电池能量有限，因此能耗问题一直是传感器网络算法设计和实现首要考虑的因素。与节点能耗密切相关的因素主要有：计算量、通信开销、存储开销、时间复杂性等。对于定位算法而言，减小定位过程中的能量消耗，需保证定位精度的为前提。

(4) 信标节点比例：信标节点的位置信息依赖于人工部署或 GPS 实现。人工部署信标节点的方式不仅受费用、部署环境的限制，还严重制约了网络应用的扩展性。而使用 GPS，

会使信标节点的费用比一般节点高两个数量级，这就意味着监测区域内仅有 10%信标节点，整个网络的价格也将增加 10 倍。定位精度常常受到信标节点比例的影响，数量过多的信标节点势必将增加网络成本。因此，参考节点比例也是评价定位系统和算法性能的重要指标之一。

(5) 自适应性：在部署区域内节点常会受到外界环境的干扰，因此，定位系统和算法的软、硬件必须具有很强的容错性和自适应性，能够通过自动调整或重构纠正错误、适应环境、减小各种误差的影响，不会因为个别节点的失效而导致其他节点出现无法定位或误差很大的情况。

此外，定位算法还要考虑节点自组织性、算法的鲁棒性、能量利用的高效性、算法是否是分布式计算、算法是否具有可扩展性等问题。

7.4　定位中常见的测量方法

传感器网络的定位精度一定程度上依赖于测量技术本身的精度，通常测量误差越小，定位算法获得的定位精度越高。传感器网络常用的测量方法有：接收信号强度指示 (Received Signal Strength Indicator，RSSI)、到达时间 (Time of Arrival，ToA)、到达时差 (Time Difference of Arrival，TDoA)、到达角 (Angle of Arrival，AoA)等。

(1) 接收信号强度指示：通过接收点接收到的信号强弱计算传播损耗，使用理论或经验的信号传播模型通过传播损耗估计、转化为距离。该技术实现比较容易，不需要复杂的硬件来支持，但受到噪声、多径效应、非视距等环境因素影响使得测量值存在比较大的误差，需通过算法进行修正。在实际应用基于 RSSI 测距定位方法中，衰减信号与距离的转化常利用两种方法：信号传播理论模型和指纹比对信息数据库。前者使用起来方便，无须前期的数据采集和模型建立过程，但精度受到一定的限制；而后者能够得到适合于具体使用环境的模型，精度相对较高，但工作量较大，造成适用性受到限制。著名的 RADAR 系统和 SpotOn 系统就是最早出现的建立在指纹比对信息数据库上基于 RSSI 的定位系统。

(2) 到达时间：也被称为飞行时间(Time of Flight，ToF)，是在已知信号的传播速度的基础上，根据信号传播时间来计算节点间的距离。ToA 技术测量精度较高，但要求发射节点和接收节点之间保持精确的时间同步，因此对节点的硬件结构和功耗提出了较高的要求。著名的 GPS 系统就是使用 ToA 技术进行测量。

(3) 到达时差：在已知两种不同传播速度的信号基础上，发射节点同时发射这两种无线信号，接收节点根据这两种信号到达时间差，进而计算出节点之间的距离。TDoA 的测量精度通常要高于 ToA 技术，但是两种信号的产生需要额外的硬件支持，节点的成本较 ToA 技术的还要高。著名的 Cricket 系统和 AHLos 定位算法等都是基于 TDoA 的定位算法。

(4) 到达角：接收节点利用阵列天线或者是多个超声波接收器感知信号到达的多个方向，通过计算接收点和发送点之间的相对方位或角度来估计节点之间的距离。AoA 技术容易受到外界环境和非视距关系的影响，且阵列天线或超声波接收器的实现和维护成本很高，不适合大规模的传感器网络。

7.5 计算节点位置的基本方法

在获取节点间测量数据值之后，未知节点以信标节点为参考，通过一定的方法获得未知节点的估计未知。在二维平面里，定位 1 个未知节点只需 3 个参考节点，而在三维空间里，最少需要 4 个参考节点才能定位 1 个未知节点。常用的位置计算方法有三边测量法、极大似然估计法和三角测量法。3 种位置计算方法如图 7.2 所示。

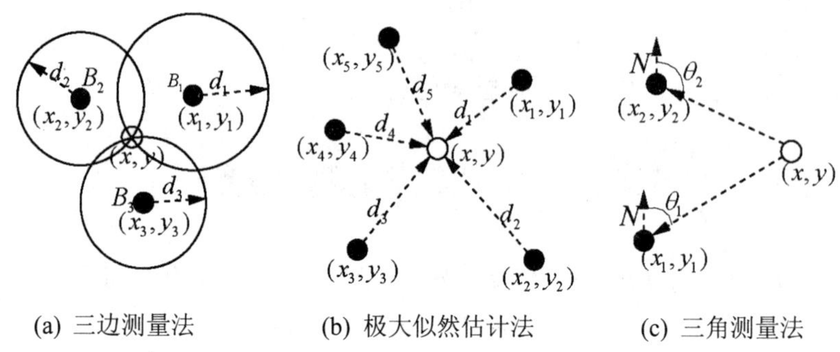

图 7.2 3 种位置计算方法

1. 三边测量法

对于二维空间定位，至少需要 3 个信标节点，方能估计出未知节点的位置。三边测量定位法的基本原理就是求 3 个已知半径和坐标圆心的圆的交点。而三维定位原理和二维定位完全相同，只是因为增加了一个自由度而需要增加一个约束条件而已。

在三维定位中，若已知某点，又能观测到待定点至该点的距离，则此待定的轨迹是一个球面，要唯一确定待定点的位置，所以至少需测定出至少 4 个已知点的距离后，以这 4 个已知点为球心，以观测到的 4 个距离为半径做出 4 个定位球来，三球面可交汇出一根空间曲线，四球面则可交汇于一点。由于节点间测距存在误差，实际应用中的 3 个圆(4 个球)往往无法交于一点，常常使用最小二乘法来估算未知节点的坐标。

2. 极大似然估计法

极大似然估计法也被称为多边测量法，当测量数据符合高斯分布时极大似然法近似等于最小二乘法。与三边测量算法相比较，由于多边形定位算法中存在冗余项，使得算法具有较强的容错性，因此，多边定位算法可归结为求解超定方程组的过程。

3. 三角测量法

三角测量法的原理是利用 3 个或者 3 个以上的信标节点在不同位置向未知节点发送定位信息，未知节点探测并记录每个信标节点的方位，然后运用几何原理确定自身的位置。

7.6　定位算法的分类

近些年来，国内外研究人员针对不同的硬件设施和应用环境提出了许多传感器网络节点的定位算法，每种定位算法都有各自的特点，但迄今为止还没有一个通用的分类标准。不同算法采用的定位机制不尽相同，这些机制不仅影响传感器采集数据的精度和功耗，而且会进一步影响定位精度；同时不同算法具有不同的计算复杂度和开销，好的算法能够显著地提高定位精度，但也会增大计算量，进而影响响应速度，根据现有资料，从测量技术、定位形式、定位效果、实现成本等方面考虑，定位算法大致可以分为以下几类。

1. 基于测距的定位算法和非测距的定位算法

根据是否需要测量实际节点间的距离，可以将定位算法分成基于测距的(Range-Based)定位算法和非测距(Range-Free)的定位算法。前者需要测量相邻节点间的距离或方位，并利用实际测得距离来计算未知节点的位置；后者不需要测量距离或角度信息，而是利用网络的连接性、多跳路由信息等信息，来估计节点的位置。

2. 基于信标节点定位和信标节点无关的定位算法

根据定位过程中是否使用信标节点，可以将算法分为基于信标节点(Beacon-Based)的定位算法和信标节点无关(Beacon-Free)的定位算法。前者以信标节点作为定位中的参考点，各个节点定位后产生整体的绝对坐标系统；后者定位过程中无须信标节点参与，仅需要知道节点之间的相对位置，然后各个节点先以自身作为参考节点，将邻居节点纳入自己的坐标系统，相邻的坐标系统依次合并转换，最后得到整体的相对坐标系统。

3. 递增式定位算法和并发式定位算法

根据节点定位的先后顺序可以将定位算法分成递增式(Incremental)定位算法和并发式(Concurrent)定位算法。前者从信标节点开始，信标节点附近的节点首先开始定位，依次向外延伸，各节点逐次进行定位；后者所有节点同时进行位置计算。当网络中节点较多、信标节点少、覆盖范围较广时采用递增式定位法较为合理，且递增式定位方法适用于分布式网络，具有较强的可扩展性强，但在物理测量存在较大的误差时，累积误差十分严重，因而，使用递增式算法需要采取一定方法加以抑制累积误差。大多数的定位算法都是并发式的，并发式定位法要求节点通信范围较大，需要能量较高，因此不适合大型传感器网络。

除了上面介绍的 3 种分类方法以外，定位算法的分类方法还有很多。如根据定位过程中是否需要把信息传送到某个中心点进行计算，可以将定位算法分成集中式定位算法和分布式定位算法；如根据定位算法所需信息的粒度可以将定位算法分成细粒度(Fine-Grained)定位算法和粗粒度(Coarse-Grained)定位算法等。研究人员还将定位算法分成非学习模型(Learning-Free Model)的定位算法和基于学习模型(Learning-Based Model)的定位算法。基于学习算法是利用邻近节点间的相似性将定位问题转变为分类、降维、流行学习问题。学习算法利用网络中所有节点的分布特性与测量信息之间的关系来挖掘节点之间的位置关系，进而估计未知节点的坐标。基于学习的定位算法通常包括两个步骤。

(1) 利用节点之间的相似度或不相似度训练一个预测模型。

(2) 利用预测模型来估计节点的相对坐标或绝对坐标。

学习算法因其能从给定数据中发现数据规律，已成为诸多领域数据分析和建模的有效工具。相对于其他定位算法，利用学习算法的定位方法具有对测量噪声不敏感、对测量手段要求不高、定位精度高等特性，故成为定位算法研究热点。

7.7　定位算法的仿真及分析

到目前为止，国内外科研院校的众多研究人员已经开发出很多成熟、可行的无线传感器网络定位算法，很多定位方法已经走出实验室，并被广泛地应用于工农业的定位系统中。然而对于广大的初学者而言，学习、分析一个定位算法性能优劣，特别是评价一个包含大量节点的大规模无线传感器网络，一是缺乏资金用于购买相关节点设备，二是大量节点间的管理与实现难以一时实现。目前对于初学者或研究人员而言，最广泛使用的方法是利用计算机仿真程序，通过设定虚拟环境模拟定位算法的过程与性能比较。目前市面上有许多优秀的仿真工具，如 NS2、OMNNet++、MATLAB 等。其中，MATLAB 是一种用于数值计算、可视化及编程的高级语言和交互式环境，它可以分析数据，开发算法，创建模型和应用程序。与以往的网络不同，无线传感器网络是一种基于数据的网络，因此 MATLAB 特别适合与无线传感器网络的仿真实验。

目前被广泛应用的定位算法主要有基于测距的定位算法和基于非测距的定位算法。本节抛砖引玉，介绍两种最为常见的定位算法：基于非测距的 DV-Hop 和测距的 RSSI 定位算法。

7.7.1　定位算法仿真环境的设置

在进行仿真实验前，首先需要模拟一个无线传感器网络的网络环境，对于 MATLAB 而言，需要进行如下几项的设定。

(1) 针对部署的环境需设定节点部署在二维空间还是三维空间。若在二维空间为了确定未知节点的未知最少需要设定 3 个以上的信标节点，三维空间则最少设定 4 个以上的信标节点。

(2) 传感器节点所携带的能量是有限的，且节点的通信一般采用电波传播模型，因此，节点通信的半径一般是有限的，在试验中一般设定所有节点具有相同的通信半径 R，即传感器节点的辐射范围是以自身为原点，以 R 为半径的圆。

(3) 信标节点是位置确定的节点，它可以通过加装 GPS 或人为设定的方法事先获取位置信息。

7.7.2　DV-Hop 算法介绍

DV-Hop 定位算法是美国路特葛斯大学(Rutgers University)的 Dragos Niculescu 等人提出的一系列分布式定位方法之一，它是一种与距离无关的定位算法，它巧妙地利用距离矢

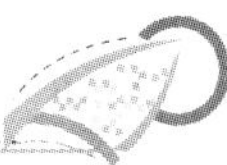

量路由和 GPS 定位的思想，算法具有较好的分布性和可扩展性。其定位原理是：未知节点首先计算与信标节点最小跳数，然后估计平均每条的距离，利用最小跳数与平均每跳距离相乘，得到未知节点与信标节点之间的估计距离，最后使用三边测量法或极大似然估计法计算未知节点的坐标。DV-Hop 方法具有较好的分布性和可扩展性，定位过程由如下 3 个阶段组成。

第一阶段：DV-Hop 定位算法利用典型的距离矢量交换协议，使部署区域内所有节点获取其到信标节点的跳数。

第二阶段：信标节点计算网络平均每跳距离，在获得其他信标节点位置和相隔跳距之后，信标节点计算网络平均每跳距离，然后将其作为一个校正值广播至网络中。平均跳距可由式(7-1)表达：

$$\text{HopSize}_i = \frac{\sum_{i \neq j} \sqrt{(x_i - x_j)^2 + (y_i - y_j)^2}}{\sum_{i \neq j} h_i} \tag{7-1}$$

式中，(x_i, y_i) 和 (x_j, y_j) 分别是信标节点 i 和 j 的坐标；h_i 信标节点 i 和其他所有信标节点的跳数。当未知节点获得与 3 个或更多信标节点间的距离时，则可以进入第三阶段，即计算节点位置。

第三阶段：即估计未知节点的位置。常采用三边测量法或极大似然估计法进行位置估计。

类似于二维场景的 DV-Hop 算法，三维场景下的 DV-Hop 算法也由 3 个阶段组成，仅信标节点需 4 个以上。

7.7.3　DV-Hop 定位算法的 MATLAB 仿真算法实现及过程

1. 节点的部署

假设有 100 个节点随机部署于某个监测区域，区域的边长为 L，节点间无障碍。

在 MATLAB 中，产生均匀随机部署的代码如下。

```
% 利用 unifrnd 产生真实的节点坐标
%L 代表部署场景的边长
true=unifrnd(0,L,n,d);,d 表示部署环境的维数,二维环境,d 为 2,若是三维环境,d 为 3
%假设一向量,用于存储未计算前,信标节点坐标和未知节点坐标
%beacons_n 表示信标节点数,
estimated=[true(1:beacons_n,:);zeros(n-beacons_n,d)];n-beacons_n 表示未知
节点数
%画出二维节点的分布
%画信标节点
plot(true(1:beacons_n,1),true(1:beacons_n,2),'r*');
% 画未知节点
plot(true(beacons_n+1:n,1),true(beacons_n+1:n,2),'bo');
%设定坐标范围
axis([0,L,0,L]);
disp('红色*表示锚节点,蓝色 o 表示未知节点');
```

三维场景，节点部署，需要设置4个以上的信标节点。此外，为了能显示出三维效果，需要使用MATLAB的plot3函数。

```
%三维场景,节点部署
plot3(true(1:beacons_n,1),true(1:beacons_n,2),true(1:beacons_n,3),'r*'…
%信标点
true(beacons_n+1:n,1),true(beacons_n+1:n,2),true(beacons_n+1:n,3),'bo');
%未知节点
xlabel('X轴'),ylabel('Y轴'),zlabel('Z轴');
disp('红色*表示锚节点,蓝色o表示未知节点');
view(-120,32);
```

2. 利用最短路径算法计算节点间跳数

```
for k=1:n
  for i=1:n
    for j=1:n
      if
shortest_path(i,k)+shortest_path(k,j)<shortest_path(i,j)%min(h(i,j),h(i,k)+
h(k,j))
        shortest_path(i,j)=shortest_path(i,k)+shortest_path(k,j);
      end
    end
  end
end
```

3. 求每个信标节点的校正值

```
%信标节点间最短路径
beacon_to_beacon=shortest_path(1:beacons_n,1:beacons_n);
for i=1:beacons_n
    hopsize(i)=sum(sqrt(sum(transpose((repmat(true(i,:),beacons_n,1)-…
true(1:beacons_n,:)).^2))))/sum(beacon_to_beacon(i,:));
end
```

4. 计算每个未知节点估计位置

```
for i=beacons_n+1:n
obtained_hopsize=hopsize(find(shortest_path(i,1:beacons_n)==min(shortes
t_path(i,1:beacons_n))));
%未知节点从最近的信标获得校正值,可能到几个锚节点的跳数相同的情况
unknown_to_beacons=transpose(obtained_hopsize(1)*shortest_path(i,1:beac-
ons_n));%计算到锚节点的距离=跳数*校正值
%最小二乘法
A=2*(all_nodes.estimated(1:beacons_n-1,:)-repmat(estimated(all_nodes.an-
chors_n,:),beacons_n-1,1));
    beacons_square=transpose(sum(transpose(estimated(1:beacons_n,:).^2)));
    dist_square=unknown_to_beacons.^2;
  b=beacons_square(1:beacons_n,-1)-beacons_square(beacons_n)-dist_
```

```
square(1:beacons_n-1)+dist_square(beacons_n);
        estimated(i,:)=transpose(A\b);
    end
```

5. 仿真结果

设定相关参数(如通信半径，信标节点数，节点数)后，运行程序可以得到图 7.3 所示的仿真效果。

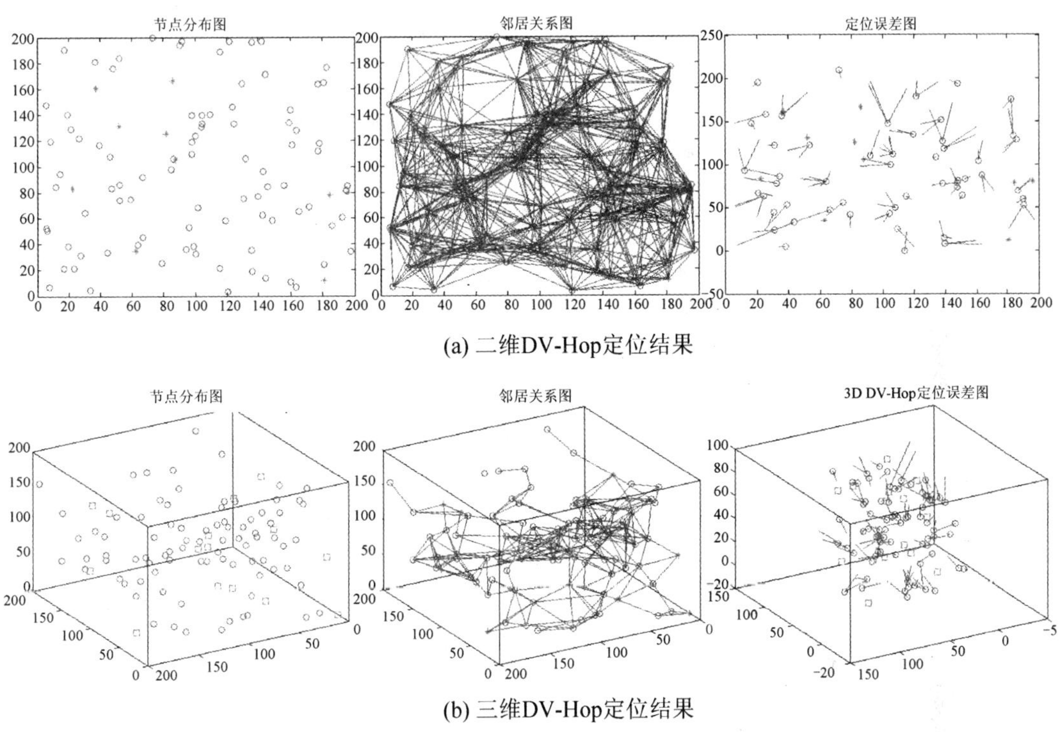

图 7.3　DV-Hop 算法的仿真效果

7.7.4　DV-Hop 算法适用场景及相应解决方案

DV-Hop 算法的定位精度主要依靠估计的平均每跳距离的精确度，这与节点之间的实际距离相比较存在一定的误差，并且网络的拓扑结构也对定位的精度产生一定的影响，因此 DV-Hop 算法一般只适用于各向同性的密集网络。造成 DV-Hop 定位精度低的主要原因是跳距模糊问题，即在节点间具有同样的跳数不一定有同样距离；而具有同样距离不一定有同样跳数。DV-Hop 算法的定位精度主要依靠估计的平均每跳距离的精确度，这与节点之间的实际距离相比较存在一定的误差，并且网络的拓扑结构也对定位的精度产生一定的影响，因此 DV-Hop 算法一般只适用于各向同性的密集网络。造成 DV-Hop 定位精度低的主要原因是跳距模糊问题，即在节点间具有同样的跳数不一定有同样距离；而具有同样距离不一定有同样跳数。图 7.4 显示了各向同性和各向异性的网络拓扑。

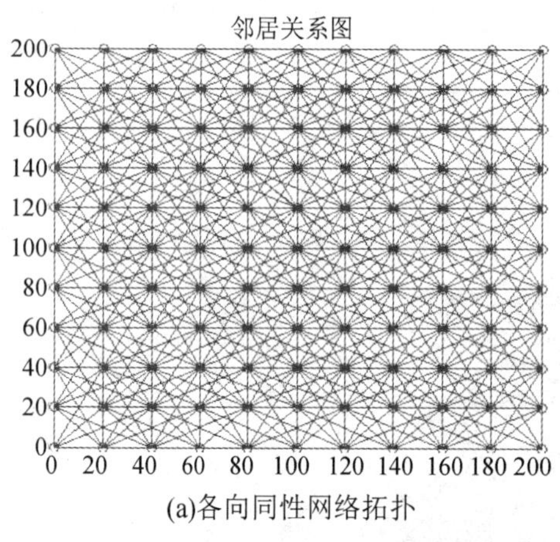

(a)各向同性网络拓扑

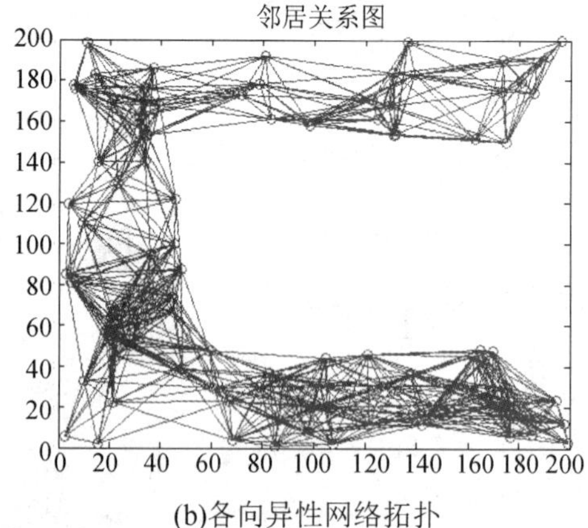

(b)各向异性网络拓扑

图 7.4 各向同性和各向异性的网络拓扑

为了降低由于网络拓扑各向异性造成定位性能下降，Doherty 等人将节点间的点到点通信的链接当成是节点位置的几何的限制条件，并将这种链接关系表述成一套凸集约束条件，通过采用半定规划与线性规划方法获得到全局优解，进而获得节点的位置。凸规划是一种集中式定位算法，计算费用较高，为了高效工作，信标点必须部署在网络边缘，否则节点的位置估算会向网络中心偏移。由于这些问题凸优化定位方法不能被作为一种实际可行的位置估计策略。

近年来，通过机器学习方法挖掘采集数据背后所隐藏的知识，进而获取定位模型成为传感网定位研究的发展趋势。对于 range-free 定位方法来说，机器学习方法可以利用其连通性来计算节点间的相似关系，即利用节点之间的相似度或不相似度训练出一个预测模型；而后通过预测模型来估计节点的相对坐标或绝对坐标，由于预测模型尽可能地保留了网络的拓扑信息进而减少了网络拓扑各向异性的影响。此外，基于机器学习的定位算法能够容忍一定的测量噪声，部分算法甚至对测量噪声不是很敏感，因此对采用何种测量技术来计算节点之间的相似度或不相似度没有很高的要求。

MDS-MAP(P)方法是一种典型的基于学习的定位方法，其在原先集中式多维定标(multidimensional scaling)技术基础上研发出相应的分布式定位策略 MDS-MAP(P)，该方法过局部子图的连通度信息，在其范围内利用 MDS-MAP(P)方法计算出相对坐标子图，最后再将子图融合成全局图。由于没有在全网直接应用 MDS-MAP(P)，MDS-MAP(P)定位方法在网络拓扑各向异性的情况下的定位性能有较大的改善。这种分而治之的方法在某种程度上提高的定位精度，但 MDS-MAP(P)方法计算复杂度高、通信量大，而且其受到局部区域尺寸选择的影响。此外，在子图融合全局图的过程中方法还受到累计误差的影响。HCQ (Hop-Count Quantization)算法将节点的一跳内的邻居节点按照实际跳数分为 3 个不相交的子集，通过一定的计算方法将节点间的跳数精确为一个非整型的数值，然后采用多维尺度的计算方法，结合精确的跳数值对未知节点定位。为了避免局部区域大小选择的问题和降低网络部署条件的依赖性 Hyuk 等人提出 PDM(Proximity Distance Map)方法。PDM 方法将收集到实际距离与跳距关联并构建成一个最优线性转换矩阵 T，通过矩阵 T 将节点间的跳

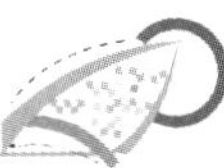

距转化为估计距离，从而补偿了由于节点分布不均造成测量误差。此外，在转换过程中采用 TSVD(Truncated Singular Value Decomposition)截断舍位的方法减少噪声及共线问题的影响。然而跳距与距离之间存在的这种模糊问题不是一种线性关系而是一种非线性关系。对于非线性问题，线性方法无法正确表示数据中的非线性结构，研究人员发现利用核函数来构建模型是一种切实有效的解决手段。如图 7.5 所示，通过某一核函数将原始数据映射到适当的高维特征空间中，使得在原始空间中难以解决的非线性问题转化为特征空间的线性问题。

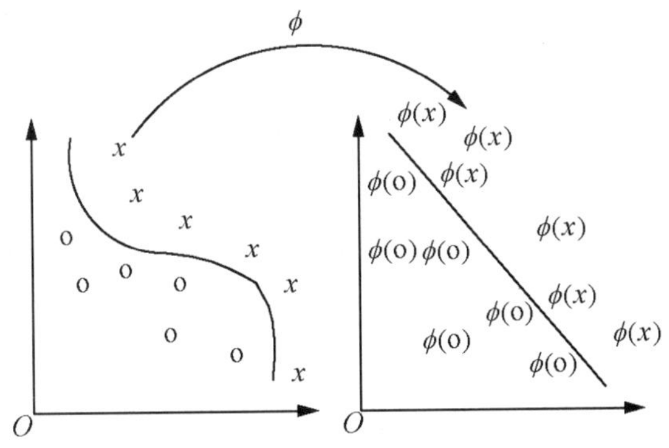

图 7.5 原数据映射至特征空间示意图

支持向量是 Vapnik 在统计学习理论基础上发展起来的学习算法，它通过结构风险最小化原则来最小化实际风险，具有泛化能力强，能处理高维小样本数据等突出优点。最近，Jaehun 等人借鉴 SVM 的优势，采用基于 Kernel 的 SVM 回归的方法很好地解决跳距模糊问题，算法很好地解决了跳距与实际距离的非线性关系，进一步促进了定位精度。

7.7.5 测距的 RSSI 定位算法

RSSI 测距定位工作原理是依据信号在传播中的衰减与距离呈一定的比例关系，通过采集到的 RSSI 值估计出相应的距离，而后采用三边定位法或者极大似然估计法进行定位。RSSI 测量数据可以在每个数据交流中获取，并不占有额外的带宽和能量。且使用 RSSI 测量位置信息的硬件花费相对简单和便宜。正是因为如此，使用 RSSI 测量数据进行定位，在定位研究中为热点研究方向。然而，RSSI 测量易受环境的影响，且节点间的传播路径非常复杂使得获取的 RSSI 信号数据常受到诸如反射、折射、多径转播、天线增益、障碍物遮挡等诸多环境因素的影响，若不对这些误差采取有效地抑制和处理，有时能产生±50%的测距误差。因此，如何消除 RSSI 对噪声敏感性，是无线传感器网络定位方案设计和实现的基础与难点，且对节点覆盖范围、邻居节点度等重要网络参数有着直接影响。

基于接收信号强度指示(RSSI)定位方法，其测距方式是通过信号衰落与距离之间的关系来实现测距的。RSSI 数值是一种指示当前介质中电磁波能量大小的数值，单位为 dBm。接收节点可以根据接收到的信号强度，计算信号在传播中的损耗，使用理论或经验的信号传播模型将损耗转化为距离。由于无线传感器节点本身就具有无线通信能力，所以这种方法是一种低功率、廉价的测距技术。常用的 RSSI 传播模型有：自由空间传播(Free Space Propagation Model)、地面反射(双线)[Ground Reflection(Two-Ray)Model]、对数距离路径损耗(Log-Distance Path Loss Model)及对数正态阴影(Log-Normal Shadowing Model)。

在实际应用中情况复杂得多，尤其在分布密集的无线传感器网络中。反射、多径传播、非视距、天线增益等问题都会对相同距离产生显著不同的传播损耗。因此，对数距离路径损耗模型和对数正态阴影模型则是两种符合传感器网络使用的路径损耗估计模型，它们都描述了路径损耗对数的特征。前者是一个确定性的模型并描述了信号强度的平均特征，而后者描述了在传播路径上具有相同距离时，不同的随机阴影效果。对数正态阴影模型常被用在无线通信系统设计和分析过程，从而对任意位置的接收功率进行计算仿真。本节使用对数正态阴影模型，作为仿真模型以验证算法的可靠性。其计算公式如下：

$$\begin{cases} P_{ij} \sim N(\bar{P}_{ij}, \sigma_{dB}^2) \\ \bar{P}_{ij} = P_0 - 10n_p \lg(d_{ij}/d_0) \end{cases} \tag{7-2}$$

式中：P_{ij} 为节点 i 接收到节点 j 发送的信号功率(dBm)；P_0 是参考距离 d_0 点对应的接收信号功率；d_0 为参考距离；n_p 为无线传输衰减系数，与环境相关；$\bar{P}_{ij}$ 是参考距离 d_0 点对应的接收信号功率(dBm)；σ_{dB}^2 为阴影方差。

目前很多通信控制芯片 (如 TI 的 CC2431)通常会提供测量 RSSI 的方法，在传感器网络定位过程中信标节点可以在广播自身坐标的同时即可完成 RSSI 的测量。

由式(7-2)可得基于极大似然估计的测距估计 d_{ij} 。

$$\hat{d}_{ij} = \begin{cases} d_0 \times [10^{(P_0 - P_{ij})/10n_p}], & \hat{d}_{ij} \leqslant d_R \\ \infty, & \hat{d}_{ij} \geqslant d_R \end{cases} \tag{7-3}$$

7.7.6 基于 RSSI 测距定位算法的 MATLAB 仿真算法实现及过程

1. RSSI 测距信号的生成，以及距离的转换

对数正态阴影模型——信号强度到距离的转换 MATLAB 代码如下。

```
%Pij 为发射信号功率;P0 是参考距离点对应的接收信号功率;
%np 为与环境相关的无线传输衰减系数;dist 为节点间距离;
%delta 为阴影方差;
RSSI_NOFADING=Pij-P0-10*np*log10(dist/d0);
RSSI=RSSI_NOFADING+normrnd(0,delta,size(RSS_NOFADING));
```

对数正态阴影模型——距离到信号强度的转换：

```
%d0 为参考距离
dist=d0*10.^((Pij-P0-RSSI)./(10*np));
```

2. 设定节点的通信半径，在通信半径内找到未知节点周围可用信标节点，以及相应的 RSSI 值矩阵

```
%根据通信半径设定 RSSI 阈值
%r 为通信半径
RSSI_threshold=Pij-P0-10*np*log10(r/d0)
%n 为节点数量
```

```
    %
    for i=1:n

dist=sqrt(sum(transpose((repmat(true(i,:),n-1,1)-true([1:i-1,i+1:n],:)).^2)
));
      %通过距离计算出相应的 RSSI 值
      RSSI_NOFADING=Pij-P0-10*np*log10(dist/d0)
      RSSI=RSSI_NOFADING+normrnd(0,delta,size(RSS_NOFADING));
      if i<=beacons_n
        RSSI(1:beacons_n-1)=RSS(1:beacons_n-1);
      else
        RSSI(1:beacons_n)=RSSI(1:beacons_n);
      end
      neighbor_i=RSSI>RSS_threshold;
      %邻居矩阵
      neighbor_matrix(i,:)=[neighbor_i(1:i-1),0,neighbor_i(i:all_nodes.
nodes_n-1)];
      %邻居矩阵相应的 RSSI 值矩阵
      neighbor_rssi(i,:)=[RSSI(1:i-1),0,RSSI(i:all_nodes.nodes_n-1)];
    end
```

3. 通过寻找未知节点周围的信标节点(3 个以上)，利用三边法对未知节点位置进行估计

```
    %设定未知节点标记
    unknown_index=all_nodes.anchors_n+1:all_nodes.nodes_n;
    for i=unknown_index
    %相邻信标节点标记
    neighboring_beacon_index=intersect(find(neighbor_matrix(i,:)==1),find(e-
stimated==0));
    %只利用邻居信标节点进行定位
      neighboring_beacon_n=length(neighboring_beacon_index);
      if neighboring_beacon_n>=3%三个以上方可以定位
        try
      dist=d0*10.^((Pij-P0-(neighbor_rss(neighboring_anchor_index,i),1))./
(10*np));
        catch
      dist=d0*10.^((Pij-P0-neighbor_rss(neighboring_anchor_index,i))./
(10*np));
        end
    neighboring_beacon_location=all_nodes.estimated(neighboring_beacon_inde-
x,:);
        %三边测量法
    A=2*(neighboring_beacon_location(1:neighboring_anchor_n-1,:)-repmat(neig-
hboring_beacon_location(neighboring_beacon_n,:),neighboring_beacon_n-1,1));
    neighboring_beacon_location_square=transpose(sum(transpose(neighboring_
beacon_location.^2)));
        dist_square=dist.^2;
    b=neighboring_beacon_location_square(1:neighboring_beacon_n-1)-neighbor-
```

```
ing_beacon_location_square(neighboring_beacon_n)-dist_square(1:neighboring_
beacon_n-1)+dist_square(neighboring_beacon_n);
        all_nodes.estimated(i,:)=transpose(A\b);
      end
    end
```

4. 仿真结果

设定相关参数(如通信半径、信标节点数、节点数)后，运行程序可以得到图 7.6 所示的仿真效果。

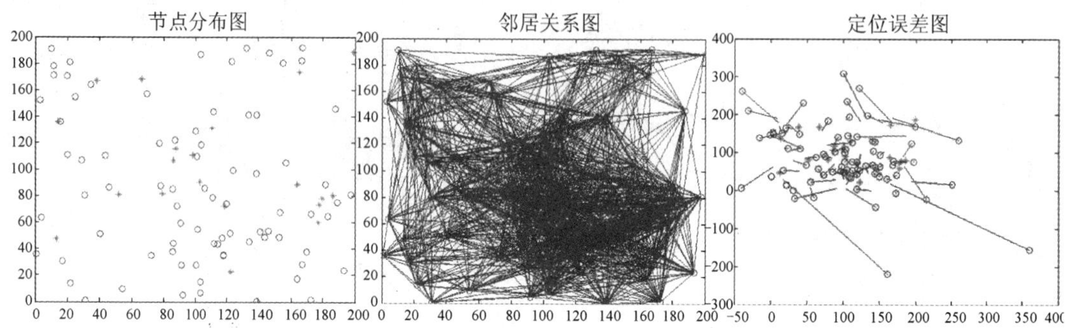

图 7.6　RSSI 测距定位算法的仿真效果

习　　题

一、填空题

1. 信标节点是通过加装__________、__________预先获得位置信息的节点。
2. 一个节点定位系统一般由 3 个部分组成：__________、__________和__________。
3. 常用的 RSSI 传播模型有__________、__________、__________、__________和__________。
4. 传感器网络常用的测量方法有__________、__________、__________和__________。
5. 常用的位置计算方法有__________、__________和__________。
6. 基于学习的定位算法通常包括两个步骤__________和__________。
7. 根据节点定位的先后顺序可以将定位算法分成__________和__________。

二、选择题(一个或多个正确答案)

1. 在二维空间中要确定一个未知节点的位置，至少需要几个信标节点？(　　)
   A. 4 个　　B. 1 个足以　　C. 3 个　　D. 多多益善
2. 经典的 RADAR 定位系统采用的是(　　)测距方法。
   A. RSSI　　B. TOA　　C. TDOA　　D. AOA
3. RSSI 信号数据常受到(　　)等诸多环境因素的影响。
   A. 反射　　B. 多径转播　　C. 障碍物遮挡

4. GPS 所用的测量方法是(　　)。

A. RSSI　　B. TOA　　C. TDOA　　D. AOA

5. 定位精度为 10%时表示定位误差相当于节点通信半径的(　　)。

A. 25%　　B. 15%　　C. 10%　　D. 12.5%

三、思考题

1. 节点定位算法的性能指标包括哪些？
2. 传感网定位测距方法有几类？它们的特征有哪些？
3. 定位分类方法有几种？简述分类的依据及各自特点。
4. 简述 DV-Hop 定位方法的流程。
5. 简述 DV-Hop 定位方法的缺陷，以及相应的改进方法。

第 8 章 物联网数据处理技术

物联网中，节点通过传感器来感知信息，然后通过中间网络来传递信息，最后在数据处理中心进行数据的智能处理和控制。

随着物联网技术的广泛应用，将面对大量异构的、混杂的、不完整的物联网数据。如何对这些数据进行处理、分析和使用成为物联网应用的关键。

本章将针对物联网数据处理的基本概念、海量数据存储技术、云计算技术、物联网数据融合及智能决策技术等进行讨论，使读者对物联网数据处理技术有较为充分的了解。

教学目标

了解物联网数据处理的基本概念；
了解海量存储技术；
了解云计算技术；
了解物联网数据融合及智能决策技术。

8.1 物联网数据处理技术的基本概念

物联网数据处理包括物联管理对象数据、物联感知设备数据和物联实时数据 3 类。前两类属于基本数据，采用传统的共享交换方式即可解决；而物联实时数据既具备传统大数据实时数据的特点——数据量大、实时性高，同时又体现了物联网信息的特征——关联复杂、数据增长快、交换和查询频率高，在技术上对信息交换提出了更高的要求。

1. 物联网数据的特点

物联网数据具有以下特点。

(1) 数据的多态性和异构性：无线传感网中有各种各样的传感器，而每一类传感器在不同应用系统中又有不同用途。显然，这些传感器结构不同、性能各异，其采集的数据结构也各不相同。在 RFID 系统中也有多个 RFID 标签，多种读写器；M2M 系统中的微型计算设备更是形形色色。它们的数据结构也不可能遵循统一模式。物联网中的数据有文本数据，也有图像、音频、视频等多媒体数据。有静态数据，也有动态数据(如波形)。数据的多态性、感知模型的异构性导致了数据的异构性。物联网的应用模式和架构互不相同，缺

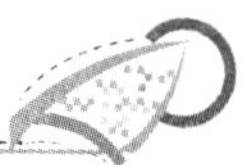

乏可批量应用的系统方法，这是数据多态性和异构性的根本原因。显然，系统的功能越复杂，传感器节点、RFID 标签种类越多，其异构性问题也将越突出。这种异构性加剧了数据处理和软件开发的难度。

(2) 数据的海量性：物联网往往是由若干个无线识别的物体彼此连接和结合形成的动态网络。一个中型超市的商品数量动辄数百万乃至数千万件。在一个超市 RFID 系统中，假定有 1000 万件商品都需要跟踪，每天读取 10 次，每次 100 个字节，每天的数据量就达 10GB，每年将达 3650GB。在生态监测等实时监控领域，无线传感网需记录多个节点的多媒体信息，数据量更是大得惊人，每天可达 1TB 以上。此外，在一些应急处理的实施监控系统系统中，数据是以流(stream)的形式实时、高速、源源不断地产生的，这越发加剧了数据的海量性。

(3) 数据的时效性：被感知的事物的状态可能是瞬息万变的。因此不管 WSN 还是 RFID 系统，物联网的数据采集工作是随时进行的，每隔一定周期向服务器发送一次数据，数据更新很快，历史数据只用于记录事务的发展进程，虽可以备份，但因其海量性不可能长期保存。只有新数据才能反映系统所感知的“物”的现有状态，所以系统的反应速度或者响应时间是系统可靠性和实用性的关键。这要求物联网的软件数据处理系统必须具有足够的运行速度，否则可能得出错误的结论甚至造成巨大损失。

2. 物联网数据处理的关键技术

物联网数据的特性给数据质量控制、数据存储、数据压缩、数据集成、数据融合、数据查询带来极大挑战，迫使人们不断探索行之有效的技术手段。满足以上特性的要求，解决数据处理的矛盾。

解决数据的异构性问题必须从基础软件入手。不同的微型计算设备可能要采用不同的操作系统，不同的感知信息需要不同的数据结构和数据库，不同的系统需要不同的中间件。其中，操作系统解决运行平台问题，数据库解决数据的存储、挖掘、检索问题，中间件解决解决数据的传递、过滤、融合问题。操作系统、数据库、中间件这些基础软件的正确选择和使用可以屏蔽数据的异构性，实现数据的顺利传递、过滤、融合，为及时、正确感知事物的存在及其现状具有重要意义。尤其是数据库和中间件是解决异构性的关键。

海量性带来的问题是存储不便、计算结果的迟滞性——反应速度跟不上。处理策略不外乎两种：一种是把所有的数据都交给服务器，为此必须寻求更高档次的服务器甚至计算中心。另一种是化整为零，提高物联网中每一个元素的智能化水平或计算能力，使其自身能够完成数据中间处理过程，剩余的再传递到服务器完成最终处理。

8.2　海量数据存储技术

海量数据是指数据量极大，往往是 Terabyte(1012B)、Petabyte(1015B)甚至 Exabyte(1018B)级的数据集合。存储这些海量信息不但要求存储设备有很大的储存容量，而且还需要大规模数据库来存储和处理这些数据，在满足通用关系数据库技术要求的同时，更需要对海量存储的模式、数据库策略及应用体系架构有更高的设计考虑。

存储系统的存储模式影响着整个海量数据存储系统的性能，为了提供高性能的海量数据存储系统，应该考虑选择良好的海量存储模式。对于海量数据而言，实现单一设备上的存储显然是不合适的，甚至是不可能的。结合网络环境，对它们进行分布式存储不失为当前的上策之选。如何在网络环境下，对海量数据进行合理组织、可靠存储，并提供高效、高可用、安全的数据访问性能成为当前一个研究热点。适合海量数据的理想存储模式应该能够提供高性能、可伸缩、跨平台、安全的数据共享能力。

8.3 云计算技术

云计算(cloud computing)是基于互联网的相关服务的增加、使用和交付模式，通常涉及通过互联网来提供动态易扩展且经常是虚拟化的资源。云是网络、互联网的一种比喻说法。过去在图中往往用云来表示电信网，后来也用来表示互联网和底层基础设施的抽象。狭义云计算指 IT 基础设施的交付和使用模式，指通过网络以按需、易扩展的方式获得所需资源；广义云计算指服务的交付和使用模式，指通过网络以按需、易扩展的方式获得所需服务。这种服务可以是 IT 和软件、互联网相关，也可是其他服务。它意味着计算能力也可作为一种商品通过互联网进行流通。

1. 云计算的基本概念

云计算由一系列可以动态升级和被虚拟化的资源组成，这些资源被所有云计算的用户共享并且可以方便地通过网络访问，用户无须掌握云计算的技术，只需要按照个人或者团体的需要租赁云计算的资源。云计算是继 20 世纪 80 年代大型计算机到客户端-服务器的大转变之后的又一种巨变。云计算的出现并非偶然，早在 20 世纪 60 年代，麦卡锡就提出了把计算能力作为一种像水和电一样的公用事业提供给用户的理念，这成为云计算思想的起源。在 20 世纪 80 年代网格计算、90 年代公用计算，21 世纪初虚拟化技术、SOA、SaaS 应用的支撑下，云计算作为一种新兴的资源使用和交付模式逐渐为学界和产业界所认知。中国云发展创新产业联盟评价云计算为“信息时代商业模式上的创新”。

继个人计算机变革、互联网变革之后，云计算被看作第 3 次 IT 浪潮，是中国战略性新兴产业的重要组成部分。它将带来生活、生产方式和商业模式的根本性改变，云计算将成为当前全社会关注的热点。

云计算是分布式计算、并行计算、效用计算、网络存储、虚拟化、负载均衡等传统计算机和网络技术发展融合的产物。

2. 云计算系统的组成

云计算架构分为服务和管理两大部分。在服务方面，主要以提供用户基于云的各种服务为主，共包含 3 个层次：基础设施即服务 IaaS、平台即服务 PaaS、软件即服务 SaaS。在管理方面，主要以云的管理层为主，它的功能是确保整个云计算中心能够安全、稳定地运行，并且能够被有效管理。

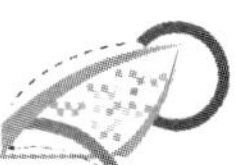

3. 云计算在物联网中的应用

物联网与云计算也是交互辉映的关系。一方面，物联网的发展也离不开云计算的支撑。从量上看，物联网将使用数量惊人的传感器(如数以亿万计的 RFID、智能尘埃和视频监控等)，采集到的数据量惊人。这些数据需要通过无线传感网、宽带互联网向某些存储和处理设施汇聚，而使用云计算来承载这些任务具有非常显著的性价比优势；从质上看，使用云计算设施对这些数据进行处理、分析、挖掘，可以更加迅速、准确、智能地对物理世界进行管理和控制，使人类可以更加及时、精细地管理物质世界，从而达到“智慧”的状态，大幅提高资源利用率和社会生产力水平。云计算凭借其强大的处理能力、存储能力和极高的性能价格比，很自然就会成为物联网的后台支撑平台；另一方面，物联网将成为云计算最大的用户，将为云计算取得更大商业成功奠定基石。

8.4　物联网数据融合及数据挖掘技术

1. 数据融合概念

传感器数据融合的定义可以概括为把分布在不同位置的多个同类或不同类传感器所提供的局部数据资源加以综合，采用计算机技术对其进行分析，消除多传感器信息之间可能存在的冗余和矛盾，加以互补，降低其不确实性，获得被测对象的一致性解释与描述，从而提高系统决策、规划、反应的快速性和正确性，使系统获得更充分的信息。其信息融合在不同信息层次上出现，包括数据层融合、特征层融合、决策层融合。

2. 数据融合的分类

常见的数据融合分类有以下几种。

1) 数据层融合

它是直接在采集到的原始数据层上进行的融合，在各种传感器的原始测报未经预处理之前就进行数据的综合与分析。数据层融合一般采用集中式融合体系进行融合处理过程。这是低层次的融合，如成像传感器中通过对包含若干像素的模糊图像进行图像处理来确认目标属性的过程就属于数据层融合。

2) 特征层融合

特征层融合属于中间层次的融合，它先对来自传感器的原始信息进行特征提取(特征可以是目标的边缘、方向、速度等)，然后对特征信息进行综合分析和处理。特征层融合的优点在于实现了可观的信息压缩，有利于实时处理，并且由于所提取的特征直接与决策分析有关，因而融合结果能最大限度地给出决策分析所需要的特征信息。特征层融合一般采用分布式或集中式的融合体系。特征层融合可分为两大类：一类是目标状态融合，另一类是目标特性融合。

3) 决策层融合

决策层融合通过不同类型的传感器观测同一个目标，每个传感器在本地完成基本的处理，其中包括预处理、特征抽取、识别或判决，以建立对所观察目标的初步结论。然后通过关联处理进行决策层融合判决，最终获得联合推断结果。

3. 数据挖掘技术

数据挖掘，又称为资料探勘、数据采矿。它是数据库知识发现中的一个步骤。数据挖掘一般是指从大量的数据中自动搜索隐藏于其中的有着特殊关系性的信息的过程。数据挖掘通常与计算机科学有关，并通过统计、在线分析处理、情报检索、机器学习、专家系统(依靠过去的经验法则)和模式识别等诸多方法来实现上述目标。

8.5 数据挖掘工作原理

数据挖掘是通过分析每个数据，从大量数据中寻找其规律的技术，主要有数据准备、规律寻找和规律表示3个步骤。数据准备是从相关的数据源中选取所需的数据并整合成用于数据挖掘的数据集；规律寻找是用某种方法将数据集所含的规律找出来；规律表示是尽可能以用户可理解的方式(如可视化)将找出的规律表示出来。数据挖掘的任务有关联分析、聚类分析、分类分析、异常分析、特异群组分析等。

关联分析就是从大量数据中发现项集之间有趣的关联和相关联系。关联分析的一个典型例子是购物篮分析。该过程通过发现顾客放入其购物篮中的不同商品之间的联系，分析顾客的购买习惯。通过了解哪些商品频繁地被顾客同时购买，这种关联的发现可以帮助零售商制定营销策略。其他的应用还包括价目表设计、商品促销、商品的排放和基于购买模式的顾客划分。

可从数据库中关联分析出形如“由于某些事件的发生而引起另外一些事件的发生”之类的规则。如“67%的顾客在购买啤酒的同时也会购买尿布”，因此通过合理的啤酒和尿布的货架摆放或捆绑销售可提高超市的服务质量和效益。又如“‘C语言’课程优秀的同学，在学习‘数据结构’时为优秀的可能性达88%”，那么就可以通过强化“C语言”的学习来提高教学效果。

关联分析是一种简单、实用的分析技术，就是发现存在于大量数据集中的关联性或相关性，从而描述了一个事物中某些属性同时出现的规律和模式。

聚类分析指将物理或抽象对象的集合分组为由类似的对象组成的多个类的分析过程。它是一种重要的人类行为。

聚类分析的目标就是在相似的基础上收集数据来分类。聚类源于很多领域，包括数学、计算机科学、统计学、生物学和经济学。在不同的应用领域，很多聚类技术都得到了发展，这些技术方法被用作描述数据，衡量不同数据源间的相似性，以及把数据源分类到不同的簇中。

分类分析与聚类分析类似，区别在于分类分析是一种有监督的学习，事先知道训练样本的标签，通过挖掘将属于不同类别标签的样本分开。而聚类分析是一种无监督的学习，事先不知道样本的类别标签，通过对于相关属性的分析，将具有类似属性的标本聚成一类。

异常分析的目的是找出差异并最终找出导致差异的原因，通常包括观察法、量测法、追踪发、统计归纳法等。

特异群组分析是一种新的数据挖掘任务，用于发现数据集当中明显不同于大部分数据对象(不具有相似性)的数据对象，应用领域广泛，具有重要的应用价值。

8.6　数据协同与智能决策技术

决策问题没有固定的规律和解决方法，复杂的决策问题甚至难以建立精确的数学模型，所以单纯依靠决策者的主观判断很难及时提出科学的决策方案。传统的决策支持系统(Decision Supports System，DSS)进行了研究，在一定程度上成功地解决了部分半结构化和非结构化决策问题。但随着决策问题的复杂程度和难度日渐加大，传统的 DSS 已经不能满足高新技术的要求。伴随着计算机和网络技术得到了飞速发展，智能化和网络化成为 DSS 的发展趋势。许多先进的人工智能(Artificial Intelligence，AI)技术如机器学习、知识表示、自然语言处理、模式识别及分布式智能系统等都被融入 DSS 的研究中，形成了智能决策支持系统(Intelligent Decision Supports System，IDSS)。IDSS 是界面友好的交互式人机系统、具有丰富的知识，具备强大的数据信息处理能力和学习能力及更加符合人类智能的科学决策的能力。

习　　题

1. 简述物联网的数据特性。
2. 简述物联网数据海量性和时效性的要求。
3. 简述云计算技术的特点。
4. 简述物联网数据融合及决策技术。

实 践 习 题

1. 基于物联网的移动信息采集系统。
2. 基于物联网的海量传感器信息 Hadoop 处理方法及系统设计。
3. 云计算平台下的物联网系统设计。

课 外 阅 读

1. 面向海量数据的快速挖掘算法。
2. 基于云计算的数据挖掘关联算法研究与实现。
3. 基于云计算的物联网数据挖掘。

第 9 章

物联网信息安全

由于现实的物体在物联网中都有与之对应的“标识”，最终的物联网是一个虚拟的、数字化的现实物理空间。每个标识将对应不同的权限，在执行某些命令的时候，也是根据身份标识执行的。如果身份标识混乱了或者伪造了，那么就存在数据泄露、篡改等隐患；物联网感知设备计算能力、存储能力、通信能力及能量等受限，在感知层不能使用传统互联网的复杂安全技术；由于现实世界的“物”连入到物联网，这些物与人们的日常生活及工业生产等密切相关，从而使得物联网安全呈现大众化、平民化、常规化等特征，安全事故的危害和影响巨大。物联网是一个大的系统，它所对应的传感网的数量和终端物体的规模是单个传感网所无法相比的；物联网所连接的终端设备或器件的处理能力有很大差异，它们之间可能需要相互作用；物联网所处理的数据量将比现在的互联网和移动网都大得多。因此，许多安全问题来源于系统整合。采用适当的安全保障机制，可提供安全可控的实时在线监测、定位追溯、报警联动、调度指挥、预案管理、远程控制、安全防范、远程维保、在线升级、统计报表、决策支持等管理和服务功能，实现对“物”的“高效、节能、安全、环保”的“管、控、营”一体化，还可以保护隐私。

本章首先阐述了物联网信息安全的特点，然后对物联网安全体系结构、物联网安全模型进行阐述，最后分别对物联网感知层安全、物联网传输层安全、物联网安全中间件体系结构及物联网应用层安全进行讲解，对物联网具体应用如车联网及 M2M 安全等问题进行分析。通过本章学习，了解物联网信息安全所涉及的内容及范围，掌握物联网信息安全特点、安全体系结构与安全模型，理解物联网应用系统的安全策略与安全服务机制，掌握无线传感器网络及 RFID 安全的特点与安全目标，掌握传输层和应用层安全特点与防范技术，同时对嵌入式系统与智能终端的安全以及物联网相关应用安全做了介绍，读者可以对物联网嵌入式系统和智能终端的安全以及物联网相关应用安全有较全面的了解和认识，能在此基础上选择自己感兴趣的安全内容进行更深入的学习与研究。

教学目标

了解物联网信息安全所涉及的领域与范围；
掌握物联网信息安全特点与体系结构；
掌握物联网感知层的无线传感器网络、RFID 系统的安全特点；
了解物联网嵌入式系统与智能终端的安全特点；

理解物联网传输层、感知层与应用层的安全特性;
了解物联网相关应用所面临的威胁及解决方案。

9.1　物联网信息安全概述

在过去的几年里，3G、Wi-Fi、NFC、ZigBee 等无线技术得以普及，二维码、RFID、传感器、手持终端、视频捕获设备等得到广泛应用，物联网技术已经在从学术讨论走向应用，包括智能传感器、移动终端、智能电网、智能物流、智慧矿山、智能农业、工业系统、楼控系统、家庭智能设施、智慧医疗、视频监控系统、智慧城市等各种应用，正在逐步通过各种有线或者无线网络技术实现互联互通、应用集成，以及基于云计算的创新营运等模式成为现实。在“智慧城市”快速发展的大环境下，个人终端设备也正在快速的更新到智能化。

信息安全是指保护信息资源，防止未经授权者或者偶然因素对信息资源的破坏、改动、非法利用或恶意泄露，以实现信息保密性、完整性与可用性的要求。在国际标准化组织的信息安全管理标准规范和其他一些权威机构的文献中，皆定义了信息安全的基本特性，包括保密性、完整性、可用性、不可否认性等。我国国家信息安全重点实验室给出的定义是：“信息安全涉及信息的机密性、完整性、可用性、可控性。综合起来说，就是要保障电子信息的有效性。”此外，英国、美国、欧洲等从不同的角度对信息安全做了描述。总之，信息安全主要包括以下 4 个方面：信息设备安全、数据安全、内容安全和行为安全。信息系统硬件结构的安全和操作系统的安全是信息系统安全的基础，密码、网络安全等技术是关键技术。信息系统安全要求系统无漏洞。

信息安全以密码学技术为基础，涉及信息在传输、存储过程的机密性、完整性、不可抵赖性等一系列内容。目前在各种网络应用的安全协议中，信息安全技术有着具体的体现，从链路层到应用层都有相应的网络安全协议。网络系统安全涉及防火墙、入侵检测、病毒防范、安全审计等多个方面，与信息安全密切相关，应用了诸多信息安全技术。

随着物联网在现实世界中的应用逐渐铺展开来，物联网的安全问题也是物联网全面发展以及广泛应用需要解决的重要问题。在现实世界中的物联网应用中，由于物联网场景中的实体对象一般具有一定的感知、计算和执行能力，这些广泛存在的感知设备将会对国家基础、社会和个人信息安全构成新的安全隐患。由于物联网具有网络技术种类上的兼容和业务范围上无限扩展的特点，因此从国家基础设施等重要私密数据到个人病例情况都接到物联网时，这可能会导致更多的公众个人信息在任何时候，任何地方被非法获取；随着国家重要的基础行业和社会关键服务领域如电力、医疗等都依赖于物联网和感知业务，国家基础领域的动态信息也可能会被窃取。所有的这些问题使得物联网安全上升到国家层面，成为影响国家发展和社会稳定的重要因素。

物联网无处不在的数据感知、以无线或有线方式的信息传输、智能化的信息处理，会引起大众对信息安全和隐私保护问题的关注。根据物联网自身的特点，物联网除了面对移动通信网络的传统网络安全问题之外，还存在着一些与已有移动网络安全不同的特殊安全问题。

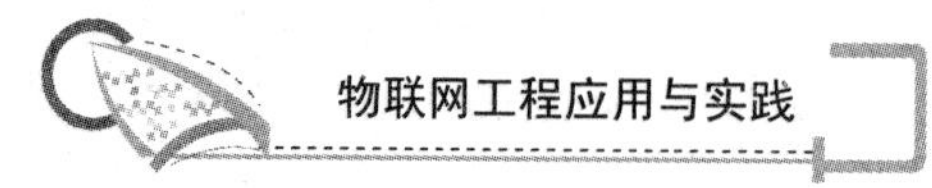

9.1.1 物联网信息安全的特点

物联网的诞生，给网络安全和隐私提出了更高的要求。物联网是一个大的系统，其主要表现在以下几个方面：物联网所对应的传感网的数量和终端物体的规模是单个传感网所无法相比的；物联网所连接的终端设备或器件的处理能力将有很大差异，它们之间可能需要相互作用；物联网所处理的数据量将比现在的互联网和移动网都大得多。因此，许多安全问题来源于系统整合。此外，物的接入也带来了诸多新的问题，如基于物理量的隐蔽信道问题及隐私泄露问题。物联网特有的安全问题可以概括为如下几种。

(1) 略读(Skimming)：在末端设备或 RFID 持卡人在不知情的情况下，信息被读取。

(2) 窃听(eavesdropping)：在一个通信通道的中间，信息被中途窃取。

(3) 哄骗(spoofing)：伪造复制设备数据，冒名输入到系统中。

(4) 干扰(jamming)：伪造数据造成设备阻塞不可用。

(5) 屏蔽(shielding)：用机械手段屏蔽电信号让末端无法连接。

(6) 克隆(cloning)：克隆末端设备，冒名顶替。

(7) 破坏(killing)：损坏或盗走末端设备。

物联网安全的主要目标是网络的可用性、可控性，以及信息的机密性、完整性、真实性、可鉴别性和新鲜性等。

1. 物联网传统安全问题

1) 移动通信的安全问题

随着智能终端得到广泛普及，移动通信的安全问题凸显，如手机病毒，或者利用手机软硬件设计的缺陷等使得智能终端不能正常工作；或者利用相关软件向移动终端设备恶意发送垃圾短信等，造成移动终端设备的死机、硬件损坏、显示错误等。虽然针对上述安全威胁已经做出了应对措施，如成立安全小组来对系统的安全原理和目标、安全威胁、安全体系结构、密码算法要求及网络领域安全制定较安全的框架规范，但移动通信系统中的安全依然存在，如用户与网络间的安全性认证仍然是单向的；密钥质量不高，密钥产生存在漏洞；存在管理协商漏洞、管理帧协商交互过程的安全不够等。此外，若智能终端设备丢失后被不法分子利用，通过相应的技术手段，会造成用户信息泄露，可能会导致更严重的后果。

2) 信号干扰

物联网中，特别是感知层从物理世界收集数据，在信息收集和传输的过程中的信号干扰，对个人和国家的信息安全造成威胁。如物品上的传感设备信号受到恶意干扰，很容易造成重要物品损失；不法分子通过信号干扰，窃取、篡改金融机构中的重要文件信息，会给个人和国家造成重大的损失；涉及国家安全或者涉密信息文件，若有人通过物联网采取信号干扰窃取这些机密信息，后果不堪设想。

3) 恶意入侵与物联网相整合的互联网

物联网感知层的设备收集数据后，往往利用现有的互联网以及其他网络将数据传输出去。由于目前互联网遭受病毒、恶意软件、黑客的攻击层出不穷，这对互联网及其他通信

网络高度依赖的物联网来说，安全隐患不容小觑。如果恶意软件、黑客等绕过相关安全技术的防范，就可以恶意操作物联网的授权管理，控制和损害用户的物品，甚至侵犯用户的隐私权，更有甚者若涉及个人隐私和财产的敏感物品，若被他人控制后，会造成人人财产的损失，还会威胁到社会的稳定和安全。

2. 物联网安全特点

物联网作为一个应用整体，各层独立的安全措施简单相加不足以提供可靠的安全保障。物联网各层中，感知层、传输层及应用层的安全不是相互独立的，除了上述传统的物联网安全之外，物联网还具有自己的特殊安全问题。

1) 可跟踪性

任何时候人们可以知道物品的精确位置，甚至其周围环境，即利用 RFID、传感器、二维码、手持设备或者移动终端等随时随地获取物体的信息，这个特征对应了物联网的感知层。

2) 可连接性

物联网通过与移动通信技术的结合，实现无线网络的控制与兼容，即能够通过各种电信网络与互联网的融合，将物体的信息实时准确地传递出去，也就是物联网的传输层。

3) 可监控性

物联网的另一个特点还体现在它可以通过物品来实现对人或者物的监控与保护，即能够智能处理，利用云计算、模糊识别等各种智能计算技术，对海量的数据和信息进行分析和处理，对物体实施智能化的控制，或者对人进行检测和保护，对应的是物联网的应用层。

基于物联网传统安全性和其自身的独特安全性问题，物联网信息安全建设要在公共操作环境网络信息平台的体系结构框架指导下实施防护、检测、反应安全方案建设。防护(protection)的目的在于阻止侵入系统或延迟侵入物联网系统的时间，为检测和反应提供更多的时间；检测(detection)和发现的目的在于做出反应；反应(response)是为了修复漏洞，避免损失或打击犯罪。

9.1.2　物联网安全体系结构与安全模型

物联网安全问题是一类很宽泛的问题，有大量技术难题需要解决。无论是什么网络，只要它是开放的，都无法避免安全问题。从物联网的信息处理过程来看，感知信息经过采集、汇聚、融合、传输、决策与控制等过程，整个信息处理的过程体现了物联网安全的特征与要求，也揭示了所面临的安全问题。

1. 物联网安全体系结构

在 2009 年的百家讲坛上，中国移动总裁王建宙指出，物联网应具备 3 个特征：一是全面感知；二是可靠传递；三是智能处理。在分析物联网的安全性时，也相应地将其分为 3 个逻辑层，即感知层、传输层和处理层。

(1) 感知网络的信息采集、传输与信息安全问题。感知节点呈现多源异构性，感知节点通常情况下计算能力及存储空间有限，功能简单、携带能量少(使用电池)，使得它们无法拥有复杂的安全保护能力；同时，感知网络多种多样，它们的数据传输和消息也没有特定的标准，所以无法提供统一的安全保护体系。该层会涉及如节点被俘获、信息私密性、信息窃听等安全性问题。

物联网感知层安全具有如下特点。

① 信息安全保护机制匮乏。

② 需要轻量级密码算法/轻量级安全协议。

③ 多变性强，标准化程度低。

(2) 核心网络的传输与信息安全问题。核心网络具有相对完整的安全保护能力，但是由于物联网中节点数量庞大，且以集群方式存在，会导致在数据传播时，由于大量机器的数据发送使网络拥塞，产生拒绝服务(DoS)攻击。此外，现有通信网络的安全架构都是从人通信的角度设计的，对以物为主体的物联网，要建立适合于感知信息传输与应用的安全架构。

物联网传输层具有如下安全特点。

① 信息安全保护机制比较完善(但仍需加强)。

② 需要高强度密码算法/高强度安全协议。

③ 标准化程度高。

④ 可使用现有技术，并随物联网规模的扩大而不断加强。

(3) 物联网智能处理层的安全问题。支撑物联网业务的平台有着不同的安全策略，如云计算、分布式系统、海量信息处理等，这些支撑平台要为上层服务管理和大规模行业应用建立起一个高效、可靠和可信的系统，而大规模、多平台、多业务类型使物联网业务层次的安全面临新的挑战，是针对不同的行业应用建立相应的安全策略，还是建立一个相对独立的安全架构。由于物联网设备可能是先部署后连接网络，而物联网节点又无人看守，所以如何对物联网设备进行远程签约信息和业务信息配置就成了难题。此外，庞大且多样化的物联网平台必然需要一个强大而统一的安全管理平台，否则独立的平台会被各式各样的物联网应用所淹没，这使得如何对物联网机器的日志等安全信息进行管理成为新的问题，并且可能割裂网络与业务平台之间的信任关系，导致新一轮安全问题的产生。

物联网智能处理层具有如下安全特点。

① 信息安全保护机制欠缺。

② 工作模式尚不确定，如可信计算、云计算还是其他。

③ 需要工业默认的标准化。

④ 可使用某些现有技术，但安全无保障，用户自担风险。

(4) 物联网应用层的安全问题。物联网的应用涉及多个行业，针对不同的行业特点，物联网也呈现出多样性以及复杂性，对于物联网应用层的安全涉及传统应用安全问题，数据处理安全问题及云安全等问题。

物联网应用层具有如下安全特点。

① 不同应用之间的安全需求、安全机制差异较大。

② 隐私保护方面的研究和产业化是最大的技术短板。

③ 安全管理作为安全隐患的非技术因素也需要加强。

综上所述，物联网安全体系结构如图 9.1 所示。

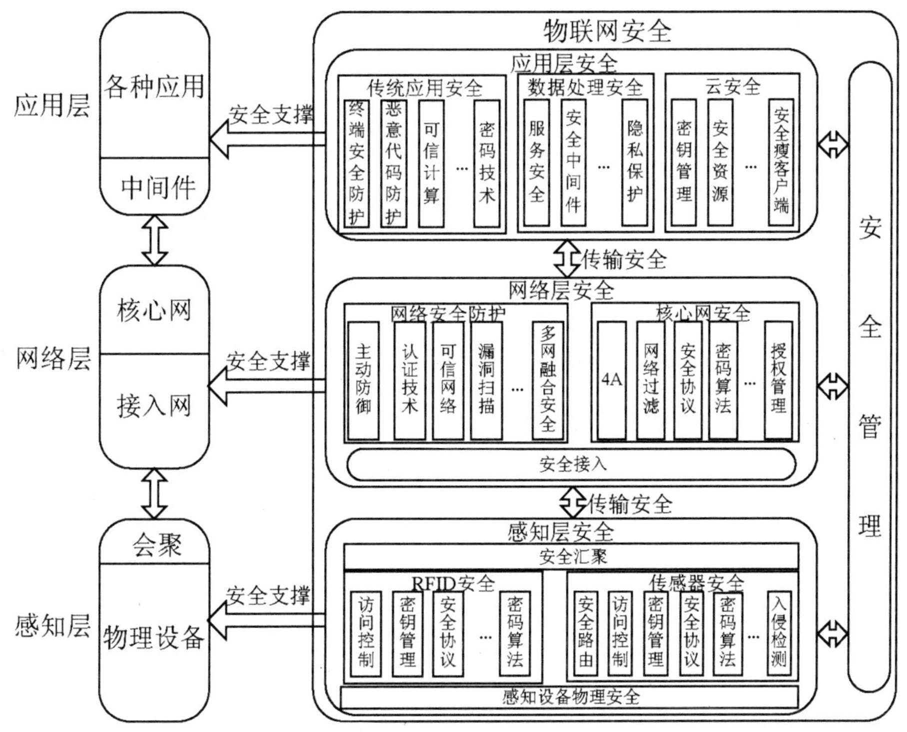

图 9.1　物联网安全体系结构

2. 物联网安全模型

物联网关键属性包括移动性、无线、嵌入式应用、多样性、大规模。从安全的机密性、完整性和可用性来分析物联网的安全需求。信息隐私是物联网信息机密性的直接体现，如感知终端的位置信息是物联网的重要信息资源之一，也是需要保护的敏感信息。另外在数据处理过程中同样存在隐私保护问题，如基于数据挖掘的行为分析等，要建立访问控制机制，控制物联网中信息采集、传递和查询等操作，不会由于个人隐私或机构秘密的泄露而造成对个人或机构的伤害。信息的加密是实现机密性的重要手段，由于物联网的多源异构性，使密钥管理显得更为困难，特别是对感知网络的密钥管理是制约物联网信息机密性的瓶颈。

物联网体系结构中，将安全、信任及隐私从集成和关联的角度来看，可以提供安全保护。这是在物、服务与人之间高级互联的直接结果。很显然，诸如访问请求之类所需的授权或者拒绝的类型和结构是复杂的，应该解决物联网以下问题：安全(授权)、信任(声誉)、隐私(响应者)。可以用立方体来表示这三者之间的关系，建立起物联网安全模型，如图 9.2 所示。物联网中，为了访问信息，需要授权访问，或者拒绝访问请求。这一点不仅是复杂的，而且也是一个组合性的问题。

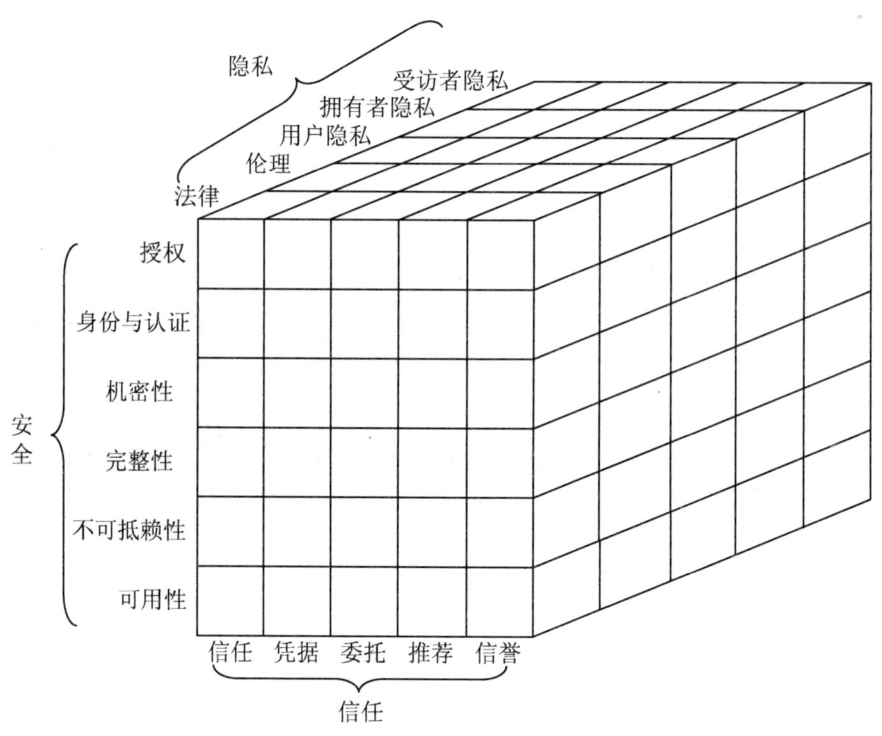

图 9.2 物联网安全模型

9.1.3 物联网应用系统的信息安全策略与安全服务机制

物联网在多方面会受到安全威胁，如物理威胁、通信威胁、身份管理、存储管理、嵌入式安全、动态绑定等方面都会受到安全攻击。

针对物联网所受到的安全威胁，对物联网的网络安全防护可以采用多种传统的安全措施，如防火墙技术、病毒防治技术等，同时针对物联网的特殊安全需求，目前可以采取以下几种安全机制来保障物联网的安全。

1. 密码机制和密钥管理

密码服务和密钥管理是保障信息安全的基础，是实现感知信息隐私保护的手段之一，可以满足物联网对保密性的安全需求，但由于传感器节点能量、计算能力、存储空间的限制，要尽量采用轻量级的加密算法。

密码机制是物联网所使用的安全技术之一，密钥管理机制依赖基本的密码机制，可分为如下 3 类：对称密码技术的机制、非对称密码技术的机制，以及对称、非对称技术结合的机制。

所使用的算法模块有：随机数算法模块，采用伪随机数序列设计，支持 RC4 算法，增强伪随机数的安全，同时，为密钥的产生提供保障；对称加密算法模块，支持高强度的分组加密算法，且支持各种加密模式；公钥模块，提供了 Diffie-Hellman、RSA 和 ECC 三种可选的系统，是安全认数字签名和证书服务的基础；单向 Hash 算法模块，带有密码密钥的单向 Hash 函数又称消息鉴别码(MAC)。

信息在物联网中以数字信封的方式传送，以保证信息传输的机密性和完整性。数字信封的加密可采用节点到到节点加密(即逐跳加密)，或端到端加密两种方式。逐跳加密方式在各节点都存在将加密消息解密的风险，因此逐跳加密对传输路径中的各传送节点的可信任度要求很高。对于端到端的加密方式来说，可以根据业务类型选择不同的安全策略，从而为安全要求高的业务提供高安全等级的保护。其弊端是加密不能对消息的目的地址进行保护，因为每一个消息所经过的节点都要以此目的地址来确定如何传输消息。这就导致端到端的加密方式不能掩盖被传输消息的源点与终点，并容易受到对通信业务进行分析而发起的恶意攻击。

密钥管理机制具有如下特性。

(1) 可扩展性：密钥管理机制须适应不同的网络规模。

(2) 有效性：针对网络中的节点，设计密钥管理机制时应考虑节点的实际能力，在存储复杂度、计算复杂度及通信复杂度等方面要适合节点的能力。

(3) 秘钥连接性：节点之间直接建立通信密钥的概率。

(4) 抗毁性：密钥管理机制抵御节点受损的能力。

物联网密钥管理系统面临两个主要问题：一是如何构建一个贯穿多个网络的统一密钥管理系统，并与物联网的体系结构相适应；二是如何解决传感网的密钥管理问题，如密钥的分配、更新、组播等问题。实现统一的密钥管理系统可以采用两种方式：一是以互联网为中心的集中式管理方式；二是以各自网络为中心的分布式管理方式。

2. 鉴别机制

用于证实交换过程的合法性、有效性和交换信息的真实性，主要包括网络内部节点之间的鉴别、感知层节点对用户的鉴别和感知层消息的鉴别。

3. 安全路由机制

保证网络在受到威胁和攻击时，仍能进行正确的路由发现、构建和维护，解决网络融合中的抗攻击问题，主要包括数据保密和鉴别机制、数据完整性和新鲜性校验机制、设备和身份鉴别机制及路由消息广播鉴别机制等。感知层的无线传感器网络路由协议常受到的攻击主要有以下几类：虚假路由信息攻击、选择性转发攻击、污水池攻击、女巫攻击、虫洞攻击、Hello 洪泛攻击、确认攻击等。

4. 认证服务与访问控制机制

认证指使用者采用某种方式来“证明”自己确实是自己宣称的某人，让通信的数据接收方能够确认数据发送方的真实身份，以及数据在传送过程中是否被篡改。网络中的认证主要包括身份认证和消息认证。身份认证可以使通信双方确信对方的身份并交换会话密钥。消息认证中主要是接收方希望能够保证其接收的消息确实来自真正的发送方。常用的认证方式有：开放式认证、基于共享密钥的认证、RADIUS 认证、扩展认证机制 EAP。认证服务可以对物联网中节点的读写进行监控。

访问控制是对用户合法使用资源的认证和控制，目前信息系统的访问控制主要是基于角色的访问控制机制(Role-Based Access Control，RBAC)及其扩展模型。确定合法用户对物联网系统资源所享有的权限，以防止非法用户的入侵和合法用户使用非权限内资源，是维护系统安全运行、保护系统信息的重要技术手段，包括自主访问机制和强制访问机制。

5. 安全数据融合机制

保障信息保密性、信息传输安全和信息聚合的准确性，通过加密、安全路由、融合算法的设计、节点间的交互证明、节点采集信息的抽样、采集信息的签名等机制实现。

6. 入侵检测与容侵容错机制

容侵是指在网络中存在恶意入侵的情况下，网络仍然能够正常地运行，容错是指在故障存在的情况下系统不失效、仍然能够正常工作，容侵容错机制主要是解决行为异常节点、外部入侵节点带来的安全问题。

网络中的容错性涉及网络拓扑中的容错、网络覆盖中的容错及数据检测中的容错机制。

容侵性机制包括 3 个阶段：判定恶意节点；发现恶意节点之后启动容侵机制；通过节点之间的协作实现容侵。

7. 数据处理与隐私安全问题

当面临黑客、病毒的袭击等威胁，嵌入射频识别标签的物品还可能不受控制地被跟踪、被定位和被识读，这势必带来对物品持有者个人隐私的侵犯或企业机密泄露等问题，破坏了信息的合法有序使用的要求，可能导致人们的生活、工作完全陷入崩溃，社会秩序混乱，甚至直接威胁到人类的生命安全。物联网能否大规模推广应用，很大程度上取决于其是否能够保障用户数据和隐私的安全。就传感网而言，在信息的感知采集阶段就要进行相关的安全处理，如对 RFID 采集的信息进行轻量级的加密处理后，再传送到汇聚节点。数据处理过程中涉及基于位置的服务与在信息处理过程中的隐私保护问题。基于位置服务中的隐私内容涉及两个方面，一是位置隐私，二是查询隐私。位置隐私中的位置指用户过去或现在的位置，而查询隐私指敏感信息的查询与挖掘，如某用户经常查询某区域的餐馆或医院，可以分析该用户的居住位置、收入状况、生活行为、健康状况等敏感信息，造成个人隐私信息的泄露，查询隐私就是数据处理过程中的隐私保护问题。所以，我们面临一个困难的选择，一方面希望提供尽可能精确的位置服务，另一方面又希望个人的隐私得到保护。这就需要在技术上给以保证。目前的隐私保护方法主要有位置伪装、时空匿名、空间加密等。

发展物联网还将会对现有的一些法律法规政策形成挑战，如信息采集的合法性问题、公民隐私权问题等。

8. 决策与控制安全

在传统的无线传感器网络中，由于侧重对感知端的信息获取，对决策控制的安全考虑不多，互联网的应用也是侧重信息的获取与挖掘，较少应用对第三方的控制。物联网中数据是双向流动的信息流，从感知端采集物理世界的各种信息，经过数据处理存储在网络的数据库中；根据用户的需求，进行数据挖掘、决策和控制，实现与物理世界中任何互联物体的互动。决策控制涉及可靠性等安全问题，如何保证决策和控制的正确性和可靠性。物联网中对物体的控制是重要的组成部分，需要进一步更深入的研究。

9. 安全应用

通过对信息的加密、签名和认证，提供不同级别应用的简单安全操作接口。通过在各层封装安全 API，向各种系统环境提供统一的安全操作接口并且各层同时向其他应用程序提供对外接口。

9.2 物联网感知层安全

感知层由具有感知、识别、控制和执行等能力的多种设备组成，采集物品和周围环境的数据，完成对现实物理世界的认知和识别。感知层的主要功能是全面感知，即利用 RFID、传感器、二维码等随时随地获取物体的信息。RFID 技术、传感和控制技术、短距离无线通信技术是感知层涉及的主要技术，其中包括芯片研发、通信协议研究、RFID 材料、智能节点供电等细分领域。感知层感知物理世界信息的两大关键技术是射频识别技术和无线传感器网络技术。感知层作为物联网的基础，负责感知、收集外部信息，是整个物联网的信息源。因此，感知层数据信息的安全保障将是整个物联网信息安全的基础。

从信息安全和隐私保护的角度讲，物联网终端(RFID、传感器、智能信息设备)的广泛引入在提供更丰富信息的同时也增加了暴露这些信息的危险。

物联网感知层主要面临以下安全威胁。

(1) 物理攻击：攻击者实施物理破坏使物联网终端无法正常工作，或者盗窃终端设备并通过破解获取用户敏感信息。

(2) 传感设备替换威胁：攻击者非法更换传感器设备，导致数据感知异常，破坏业务正常开展。

(3) 假冒传感节点威胁：攻击者假冒终端节点加入感知网络，上报虚假感知信息，发布虚假指令或者从感知网络中合法终端节点骗取用户信息，影响业务正常开展。

(4) 拦截、篡改、伪造、重放：攻击者对网络中传输的数据和信令进行拦截、篡改、伪造、重放，从而获取用户敏感信息或者导致信息传输错误，业务无法正常开展。

(5) 耗尽攻击：攻击者向物联网终端泛洪发送垃圾信息，耗尽终端电量，使其无法继续工作。

(6) 卡滥用威胁：攻击者将物联网终端的(U)SIM 卡拔出并插入其他终端设备滥用(如打电话、发短信等)，对网络运营商业务造成不利影响。

9.2.1 物联网感知层安全的特点

感知层可能遇到的安全挑战包括下列情况。

(1) 感知层的网关节点被敌手控制——安全性全部丢失。

(2) 感知层的普通节点被敌手控制，如敌手掌握节点密钥就可实现对节点控制。

(3) 感知层的普通节点被敌手捕获，由于没有得到节点密钥，而没有被控制。

(4) 感知层的节点包括普通节点或网关节点受来自于网络的 DOS 攻击。

(5) 接入到物联网的超大量传感节点的标识、识别、认证和控制问题。

感知层的安全应该包括节点抗 DOS 攻击的能力。感知层接入互联网或其他类型网络所带来的问题不仅仅是感知层如何对抗外来攻击的问题，更重要的是如何与外部设备相互认证的问题，而认证过程又需要特别考虑感知层节点资源的有限性，因此认证机制需要的计算和通信代价都必须尽可能小。此外，对外部互联网来说，其所连接的不同感知层的数量可能是一个庞大的数字，如何区分这些感知层及其内部节点，有效地识别它们，是安全机制能够建立的前提。

感知层的安全需求可以总结为如下几点。

(1) 机密性：多数传感网内部不需要认证和密钥管理，如统一部署的共享一个密钥的传感网。

(2) 密钥协商：部分传感网内部节点进行数据传输前需要预先协商会话密钥。

(3) 节点认证：个别传感网(特别当传感数据共享时)需要节点认证，确保非法节点不能接入。

(4) 信誉评估：一些重要传感网需要对可能被敌手控制的节点行为进行评估，以降低敌手入侵后的危害(某种程度上相当于入侵检测)。

(5) 安全路由：几乎所有传感网内部都需要不同的安全路由技术。

9.2.2　无线传感器网络安全

传感技术可以用来标识物体的动态属性。在物联网的感知层，WSN 为实现大规模以及实时数据收集和处理提供了一个强有力的方法。对于某些 WSN 应用，如军事目标跟踪及安全监视等，安全是一个关键性的要素。通常，WSN 部署在无人职守的外部环境中，将所监测到的数据发送到汇点，在通信过程中应需要保证数据安全和节点容错来防止敌方或者恶意分子对系统的利用和破坏。无线传感器网络的攻击类型：物理层攻击包括拥塞攻击和物理破坏；数据链路层攻击包括碰撞攻击、耗尽攻击和非公平竞争；网络层攻击包括丢弃和贪婪破坏攻击、方向误导攻击、汇聚节点攻击及黑洞攻击。由于 WSN 节点能量、通信特点、通信能力、计算能力及存储空间等资源受限，为这些体积小的传感器节点提供安全和私密性是一个巨大的挑战。

目前传感器网络安全技术主要包括基本安全框架、密钥分配、安全路由和入侵检测和加密技术等。安全框架主要有 SPIN(包含 SNEP 和 uTESLA 两个安全协议)，Tiny Sec、Lisp、LEAP 协议、参数化跳频等。传感器网络的密钥分配主要采用随机预分配模型的密钥分配方案。安全路由技术常采用的方法包括加入容侵策略。入侵检测技术常常作为信息安全的第二道防线，其主要包括被动监听检测和主动检测两大类。除了上述安全保护技术外，由于物联网节点资源受限，且是高密度冗余撒布，不可能在每个节点上运行一个全功能的入侵检测系统(IDS)。

1. 无线传感器网络安全的特点

由于传感器网络自身的特点，如能量受限、通信能力较弱、存储空间较小等，这就使

得传感器网络安全问题的解决方式不能直接使用传统网络的安全机制。传感器网络的安全特点主要集中在以下几个方面。

(1) 网络节点的计算能力和存储空间受限，要求安全协议和算法简单高效。WSN 部署范围较大，节点较多，这就要求网络中节点通常具有较低的成本，这就使其具有存储空间大和计算能力强的要求是难以实现的。传统网络安全协议和算法通常比较复杂，它们往往需要较大的存储空间和较强的计算能力，这使得存储空间较小并且计算能力较低的传感器网络节点无法直接使用这些算法和协议。例如，目前被视为安全的加密和认证体系的公钥机制，因其计算量较大，需要大量的存储空间，复杂度高，无法用于存储和计算能力有限的无线传感器节点上。为此，由于对称密钥算法简单、效率较高，传感器网络可以设计使用计算、存储及复杂度较低的对称密码机制。

(2) 网络节点通信能力和带宽受限，要求低速率和低能耗的安全通信。WSN 是资源受限的网络系统，通常工作在无人值守的区域内，有些应用需要网络存活很长时间，如森林火灾监测和报警系统。因此，这种类型的网络通常采用低速率、低功耗的通信技术，这样才符合网络设计要求。因此，在为无线传感器网络设计安全协议和算法时应充分考虑通信开销情况，对于通信开销要求高的安全协议和算法，往往不适用于无线传感器网络。

(3) 无线传感器网络节点间通常采用广播方式通信，需要保证广播安全。与传统的网络通信不同，如互联网往往采用点对点通信，无线传感器网络通常以广播通信为主，基站或簇首节点(在层次的无线传感器网络中)经常广播控制、路由等重要信息，因此除了保证点对点的安全通信外，还要考虑广播的安全通信问题。

(4) 传感器网络的应用通常是基于具体的应用环境，需要依据具体的应用需求确定安全级别。由于传感器网络的一个重要特点之一就是其基于具体应用环境的特点，这就使得其安全问题也是与具体的应用相关的。对于不同的应用环境，它们对安全级别的要求是不同的。例如，一般的环境监测等民用领域，安全机制的级别不需要太高，但是在军事应用中，特别是在对敌作战以及监视敌方战场环境等情况下，就应保证传感器网络的高安全性能，同时，若传感器节点被敌方捕获的情况下，应不影响所收集数据情报的安全性及抗攻击的能力。

(5) 传感器网络本身无法保证部署区域的安全，要求安全机制设计应考虑被捕获以及被毁坏时，仍能具有安全通信的能力。传感器网络的节点有时会被投放在无人抵达区域(如，火山与海洋等监测)或敌对区域，这种情况下，节点本身所处的环境就不安全，很容易被损坏销毁或者被捕获。因此设计安全机制时要考虑节点被俘后暴露密钥所带来的安全问题，提高节点的抗俘获能力；或者部分节点被毁坏时，仍旧能够在相应的监测区域安全收集信息的能力。

(6) 传感器网络节点部署前缺乏节点间的先验知识，要求节点能以自组织方式组建安全网络。传感器网络可以广泛应用在不同的领域，从所部署的区域中收集所需要的信息。通常，传感器节点随机撒播在检测区域内，通过自组织方式组建网络。由于部署在监测区域内的节点在部署之前都无法得知其他节点的信息，因此，在设计传感器网络安全协议和算法时应考虑节点间自组织的组网是安全的，以防恶意节点假网络冒节点。

由于传感器节点能量通常是由电池供电的，节点能量耗尽导致节点失效；由于传感器单个节点的通信距离较短，为了将所采集的数据发送到目的节点，通常采用多跳中继方式，这样攻击者就有机会进行窃听或干扰通信；当传感器网络大规模部署时，需要较低成本的节点，这样节点被捕获后易暴露密钥；现存的安全高效的安全机制由于通信和计算开销太大，不能直接适用于资源受限的传感器网络。以上所列出的 WSN 本身所具有的独特性决定了 WSN 安全研究的独特性和复杂性。传感器网络中常见的不同层受到的攻击与防御策略见表 9-1。此外，传感器网络通常是基于应用的网络系统，不同的应用环境对安全的要求标准不同。针对不同的应用场景，设计低能耗、安全性能好的安全机制是 WSNs 安全研究的方向。

表 9-1　传感器网络中各层攻击与防御策略

网络层次	可能面临的攻击	相应的防御策略	安全机制
物理层	无线干扰、拥塞	扩频、优先级消息、低占空比、区域映射、模式转换	① 加解密 ② 认证 ③ 安全组播 ④ 网络分级管理 ⑤ 信任等级路由 ⑥ 容侵策略
	物理篡改、破坏	节点防篡改、伪装和隐蔽、破坏证明	
数据链路层	信息碰撞	纠错码	
	耗尽攻击	设置竞争门限、限制通信速度	
	非公平竞争、拒绝信道	使用短帧策略和非优先级策略、限制连接、网络分级	
	窃听、注入、重放	加密链路、节点身份认证	
网络层	误导向	源认证、出口过滤、监测机制	
	篡改路由加入	加密链路、密钥分发认证	
	洪泛(Hello Flood)	网络分级、限制广播半径、组播	
	丢弃和贪婪破坏	冗余路径和探测机制	
	汇聚节点攻击	加密和逐跳认证	
	黑洞、Wormhole	冗余信任等级路由、认证和监测	
	创建路由环	篡改校验、认证	
传输层	泛洪	用户询问	
	同步破坏	认证	

总之，对于 WSN 而言，它所面临的安全威胁源于其无线通信及自身节点特征所造成的问题，主要包括 3 方面：①来自于无线通信过程中的信号干扰，攻击者采用频率干扰的方法来破坏传感器节点接收信号，破坏传感器节点和基站之间的联系；②来自于传感器节点自身，如单个节点能量和处理器能力有限引起的能量耗尽攻击和剥夺睡眠攻击；③来自无线自组织网络本身的脆弱性，如无线自组织网络拓扑结构变化快引起的。对于干扰安全问题主要用到无线通信中抗干扰技术，密钥管理和身份认证技术为 WSN 暴露的无线链路提供安全保护，是 WSN 一种重要的安全策略；对于针对节点自身及网络本身的弱点的攻击，使用加解密、认证、网络分级管理及信任路由和容侵策略等安全机制进行防范。

2. 无线传感器网络安全目标

WSN 中节点的能量通常由电池提供，更换电池通常是不可能或者是不可行的，同时节点的存储能力和计算能力较低，这些传感器网络节点本身所独具的特点决定其比其他的网络更易受到的安全威胁，具有更多的不安全因素。与传统的网络安全相类似，无线传感器网络常见的安全目标涉及以下几点。

1) 数据机密性

数据机密性就是保证网络的敏感信息(节点从环境中收集的信息、控制、路由信息等)在存储和传输的过程中不被未授权的实体获得。例如，传感器网络在监视敌方战场情况等方面的应用，网络节点间传送的是机密信息，这些敏感信息一旦被敌方攻击者破获，将不能保障所部署区域网络安全机制，这使得节点传递的信息的可靠性以及可用性降低。因此，在需要保证数据机密性的网络中，通信双方应建立安全的通信信道，发送者将所有的敏感信息进行相应的加密后传送，只有授权的接收节点拥有解密密钥。

2) 数据完整性

数据完整性就是保证发送者发送的数据到达接收者时，数据没有被篡改或替换。在 WSN 通信中，由于无线信道干扰大或者其他因素造成信号差或者存在中间人攻击等，数据在传输过程有可能被截获、篡改或缺损。这就要求作为接收方的网络节点收到发送方发送的消息时，能够确认这个数据包跟发送者发送出来时是一样的，即数据包没有被中间节点或恶意节点篡改，以及数据包在传输过程中没有出错。这可以阻止中间人攻击。在传统网络安全的公钥密码体制中，往往采用数字签名保证数据完整性，但算法计算开销过大，不适合资源受限的传感器网络。为此，可以采用消息认证码(Message Authentication Code，MAC)来完成这一任务。

3) 数据新鲜性

数据本身具有时效性的，数据新鲜性是保证接收者接收的信息是最新生成的，防止攻击者进行重放攻击。传感器网络中节点通信能力比较低，为了将数据发送到目的地，网络中的节点承担起中继节点的角色，接收来自其他节点的数据信息，通过多跳通信方式发送到汇聚节点。如果攻击者冒充中继节点，大量发送过时的信息，将导致接收者资源过早耗尽，使其不能正常工作，造成网络断裂，从而缩短了网络寿命。为此，保证数据新鲜性的方法通常是引入一个初始向量，在每个数据包中包含着一个 Nonce，该数值是表示数据新鲜性的递增向量。当节点接收到一个数据包时，将其中的 Nonce 值和最近接收到的值进行比较，来确定该数据包的新鲜程度。

4) 可认证性

可认证性是接收者能够确认发送者是它所声称的身份，防止攻击者假冒正常节点参与通信。可认证性是安全信息系统重要的安全机制，防止非法节点发送、伪造信息。由于传感器网络中，节点能量受限，如果节点盲目收发信息，就会很快耗尽能量导致节点失灵。在 WSN 中，通常采用对称密钥来完成信息源的认证，使用共享的对称密钥生成消息认证码 MAC 是保证点到点认证的首选。

5) 可扩展性

可扩展性是指安全机制可以在网络规模、网络生存时间、时间延迟等方面进行扩展。传感器网络可广泛应用工农业生产和生活中，检测区域内的节点数量规模很大，节点分布范围广，恶意攻击或者环境的变化，节点的失效和动态加入都会影响网络的拓扑结构。因此，需要设计扩展性较好的安全方案来保证网络的正常工作。

6) 鲁棒性

鲁棒性是指当传感器网络遇到环境变化或节点失效等状况后，安全机制能保证整个网络不会因此而瘫痪。传感器网络通常部署在恶劣环境或无人区域，环境的变化和各种安全威胁时常发生，节点也会因资源耗尽被撤出或者因网络需要动态加入，因此应该设计鲁棒性较好的安全方案，延长网络的生存周期。

综上所述，无线传感器网络安全目标及实现这些目标所使用的主要技术见表 9-2。

表 9-2　无线传感器网络安全目标及实现目标所使用的主要技术

目　标	意　义	主 要 技 术
机密性	确保机密信息不会暴露给未授权的实体	信息加密、解密
完整性	保证信息不会被篡改或伪造	签名、MAC、Hash
可用性	网络资源在授权一方需要时是可用的，即使受到攻击时也应确保网络能完成基本任务	入侵检测、容侵、冗余、容错、网络自愈和重构
不可否认性	信息源发起者不能否认自己发送的信息	身份认证、签名、访问控制
数据新鲜性	保证用户在指定时间内获得所需要的信息，确保没有对手重播旧的信息	入侵检测、访问控制、网络管理

9.2.3　RFID 安全

物联网中应用 RFID 标签对物体静态属性的标识。RFID 标签具有体积小、容量较大、易于嵌入物体当中、无须接触就能大量地进行读取等优点。RFID 标识符较长，可使每一个物体具有一个唯一的编码，唯一性使得物体的跟踪成为可能。该特征可帮助企业防止偷盗、改进库存管理、方便商店和仓库的清点。使用 RFID 技术，可极大地减少消费者在付款柜台前的等待时间。随着 RFID 能力的提高和标签应用的日益普及，安全问题，特别是用户隐私问题变得日益严重。相对于安全的概念来讲，隐私则是一个包含了政策、法律等多领域的多元概念。用户如果带有不安全的标签的产品，则在用户没有感知的情况下，被附近的阅读器读取，从而泄露个人的敏感信息，如金钱、药物(与特殊的疾病相关联)、书(可能包含个人的特殊喜好)等，特别是可能暴露用户的位置隐私，使得用户被跟踪。

1. RFID 的安全问题

RFID 的安全问题包括 4 个方面：即数据的秘密性、完整性、数据真实性及发送方和接收方的身份认证。

1) 数据秘密性

数据秘密性即消息内容的安全，它是指一个 RFID 标签不应当向未经授权的读写器泄

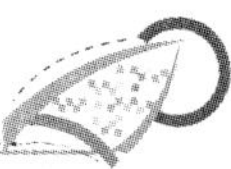

露任何敏感的信息。一个完备的 RFID 安全方案必须能够保证标签中所包含的信息仅能被授权读写器识别。而未采用安全机制的 RFID 标签会向邻近的读写器泄露标签内容和一些敏感信息。

2) 数据完整性

数据完整性是指在通信过程中能够保证接收者收到的信息在传输过程中没有被攻击者篡改或替换。在基于公钥的密码体制中，数据完整性一般是通过数字签名来完成的。在 RFID 系统中，通常使用消息认证码来进行数据完整性的检验。它使用的是一种带有共享密钥的散列算法，即将共享密钥和待检验的消息连接在一起进行散列运算，对数据的任何细微改动都会对消息认证码的值产生较大影响。如果不采用数据完整性控制机制，可写的标签存储器有可能受到攻击，被攻击者私自篡改甚至删除。

3) 数据真实性

在 RFID 系统的许多应用中是非常重要的，其最主要的目的是为了防止伪造的标签欺骗读卡器。在商品应用模式中，攻击者可以利用伪造的标签代替实际物品，或通过重写合法的 RFID 标签内容，使用低价物品标签的内容来替换高价物品标签的内容从而获取非法利益。同时，攻击者也可以通过某种方式隐藏标签，使读写器无法发现该标签，从而成功地实施物品转移。

RFID 系统存在的安全隐患主要可以分为两个范畴。首先，以摧毁系统为目的普通的安全威胁，可以通过伪装合法标签来危害系统的安全，以及标签信息的非法读取与改动，系统还会受到物理攻击、拒绝服务攻击、伪造标签、标签哄骗、偷听和通信流量分析等安全威胁。其次，隐私相关的威胁，一是标签信息泄露，标签泄露相关物体和用户信息，有效身份的冒充和欺骗；另外是通过标签的唯一标识符进行恶意追踪，恶意追踪意味着对手可以在任何地点任何时间追踪识别某一固定标签，侵犯标签用户隐私。标签采用的是信息交互技术，携带标签的任何人都可能在公开场合被自动跟踪。同时，信息在交互与使用过程中也可能涉及个人信息隐私与公共安全的问题。

因此，在 RFID 应用时，必须仔细分析所存在的安全威胁，研究和采取适当的安全措施，既需要技术方面的措施，又需要政策、法规方面的制约。潜在的 RFID 消费隐私泄露问题如图 9.3 所示。

2. RFID 系统的安全攻击

RFID 系统的主要安全攻击可以简单地分为主动攻击和被动攻击两种类型。

(1) 主动攻击包括以下几种。

① 使用为探针获取敏感信号，进而对 RFID 标签重构的攻击。

② 通过软件利用微处理器的通用通信接口，通过扫描 RFID 标签和响应阅读器的探询，寻找安全协议、加密算法及它们实现的弱点，删除 RFID 标签内容或篡改可重写 RFID 标签内容的攻击。

③ 通过干扰广播、阻塞信息通道或其他手段，产生异常的应用环境，使合法处理器产生故障，拒绝服务攻击等。

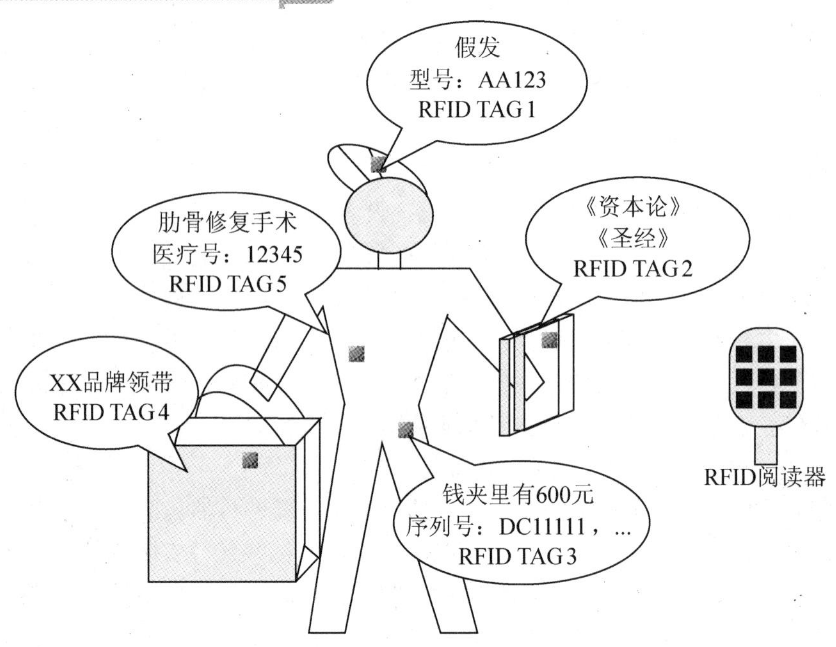

图 9.3 潜在的 RFID 消费隐私泄露问题

(2) 被动攻击包括以下几种。

① 通过窃听技术，分析微处理器正常工作过程中产生的各种电磁特征，来获得 RFID 标签和阅读器之间或其他 RFID 通信设备之间的通信数据。

② 通过阅读器等窃听设备，跟踪商品流通动态等。

3. 安全攻击的攻击方式

攻击者一般是通过以下几种方式对 RFID 进行攻击。

(1) 非法读取：通过未经过授权的读写器来获取某类商品标签上的信息。

(2) 跟踪攻击：通过向标签发送简单的查询类命令，探测并记录标签的包含标签 ID 或者其他可以区别标签的反馈信息，利用所捕捉到的反馈信号对标签的附着载体进行跟踪监视。追踪是一种对人有威胁的安全问题，攻击者通过标签的响应信息来追踪标签。因此，一个 RFID 系统应该满足：不可分辨性(indistinguishability)和前向安全(forward security)。不可分辨性是包含在 ID 匿名(anonymity)中的一个概念，意味着一个标签所发出的信息与其他标签所发出的信息具有不可分辨性，即与 ID 无关；前向安全则是指，如果一个攻击者获取了该标签先前发出的信息，那么攻击者用该先前获取的信息不能够确定该标签。通常来讲，Hash 函数的随机特性和随机数被用来解决该类问题。

(3) 窃听攻击：藏匿在正在使用的读卡器附近通过窃听读卡器与标签之间的正常通信，来获取标签上的信息，从而执行加强的攻击，如重传或假冒攻击。

(4) 数据演绎：利用某种手段获得了某一种标签的数据，然后寄希望于使用数据演绎的方法，从这一信息中推测出其他标签上的数据，以至于掌握整个系统的数据。

(5) 伪造攻击：在射频通信网络中，利用窃听到的标签发射的信号，攻击者截获一个合法用户的身份信息后，伪造电子标签产生系统认可的“合法用户标签”，利用该复制品进行非法的活动，如未经许可可进入某些领域等。

(6) 物理攻击：主要针对节点本身进行物理上的破坏行为，导致信息泄露、恶意追踪等，通过逻辑分析仪和示波器等仪器捕捉并分析标签与读卡器之间的数据通信。如电磁干扰(jamming)、能量分析、克隆(clone)和篡改标签(tampering)等 RFID 安全问题发生在物理层。

(7) 信道阻塞：攻击者通过长时间占据信道导致合法通信无法传输。

(8) 复制攻击：通过复制他人的电子标签信息，多次顶替别人使用。

(9) 重放攻击：攻击者通过某种方法将用户的某次使用过程或身份验证记录重放或将窃听到的有效信息经过一段时间以后再传给信息的接收者，骗取系统的信任，达到其攻击的目的。RFID 系统中，攻击者通过中途截取读写器和标签之间通信的有效信号，之后将该有效信号在 RFID 系统中进行重传，从而对系统进行的一种攻击。通常来讲，解决重传攻击问题需要用到挑战-响应机制，计时和计数的机制也经常用来抵御重传攻击。

(10) 假冒攻击：攻击者假冒读写器来记录标签的响应，之后，攻击者用该响应去响应合法的读写器使得该合法的读写器仍然以为真正的标签还在，而实际上标签已经离去。通常来讲，解决假冒攻击问题的主要途径是执行认证协议和数据加密。

(11) 去同步化。去同步化(desynchronization)主要是指通过使标签和后台数据库所存储的信息不一致导致标签失效的一种威胁。读写器对标签有读和写两种操作，在现实的 RFID 应用中，写操作的内容主要是标签 ID，攻击者通过对写操作(如升级 ID)的攻击而带来去同步化问题。如会话劫持(session hijacking/interception)，该攻击是中间人攻击(man-in-the-middle attack)的一种具体体现形式，它所带来的主要威胁是应用层的去同步化问题。

RFID 是一种非接触式的自动识别技术，它通过射频信号自动识别目标对象并获取相关数据，识别工作不需要人工干预。RFID 是一种简单的无线系统，该系统用于控制、检测和跟踪物体，由一个询问器(或阅读器)和很多应答器(或标签)组成。对于 RFID 系统而言其安全问题还表现在如下几个方面。

(1) 各组件的安全脆弱性：在 RFID 系统中，不管数据是在传输中，还是保存在标签、阅读器或者后端的系统中，数据随时会受到攻击。

(2) 数据的脆弱性：攻击者通过阅读器或者其他手段读取标签中的数据，甚至可能改写或删除标签中的内容；阅读器收到数据后，进行一些相关的处理，在处理过程中，数据安全可能会受到类似计算机安全脆弱的问题。

(3) 通信的脆弱性：标签和阅读器之间通过无线电波互相传送数据，在这种交换中，攻击者可能截取数据或者阻塞、欺骗数据通信，甚至采用非法标签发送数据。

针对上述种种可能的攻击行为，人们研究或采用了相应的安全措施，包括将密码学应用于智能卡，对智能卡采取物理或逻辑的安全防护手段等。在物理防护方面，采取了 Kill 命令机制、静电屏蔽、主动干扰以及阻止标签法等。所以能否抵御假冒攻击、重传攻击、追踪和去同步化等安全威胁通常被用来作为评价一个应用层安全协议的指标。有研究者提出了基于 Hash 函数设计了一个介于 RFID 标签和后端服务器之间的安全认证协议 HSAP，以解决假冒攻击、重传攻击、追踪、去同步化等安全问题，并基于 GNY 逻辑给出了形式化的证明。由于在 RFID 标签中仅仅使用了 Hash 函数和或操作，HSAP 协议适合于低成本 RFID 系统。

Kill 命令机制：采用从物理上毁坏标签，来防止非法跟踪的办法。但是，一旦对标签实施了 Kill 毁坏命令，标签便不可能再被重用，这就不符合经济性要求；此外，若攻击者掌握了 Kill 的操作方法，将给使用该种方法的连锁超市企业带来极大的危害。

静电屏蔽(也称法拉第电罩)：利用传导材料构成的容器可以对标签进行屏蔽，使之不能接收任何来自标签读写器的信号。静电屏蔽给读卡器的正常阅读造成了不便，也增加了系统的成本。

主动干扰：标签用户可以通过一个设备主动广播无线电信号用于阻止或破坏附近的 RFID 阅读器的操作。但这种方法可能导致非法干扰，使附近其他合法的 RFID 系统受到干扰，严重的是，它可能阻断附近其他无线系统。

阻塞标签法：Juels 等通过引入 RFID 阻塞标签来解决消费者隐私性保护问题，该方法使用标签隔离(抗碰撞)机制来中断读写器与全部或指定标签的通信，这些标签隔离机制包括树遍历协议和 ALOHA 协议等。阻塞标签能够同时模拟多种标签，消费者可以使用阻塞标签有选择地中断读写器与某些标签(如特定厂商的产品或某个指定的标识符子集)之间的无线通信。但是，阻塞标签也有可能被攻击者滥用来实施拒绝服务攻击。

对于一些低成本的 RFID 标签，由于有严格的成本限制，难以采用复杂的密码机制来实现与标签之间的安全通信。鉴于加强 RFID 安全的物理实现有各种缺点，研究者将 RFID 的安全实现转移到软件系统方面，提出了一系列基于密码技术的安全协议，如 Hash 锁、随机 Hash 锁、Hash 链及改进的随机 Hash 锁等方法。

一个完善的系统必须依赖于整体系统的安全性设计，利用久经考验的各种公开算法进行智能卡密钥的分散化和智能卡数据的加密化，并采取实时数据传输的手段来处理非正常数据，同时借助对嫌疑智能卡进行黑名单化等手段，才能最大限度地保障整个 RFID 系统的安全性能。

9.2.4 物联网嵌入式系统与智能终端安全

在物联网的感知层中，还有被广泛使用的嵌入式系统与智能终端系统，它们会涉及嵌入式系统(ARM)安全、嵌入式操作系统安全、智能手机终端安全、智能手机终端操作系统安全。

嵌入式操作系统(Embedded Operating System，EOS)是指用于嵌入式系统的操作系统。嵌入式操作系统是一种用途广泛的系统软件，通常包括与硬件相关的底层驱动软件、系统内核、设备驱动接口、通信协议、图形界面、标准化浏览器等。嵌入式操作系统负责嵌入式系统的全部软、硬件资源的分配，任务调度，控制、协调并发活动。它必须体现其所在系统的特征，能够通过装卸某些模块来达到系统所要求的功能。目前在嵌入式领域广泛使用的操作系统有嵌入式 Linux、Windows Embedded、VxWorks 等，以及应用在智能手机和平板电脑的 Android、iOS 等。由于嵌入式系统一般是应用于小型电子装置的，系统资源相对有限，所以内核较之传统的操作系统要小得多。高实时性的系统软件(OS)是嵌入式软件的基本要求，软件要求固态存储，以提高速度；软件代码要求高质量和高可靠性。

嵌入式系统广泛应用于工业、交通、智能家居、环境工程与自然、机器人等领域。基于嵌入式芯片的工业自动化设备将获得长足的发展，如工业过程控制、数字机床、电力系

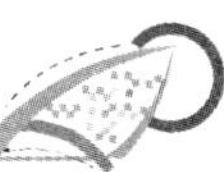

统、电网安全、电网设备监测、石油化工系统。在车辆导航、流量控制、信息监测与汽车服务方面，嵌入式系统技术已经获得了广泛的应用。内嵌 GPS 模块，GSM 模块的移动定位终端已经在各种运输行业获得了成功的使用。水、电、煤气表的远程自动抄表、安全防火、防盗系统，其中嵌入的专用控制芯片将代替传统的人工检查，并实现更高、更准确和更安全的性能。在服务领域，如远程点菜器等已经体现了嵌入式系统的优势。

由于嵌入式系统及智能终端广泛应用于工农业和日常生活中，其安全性是不言而喻的。要防止病毒与黑客攻击，就要保证信息的完整性和机密性及数据的新鲜性。

9.3　物联网传输层安全

物联网传输层实现感知数据和控制信息的双向传递，通过各种电信网络与互联网的融合，将物体的信息实时准确地传递出去。物联网通过各种接入设备与移动通信网和互联网相连，如手机付费系统中由刷卡设备将内置于手机的 RFID 信息采集上传到互联网，网络层完成后台鉴权认证并从银行网络划账。网络层还具有信息存储查询、网络管理等功能。物联网的传输层主要用于把感知层收集到的信息安全可靠地传输到信息处理层，然后根据不同的应用需求进行信息处理，即传输层主要是网络基础设施，包括互联网、移动网和一些专业网(如国家电力专用网、广播电视网)等。在信息传输过程中，可能经过一个或多个不同架构的网络进行信息交接。例如，普通电话座机与手机之间的通话就是一个典型的跨网络架构的信息传输实例。在信息传输过程中跨网络传输是很正常的，在物联网环境中这一现象更突出，而且很可能在正常而普通的事件中产生信息安全隐患。

在传输层，异构网络的信息交换将成为安全性的脆弱点，特别在网络认证方面，难免存在中间人攻击和其他类型的攻击(如异步攻击、合谋攻击等)。这些攻击都需要有更高的安全防护措施。物联网传输层实现信息的转发和传送，它将感知层获取的信息传送到远端，为数据在远端进行智能处理和分析决策提供强有力的支持。物联网基础网络可以是互联网，也可以是具体的某个行业网络。物联网的网络层按功能可以大致分为接入层和核心层。物联网的网络层安全主要体现在两个方面，即来自物联网本身的架构、接入方式和各种设备的安全问题，以及进行数据传输的网络相关安全问题。

物联网网络层可划分为接入/核心网和业务网两部分，它们面临的安全威胁主要如下。

(1) 拒绝服务攻击：物联网终端数量巨大且防御能力薄弱，攻击者可将物联网终端变为傀儡，向网络发起拒绝服务攻击。

(2) 假冒攻击、中间人攻击：如假冒基站攻击，2G GSM 网络中终端接入网络时的认证过程是单向的，攻击者通过假冒基站骗取终端驻留其上并通过后续信息交互窃取用户信息。

(3) 基础密钥泄露威胁：物联网业务平台 WMMP 协议以短信明文方式向终端下发所生成的基础密钥。攻击者通过窃听可获取基础密钥，任何会话无安全性可言。

(4) 隐私泄露威胁：攻击者攻破物联网业务平台之后，窃取其中维护的用户隐私及敏感信息信息。

(5) IMSI 暴露威胁：物联网业务平台基于 IMSI 验证终端设备、(U)SIM 卡及业务的绑定关系。这就使网络层敏感信息 IMSI 暴露在业务层面，攻击者据此获取用户隐私。

(6) 跨异构网络的网络攻击。

物联网传输层安全体系结构如图 9.4 所示。

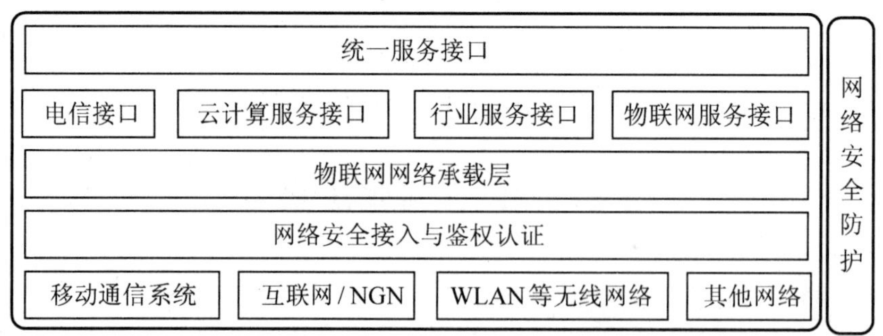

图 9.4　物联网传输层安全体系结构

传输层的安全架构主要包括如下几个方面：①网络的安全接入与鉴权认证，涉及节点认证、数据机密性、完整性、数据流机密性、DDOS 攻击的检测与预防；②移动网中 AKA 机制的一致性或兼容性、跨域认证和跨网络认证(基于 IMSI)；③相应密码技术。密钥管理(密钥基础设施 PKI 和密钥协商)、端对端加密和节点对节点加密、密码算法和协议等；④组播和广播通信的认证性、机密性和完整性安全机制；⑤统一服务接口的安全性问题。

由于不同架构的网络需要相互连通，因此在跨网络架构的安全认证等方面会面临更大挑战。物联网传输层将会遇到下列安全挑战：①DOS 攻击、DDOS 攻击；②假冒攻击、中间人攻击等；③跨异构网络的网络攻击。

在传输层，异构网络的信息交换将成为安全性的脆弱点，特别在网络认证方面，难免存在中间人攻击和其他类型的攻击(如异步攻击、合谋攻击等)。这些攻击都需要有更高的安全防护措施。

9.4　物联网安全中间件体系结构

中间件是在一个分布式系统环境中处于操作系统和应用程序之间的软件。中间件作为一大类系统软件，与操作系统、数据库管理系统并称“三套车”，其重要性不言而喻。如果把物联网系统和人体做比较，感知层好比人体的四肢，传输层好比人的身体和内脏，应用层就好比人的大脑，软件和中间件是物联网系统的灵魂和中枢神经。目前，使用较多的几种中间件系统是 CORBA、DCOM、J2EE/EJB 及被视为下一代分布式系统核心技术的 Web Services。在物联网中，中间件处于物联网的集成服务器端和感知层、传输层的嵌入式设备中。服务器端中间件称为物联网业务基础中间件，一般都是基于传统的中间件(应用服务器、ESB/MQ 等)，加入设备连接和图形化组态展示模块构建；嵌入式中间件是一些支持不同通信协议的模块和运行环境。中间件的特点是其固化了很多通用功能，在具体应用

中多半需要二次开发来实现个性化的行业业务需求，物联网中间件都要提供快速开发(RAD)工具。

按物联网底层感知及互联互通，和面向大规模物联网应用两方面来讲，当前物联网中间件的相关研究现状：在物联网底层感知与互联互通方面，EPC 中间件相关规范、OPC 中间件相关规范已经过多年的发展，相关商业产品在业界已被广泛接受和使用；WSN 中间件，以及面向开放互联的 OSGi 中间件，正处于研究热点；在大规模物联网应用方面，面对海量数据实时处理等的需求，传统面向服务的中间件技术将难以发挥作用，而事件驱动架构、复杂事件处理 CEP 中间件是物联网大规模应用的核心研究内容之一。

EPC(Electronic Product Code)中间件扮演电子产品标签和应用程序之间的中介角色。应用程序使用 EPC 中间件所提供的一组通用应用程序接口，即可连到 RFID 读写器，读取 RFID 标签数据。基于此标准接口，即使存储 RFID 标签数据的数据库软件或后端应用程序增加或改由其他软件取代，或者读写 RFID 读写器种类增加等情况发生时，应用端不需修改也能处理，省去多对多连接的维护复杂性等问题。

OPC(OLE for Process Control，用于过程控制的 OLE)是一个面向开放工控系统的工业标准。OPC 基于微软的 OLE(Active X)、COM(构件对象模型)和 DCOM(分布式构件对象模型)技术，包括一整套接口、属性和方法的标准集，用于过程控制和制造业自动化系统，现已成为工业界系统互联的缺省方案。OPC 的诞生，为不同供应厂商的设备和应用程序之间的软件接口提供了标准化，使其间的数据交换更加简单化的目的而提出的。作为结果，可以向用户提供不依靠于特定开发语言和开发环境的可以自由组合使用的过程控制软件组件产品。

WSN 中间件主要用于支持基于无线传感器应用的开发、维护、部署和执行，其中包括复杂高级感知任务的描述机制，传感器网络通信机制，传感器节点之间协调以在各传感器节点上分配和调度该任务，对合并的传感器感知数据进行数据融合以得到高级结果，并将所得结果向任务指派者进行汇报等机制。目前的 WSN 中间件研究提出了诸如分布式数据库、虚拟共享元组空间、事件驱动、服务发现与调用、移动代理等许多不同的设计方法。

OSGi(Open Services Gateway initiative)是一个 1999 年成立的开放标准联盟，旨在建立一个开放的服务规范，一方面，为通过网络向设备提供服务建立开放的标准，另一方面，为各种嵌入式设备提供通用的软件运行平台，以屏蔽设备操作系统与硬件的区别。OSGi 规范基于 JAVA 技术，可为设备的网络服务定义一个标准的、面向组件的计算环境，并提供已开发的像 HTTP 服务器、配置、日志、安全、用户管理、XML 等很多公共功能标准组件。OSGi 组件可以在无须网络设备重启下被设备动态加载或移除，以满足不同应用的不同需求。基于 OSGi 的物联网中间件技术早已被广泛地用到了手机和智能 M2M 终端上，在汽车业(汽车中的嵌入式系统)、工业自动化、智能楼宇、网格计算、云计算、各种机顶盒、Telematics 等领域都有广泛应用。有业界人士认为，OSGi 是“万能中间件”(Universal Middleware)，可以毫不夸张地说，OSGi 中间件平台一定会在物联网产业发展过程中大有作为。

此外，还有复杂事件处理(Complex Event Progressing)中间件，它将系统数据看作不同类型的事件，通过分析事件间的关系，建立不同的事件关系序列库，即规则库，利用过滤、关联、聚合等技术，最终由简单事件产生高级事件或商业流程。不同的应用系统可以通过它得到不同的高级事件。

安全中间件是一类中间件技术，它采用许多成熟的中间件技术和安全技术屏蔽安全的复杂性，如算法复杂性、模块间和模块内部的安全、体系结构安全、基于组件的安全机器效率等，使安全技术真正易用，易于普及，为物联网实用化提供了安全保障。安全中间件是实施安全策略，以及实现安全服务的基础架构，其体系结构如图 9.5 所示。物联网的三层架构均增加安全机制，包括密码服务、认证服务和安全应用。

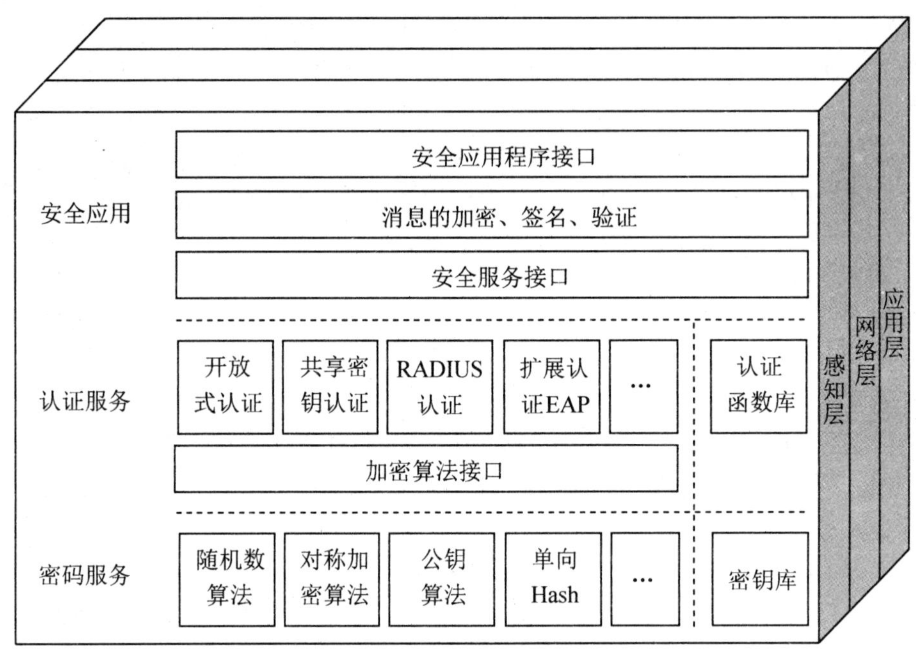

图 9.5　物联网安全中间件体系结构

9.5　物联网应用层安全

物联网应用层涉及的是综合的或有个体特性的具体应用业务，它所涉及的某些安全问题通过前面几个逻辑层的安全解决方案可能仍然无法解决。在这些问题中，隐私保护就是典型的一种。隐私保护的问题是一些特殊应用场景的实际需求，即应用层的特殊安全需求。物联网的数据共享有多种情况，涉及不同权限的数据访问。此外，在应用层还将涉及知识产权保护、计算机取证、计算机数据销毁等安全需求和相应技术。

物联网应用是信息技术与行业专业技术的紧密结合的产物。物联网应用层充分体现物联网智能处理的特点，涉及业务管理、数据挖掘、云计算等多种技术。物联网涉及多领域多行业，广域范围的海量数据信息处理和业务控制策略将在安全性和可靠性方面面临巨大挑战，特别是业务控制、管理和认证机制、中间件及隐私保护等安全问题显得尤为突出。

基于物联网应用层所面临的安全威胁，可以制定出相应的物联网应用层的安全机制，如有效的数据库访问控制机制和内容筛选机制，不同场景的隐私信息保护技术，叛逆追踪和其他信息泄露追踪机制，有效的网络节点主机取证技术，安全的计算机数据销毁技术，以及安全的物联网硬件和软件知识产权保护机制等。

物联网应用层安全涉及传统应用安全、数据处理安全及与安全等多个方面。应用层的安全挑战和安全需求主要来自于下述几个方面。

(1) 如何根据不同访问权限对同一数据库内容进行筛选；由于物联网需要根据不同应用需求对共享数据分配不同的访问权限，而且不同权限访问同一数据可能得到不同的结果。例如，道路交通监控视频数据在用于城市规划时只需要很低的分辨率即可，因为城市规划需要的是交通堵塞的大概情况；当用于交通管制时就需要清晰一些，因为需要知道交通实际情况，以便及时发现哪里发生了交通事故，以及交通事故的基本情况等；当用于公安侦查时可能需要更清晰的图像，以便准确识别汽车牌照等信息。因此如何以安全方式处理信息是应用中的一项挑战。

(2) 如何提供用户隐私信息保护，同时又能正确认证。

(3) 如何解决信息泄露追踪问题。

(4) 如何进行计算机取证。

(5) 如何销毁节点主机数据。

(6) 如何保护电子产品和软件的知识产权。

(7) 虚假终端触发威胁：攻击者可以通过 SMS 向终端发送虚假触发消息，触发终端误操作。

物联网应用系统是多用户、多任务的工作环境，为非法使用系统资源打开了方便之门。防止非法用户进入系统以及合法用户对系统资源的非法使用，可以采用访问控制技术来保障。访问控制的主要功能有。身份认证、授权、文件保护及审计等功能。

随着个人和商业信息的网络化，越来越多的信息被认为是用户隐私信息。需要隐私保护的应用至少包括如下几种。

(1) 移动用户既需要知道(或被合法知道)其位置信息，又不愿意非法用户获取该信息。

(2) 用户既需要证明自己合法使用某种业务，又不想让他人知道自己在使用某种业务，如在线游戏。

(3) 病人急救时需要及时获得该病人的电子病历信息，但又要保护该病历信息不被非法获取，包括病历数据管理员。事实上，电子病历数据库的管理人员可能有机会获得电子病历的内容，但隐私保护采用某种管理和技术手段使病历内容与病人身份信息在电子病历数据库中无关联。

(4) 许多业务需要匿名性，如网络投票。很多情况下，用户信息是认证过程的必须信息，如何对这些信息提供隐私保护，是一个具有挑战性的问题，但又是必须要解决的问题。例如，医疗病历的管理系统需要病人的相关信息来获取正确的病历数据，但又要避免该病历数据跟病人的身份信息相关联。在应用过程中，主治医生知道病人的病历数据，这种情况下对隐私信息的保护具有一定困难性，但可以通过密码技术手段掌握医生泄露病人病历信息的证据。

基于物联网综合应用层的安全挑战和安全需求，需要如下的安全机制。

(1) 有效的数据库访问控制和内容筛选机制。

(2) 不同场景的隐私信息保护技术。

(3) 叛逆追踪和其他信息泄露追踪机制。

(4) 有效的计算机取证技术。

(5) 安全的计算机数据销毁技术。

(6) 安全的电子产品和软件的知识产权保护技术。

针对这些安全架构，需要发展相关的密码技术，包括访问控制、匿名签名、匿名认证、密文验证(包括同态加密)、门限密码、叛逆追踪、数字水印和指纹技术等。

1. 车联网安全威胁

物联网以业务应用为核心，每种业务应用可能因其具体场景的不同存在着独特的安全威胁。例如，中国移动车务通业务通过在车辆安装支持定位功能的车载终端，向集团客户(如运输公司)提供车辆位置监控与调度服务，以实现集团车辆的有效管理。在此应用中存在如下几种典型的安全威胁。

(1) 参数篡改威胁：攻击者通过远程配置，木马/病毒等手段篡改车载终端配置参数，如 APN，服务器 IP 地址/端口号，呼叫中心号码等，将一键服务请求接至非法服务平台或呼叫中心，以牟取利益。

(2) 拒绝监控威胁：攻击者将车载终端非法挪装至其他车辆，上报虚假的位置信息；或者攻击者通过中断电源，屏蔽网络信号等手段恶意造成终端脱网，使监控中心无法监控。

2. M2M 安全

互联网和物联网的根本区别是，互联网处理的主要是“人输入的数据”，而物联网处理的主要是“机器生成的数据”。全世界几十亿双手一天能输入的数据量，可能顶不上一台机器一天自动生成的数据量，这将对云计算数据中心和云存储提出更高的要求。M2M 技术则是物联网实现的关键，同时也可代表人对机器(Man To Machine)、机器对人(Machine To Man)、移动网络对机器(Mobile To Machine)、机器对移动网络(Machine to Mobile)等多种不同类型的智能设备有机地结合在一起。M2M 技术适用范围广泛，可以结合 GSM/GPRS/UMTS 等远距离连接技术，也可以结合 Wi-Fi、BlueTooth、ZigBee、RFID 和 UWB 等近距离连接技术，此外还可以结合 XML 和 Corba，以及基于 GPS、无线终端和网络的位置服务技术等，用于安全监测、自动售货机、货物跟踪领域。目前，M2M 技术的重点在于机器对机器的无线通信，将来的 M2M 应用则将遍及军事、金融、交通、气象、电力、水利、石油、煤矿、工控、零售、医疗、公共事业管理等各个行业。短距离无线通信技术的发展和完善，使得物联网前端的信息通信有了技术上的可靠保证。

M2M 使机器、设备、应用处理过程与后台信息系统共享信息，并与操作者共享信息。物联网为运营商提供的一个很大机遇就在于其对运营层面的高要求，而三大电信运营商都具备这样的实力。中国移动在重庆成立了 M2M 运营中心，负责 M2M 业务的开发和推广工作；中国电信 M2M 业务也已经在一些省份进行了商用，如安徽电信在环保和烟草行业的应用等；中国联通更是在“2009 中国国际信息通信展”上展示了其基于 M2M 技术的公共交通车管理平台和无线环保检测平台两款行业解决方案。移动 M2M 限定在电信运营商

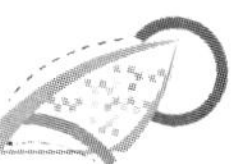

主推的 M2M 概念定义，即通过移动运营商现成的网络覆盖及随时随地的接入能力，将设备与设备，或设备与应用，设备与人连接，提供无线接入和互联网应用。可想而知，移动 M2M 具有广泛的业务前景，通信距离甚至可以跨越数千公里。

泛在网是指基于个人和社会的需求，利用现有的和新的网络技术，实现人与人、人与物、物与物之间按需进行的信息获取、传递、存储、认知、决策、使用等服务，泛在网网络具备超强的环境感知、内容感知及智能性，为个人和社会提供泛在的、无所不含的信息服务和应用。对 IBM 而言，智慧地球是指把智慧嵌入系统和流程之中，使服务的交付、产品开发、制造、采购和销售得以实现，使从人、资金到石油、水资源乃至电子的运动方式都更加智慧，使亿万人生活和工作的方式都变得更加智慧。大量的计算资源都能以一种规模小、数量多、成本低的方式嵌入各类非电脑的物品中，如汽车、电器、公路、铁路、电网、服装等，或嵌入全球供应链，甚至是自然系统，如农业和水域中。

对于 M2M 安全威胁与对策有以下几种。

1) 本地安全威胁

本地安全威胁涉及物理设备的安全问题及签约信息的安全问题。M2M 通信终端很少有人直接参与管理的，存在许多针对 M2M 终端设备和签约信息的攻击。

(1) 盗用 M2M 设备或签约信息。防御这一威胁的方法是采用机卡一体方案。

(2) 破坏 M2M 设备或者签约信息。可采取的策略是 M2M 设备应具备较强的抗辐射、耐高低温能力，为 M2M 设备中的功能实体提供可靠的执行环境。

2) 无线链路的安全威胁

M2M 设备终端与服务网之间的无线接口可能面临以下安全威胁。

(1) 非授权访问数据。采取的对策是在终端设备与服务网之间使用双向认证机制以及采用相应的数据加密算法。

(2) 对完整性的威胁。攻击者通过修改、插入、重放或者删除在无线链路上传输的合法 M2M 用户数据或信令数据，对 M2M 用户的交易信息造成破坏，这可以通过完整性保护方法，如使用具有完整性密钥的 Hash 算法来保护。

(3) 拒绝服务攻击。攻击者通过在物理层或协议层干扰用户数据、信令数据或控制数据在无线链路上的正确传输，实现无线链路上的拒绝服务攻击。对此，通常采用对策是追踪机制确定攻击者的位置。

3) 对服务网的安全威胁

(1) 非授权访问数据和服务。采用认证机制解决此问题。

(2) 终端病毒或恶意软件。采取的对策是 M2M 设备应能定期更新防病毒软件，若采用远程软件更新需经过签名，M2M 设备应能验证远程更新的软件合法性。

3. 结论

随着物联网的应用范围的扩大，接入到物联网中的设备越来越多，物联网所搜集的信息量越来越大，处理海量的信息对物联网来说也是寻常事情，然而，对物联网应用而言，能否得到大众的接受和认可，满足相应应用的安全性是一个非常关键的问题。对于物联网安全，以下问题需要认真研究和思考。

(1) 物联网从架构到安全需求尚在探索阶段。

(2) 物联网的安全架构必须尽早建立。

(3) 物联网的安全架构应允许安全机制的可扩展性。

(4) 物联网安全中间件的开发

(5) 安全服务的可扩展性。

(6) 安全等级的可扩展性。

(7) 物联网所面临的安全挑战比想象的更严峻。

(8) 物联网中隐私保护问题等。

物联网中，普通对象设备化、自治终端互联化和普适服务智能化是其 3 个重要特征。

物联网目前存在安全的问题，如果这些问题不能得到很好的解决，或者说没有很好的解决办法，就将会在很大程度上制约物联网的进一步发展。但是目前安全的问题还没有得到充分的重视。我们在强调标准、技术、应用方案及人才的同时，也不能忽视物联网安全的重要性。

物联网安全问题是一类很宽泛的问题，有大量技术难题需要解决。无论是什么网络，只要它是开放的，都无法避免安全问题。涉及大量终端、节点和服务器，处于发展阶段的物联网，其安全问题更是亟待解决。

在研究和推广物联网应用的同时，必须从道德教育、技术保障与完善法制环境 3 个角度出发，为物联网的健康发展创造一个良好的环境。

习　　题

1. 简述你对物联网信息安全的理解。
2. 简述物联网特有的安全问题。
3. 物联网传统安全问题有哪些？
4. 简述物联网所具有的独特安全特点。
5. 简述物联网各层安全特点。
6. 简述物联网应用系统的信息安全机制。
7. 简述你所熟悉的物联网中间件安全思想。
8. 选择一个你感兴趣的物联网行业应用，提出在该行业应用中物联网各层会遇到的安全隐患，并提出比较合理的解决方案。

实践习题

1. 进行有关对称密码体制和公钥密码体制实现加解密的相关实践。
2. 进行有关 RFID、WSN 等安全算法，各选择两个进行实践。
3. 对 IDS 的实现进行练习。

课 外 阅 读

1. 密码学相关的书籍。
2. TCP/IP 协议与安全。
3. 操作系统安全。
4. 网络安全协议及其实现。

第 10 章
物联网在金属矿山行业中的应用

智能矿山是研究金属矿山环境下，应用传感器感知技术、RFID、新一代移动互联等物联网关键技术、矿山云计算平台信息智能处理技术，采用 SaaS 模块化软件开发方法，研究设计矿山(包括井上及井下)人员定位、井下运输监控、井下数据采集、生产过程管理、物料位监测、设备点检等信息监测管理平台，通过信息采集与协同处理，全面、实时感知矿山生产过程状态、设备状态、人员状态及环境状况，通过数据挖掘、智能分析的手段，改进传统的金属矿山生产管理水平，改进企业只生产与销售的模式，使企业生产与市场需求、生产服务有机整合，使生产过程安全、高效、环保、低碳，提高企业的核心竞争力，打造绿色矿山企业。

教学目标

了解金属矿山行业基础知识；
了解非煤矿山物联网应用环境特点；
了解金属矿山物联网应用关键技术；
了解金属矿山物联网研究与应用内容。

10.1 金属矿山行业知识概述

1. 金属矿山采掘业相关知识

金属矿山采掘业务流程较复杂，分为探测、开采、挖掘、选矿、运输、产品销售等多个环节，其中每一个过程均包括多种工艺，涉及地质监测、冶金、机械、环保、能源、自动化、信息、安全等多个学科的问题，是中国传统的工业，支持国家的重大基础建设。采矿与选矿是生产环节的两个核心环节，其中过程的管控，直接涉及产品的产量、质量等问题，生产设备、生产技术、生产人员的配置，以及科技投入、管理手段先进与否，直接关系到传统矿山工业的效益与竞争力，关系到工业现代化进程。

本章针对物联网技术在矿山的生产应用进行介绍，为智能矿山方向应用与学习提供思路或案例。在我国，因铁矿采掘业务占比大，业务流程、工艺全，具有金属矿山采掘业务的代表性，因此本章以铁矿采掘业为例讲述相关知识。

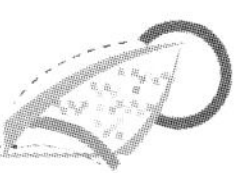

2. 金属矿山应用环境特点

金属矿山是传统的工业，相对其他行业来说，其投资大，技术及管理要求高，应用环境恶劣。特别是地下矿山，涉及的应用场景更为复杂。采矿过程中，首先要探测矿体的形状、成分、分布等，做好相应的开采规划，选择合适的开技术，然后进一步掘进巷道、主斜坡道、部署基础设施、安装基本设备等工作，其中很多环节涉及专业的机械、技术、环保、安全等多方面的综合应用。目前的采掘，多采用崩落法，通过爆破实现，因此，井下爆破、冲击波、粉尘、通风等问题突出，对系统设备的抗震、防尘、防水要求及安全管理措施要求较高。地下金属矿山，因信号屏蔽、反射等问题，造成信息点部署、通信困难，因此，金属矿山采掘业应用环境相对其他矿山，难度相对较大。

3. 金属矿山物联网关键技术研究

近年来，随着社会经济的发展和技术的不断进步，数字矿山、智能开采技术得到了进一步提升，世界范围内研究与产业化应用技术主要在以下 4 个方面：①数字化、智能化处理技术；②采矿设计辅助软件技术；③监测监控技术；④综合性矿山管理控制技术。

目前，国内主要存在以下问题：矿山的数字化、智能化技术与装备大多严重依赖于国外技术，特别是国有大中型矿山，在矿山无轨装备、自动化控制系统、辅助设计软件、通信系统、监测监控系统等方面多采用技术引进策略。这些技术、装备、系统价格昂贵，供货周期长，售后维修速度慢，与国内生产工艺和管理模式不统一，不利于我国矿山的健康、快速发展。

10.2　金属矿山物联网应用

金属矿山物联网应用，即在全面感知矿山信息的生产场景、人员信息、设备信息、生产过程数据的基础上，根据生产工业流程，实现信息智能协同、智能处理，使矿山生产调度、过程管理、安全监控达到智能协同效果，以达到高效、安全、环保、低能耗、低成本运作的绿色矿山、智能矿山目标，实现传统工业自动化、智能化，提升生产管理水平与企业核心竞争力。

1. 金属矿山物联网应用需求情况

金属矿山物联网主要研究方向在以下几个方面：①采矿三位辅助设计软件平台；②矿山泛在信息采集与高带宽无线通信技术与装备；③矿山安全智能化监控与评价分析；④矿山动态智能通风控制技术；⑤矿山综合调度管理与生产优化管控 MIS 系统；⑥智能采矿爆破技术；⑦基于三维信息化系统的矿山采掘计划编制与分析软件平台。这些应用，涉及物联网技术的多个关键技术：定位技术、智能终端设备、自动化控制技术、信息协同技术、RFID 识别技术、智能感知技术等。目前，有些物联网技术在矿山应用中并不理想，主要是金属矿山应用环境复杂，工艺要求高，在设备、控制技术的结合方面缺乏高度集成，需要形成工艺、设备、自动化、智能科学多专业的联合研发团队，并结合矿山采掘的应用特点，才能形成实用、便捷的研究成果。

2. 金属矿山物联网应用情况研究与发展

近年来，随着科技发展，金属矿山物联网技术及应用有较大的发展，国外在智能开采、数字矿山等方面有较多应用。国外在物联网应用方面，比较先进。

矿山采掘辅助设计方面，针对地质勘探、三维地质建模、资源评估、采矿规划和设计、露天境界优化和生产计划比安排等采矿需求，开发了 Surpac、Whittle3D/4D、MineScape、Datamine、Vulcan、EVS/MVS、MGE、Gemcomp、MineMap、Geovisual 等辅助设计软件，并在矿山生产中得到了广泛应用。

监测监控技术应用方面，已经形成了系列化、专业化的科技产品，如美国 Strix 公司的无线 mesh 网络、加拿大 Newtrax 公司的 MineTrax 无线传感器、澳大利亚的 PED 透地通信系统、加拿大 VitalAlert 透地通信设备、南非 IMS 微震检测系统、加拿大 ESG 微震检测系统、澳大利亚 Mine-Site 矿山监测系统、意大利 IDS 公司的 IBIS-M 边坡合成孔径雷达监测系统、澳大利亚 GroundProd 边坡雷达监测系统等，有较广泛的应用。

智能化全矿综合性管控系统有澳大利亚 Micromine 公司开发了集记录、管理和实时数据处理为一体的 Pitram 系统，提升矿山生产运营管控效率，降低成本，改善安全作业条件。加拿大国际镍公司研制了一种基于有线无线相结合的地下通信系统，并实现井下无轨装备的无人驾驶和远程调度管理。

在国内，矿山三维建模软件方面，已经涌现了 Dimine、3Dmine 等一批优秀的矿山设计软件，在国内部分大学、科研机构及矿山应用；在安全监测监控方面，也出现了矿山微震检测系统、无线通信系统、安全监测系统、矿用三维激光扫描系统等技术产品；在井下采矿方面，也研发了智能矿山综合管控平台。然而，相对于国外同类产品，国内产品在功能、可靠性和市场占用率等方面尚需提升。

我国矿物加工流程虚拟化技术研究几乎是个空白，虽然有一些局部的、分散的研究、但是没有形成体系，缺乏可持续发展的能力。由于我国矿物加工工艺/装备的工作机理、工作性能指标、输入输出控制等方面的建模和仿真工作很匮乏，导致这项研究很难有深入的开展。

3. 金属矿山物联网应用系统架构

结合物联网关键技术及矿山生产业务，智能矿山体系架构如图 10.1 所示。

各层主要的研究内容有以下几种。

(1) 感知层：实现矿业生产、设备、环境等信息全面感知。通常采用 ZigBee、RFID、Wi-Fi、蓝牙、IR 等智能感知终端或传感模拟来采集各种信息。主要有感知生产场景的环境因素：如 CO 浓度、风速、风压、CO_2、温度、烟雾、振动等信息；人员位置、设备状态、设备运动跟踪信息采集与处理；电力系统监控；地质位移信息监测；生产过程监测，主要有运输装置监测、浓细度监测、大块监测、物料位监测等。

(2) 传输层：主要涉及信息的传输与处理。由于井下信号屏幕及反射的原因，研究基于自组与有线接合的异构网络整合传输方式。根据应用需求，采用无线自组的 ZibBee 网络、WSN 网络及自主研发的多信号传输网关，对物联网井下应用提供良好的基础。

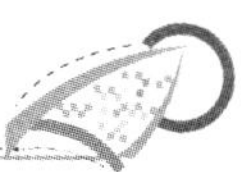

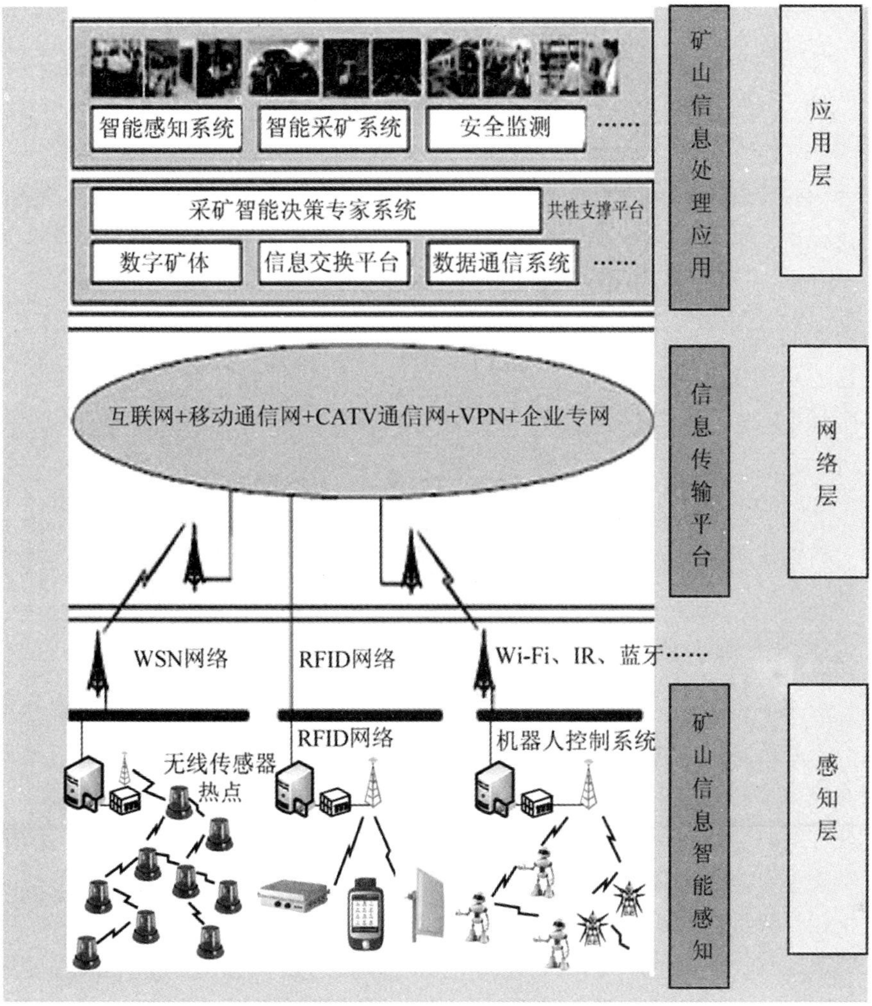

智能感知系统　智能采矿系统　安全监测　……

采矿智能决策专家系统　共性支撑平台

数字矿体　信息交换平台　数据通信系统　……

矿山信息处理应用

应用层

互联网+移动通信网+CATV通信网+VPN+企业专网

信息传输平台

网络层

WSN网络　RFID网络　Wi-Fi、IR、蓝牙……

RFID网络　机器人控制系统

无线传感器热点

矿山信息智能感知

感知层

图 10.1　金属矿山物联网体系架构

(3) 应用层：有支撑平台与业务应用平台。支撑平台主要有云计算平台、数字矿体探测与计划管理平台、智能采矿专家系统平台、信息融合与智能协同平台、中间件等。业务应用平台主要有：智能采掘计划与管理、智能调度管理、智能生产监测(生产信息采集，视频监测，视频信息处理)、智能采矿过程控制系统、自动凿岩、自动装药与爆破、自动装岩、自动转运、自动卸岩、自动支护、智能计量系统、智能配矿系统、智能库存管理、井下智能物流、井下智能通风系统、智能能耗控制系统、智能环境检测等应用。

10.3　金属矿山物联网综合管控平台研究

金属矿山生产智能管控物联网应用，研究在金属矿山环境下，应用物联网 M2M、RFID、移动智能终端等技术，全面实时感知生产场景，对金属采掘生产过程的设备状态、人员状况、环境情况等实时采集，通过多种通信技术，通过提交到云计算平台，进行融合与智能协同，使生产过程状态信息监测、安全信息监测、环境信息监测等数据能有机的协同，使矿山生产过程向智能化、自动化方向发展。

1. 物联网综合管控应用系统介绍

金属矿山物联网综合管控，是对生产场景实时感知，通过信息传输系统，信息传输到矿山云计算平台，采用 SAAS 技术架构，实现应用服务模块化设计，平台设计、研发具有可配置性、扩展性、兼容性、开放性的特点，方便移植与应用复制，以适应新应用、新业务需求的不断变化。

综合管控系统根据业务流，包含多个应用系统，包括计划管理、采矿、选矿、运输、销售等多个环节。本书选择案例以南京梅山矿山有限公司(以下简称梅山)的综合管控系统为背景，进行介绍与论述。

梅山物联网综合管控系统主要包含地测信息数图一体化管理系统、数字矿体采掘计划管理平台、自动化采集系统、数字采矿系统、数字选矿系统、网络通信系统、视频监控系统等子系统。本节就部分系统相关内容进行展开讲述。

2. 数字矿体采掘计划管理系统介绍

金属矿山采矿掘进作为采矿生产的重要工序，其生产计划的制定是否合理与否，严重影响着上下工序的进度和衔接。采用专用软件 Surpac，采矿(掘进)计划编制实现了面向纸面编制到面向数字实体编制的过渡，如图 10.2 所示。计划编制已经实现了可视化、无纸化、数字化，与此同时，还将矿岩地质信息纳入计划编制，在计划编制的同时，考虑地质构造和矿岩赋存类型，为合理地制订计划、提高计划的可执行性提供了保证。对于智能矿山建设的需求来说，采掘计划编制的数字化还处于发展阶段，计划编制环节与采矿生产过程管理仍没有达到高效、协同的程度，一线生产车间参与计划编制和过程控制的程度还远远不够。引入物联网实时数据采集技术，未来的采矿计划编制系统，可实现实时的采矿过程管理和计划执行情况分析与跟踪，同时，将计划管理系统的输入端口前移至一线生产车间，实现爆破日计划的在线编制。以采矿(回采)计划编制为例，基于物联网的采掘计划将达到智能高效的程度。

3. 井下采掘过程监控系统

采掘过程监控是对生产采掘现场的采掘过程、生产状态、设备状态、实时环境等进行监测。包括安全巡检、工作设备运行轨迹的自动记录、巷道出矿监测、矿体大块数监测、溜井倒矿车数的自动计量、手持终端数据同步、回采出矿轨迹再现等子模块。准确及时的采掘现场数据收集是采掘计划编制是否合理的前提。采掘现场的安全情况，各巷道爆破的进深排数情况，各巷道出矿的产量品位情况，采掘设备的运行情况等实时情等。而由于受采掘现场特殊地理位置环境条件的约束，传统的数据收集方式主要依靠人工填报，这就带来了大量存在的误报、漏报，数据收集滞后严重等各现象。因此如何保证采

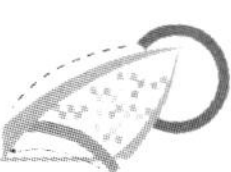

掘现场数据收集的准确性和及时性是整个计划制订、采掘配矿的基础。采掘过程监测采用两种方式来保证数据收集的准确性和及时性。①对一些关键数据收集利用特殊设备来完成，例如各个巷道的出矿量通过手持自动计量收集，各个溜井的存量通过溜井料位仪收集，设备状态及生产现场环境情况由物联网监测节点收集等。②对于一些不能通过特殊设备收集的数据利用数据反推算方式进行校验加强数据的准确性(例如各个巷道的爆破排数等)。这些数据的收集根据现场每班次情况实时发生，在收集完成后通过井下通信系统直接上传。系统根据实时采集的信息进行分析与决策，对后续采掘计划进行适度的辅助调整，并提醒生产管理人员对计划调整进行确认跟踪；同时这些生产计划和调整计划都会通过无线技术下达到现场生产人员的手持设备中或者生产监控终端上，使得现场生产人员能实时的掌握生产任务。

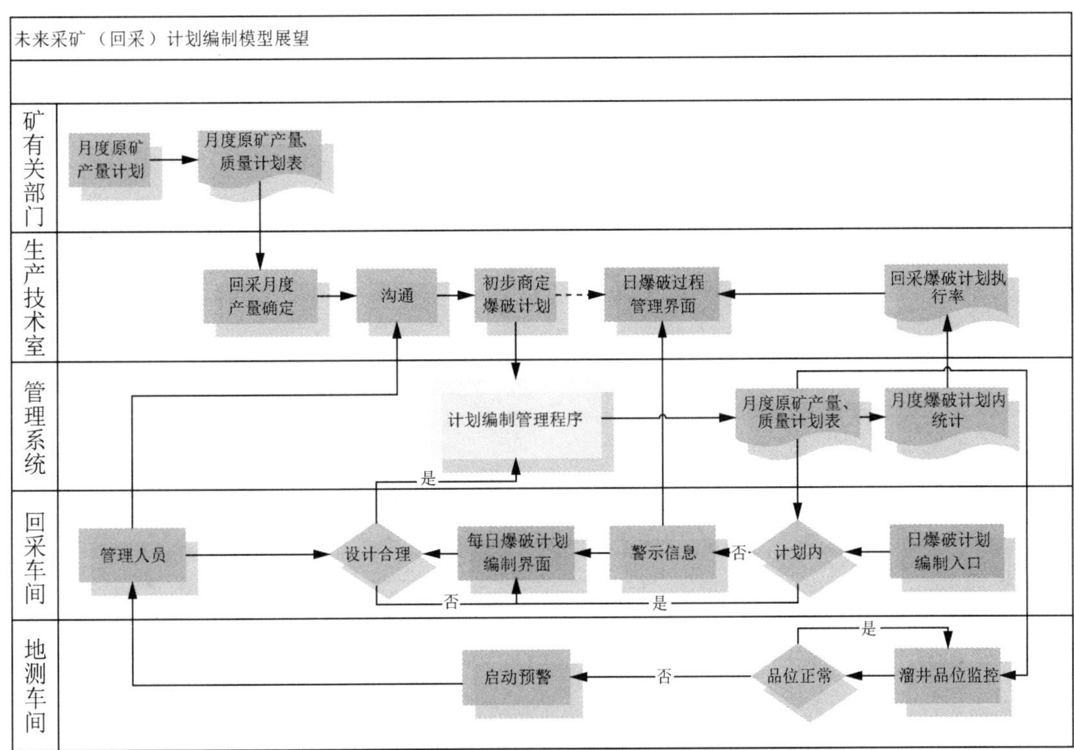

图 10.2　未来数字矿体采掘计划管理系统系统流程

采掘过程监控系统组成如图 10.3 所示。

4. 溜井料位监测系统

矿山开采中，随着自动化程度的提升，对生产效率要求的提高及对生产安全的重视，对出矿溜井料位的测量要求也越来越高。然而长期以来溜井物料位高度和存矿量多少都没有一个量化的数据来验证，只是靠经验来判断(铲运机出矿趟数、丢石块、吊重锤计绳的方法)。由于存在溜井口径窄、深度强、粉尘浓、冲击大等疑难状况，如果方法原始、效率低下、准确度低等，容易带来的生产事故和生产损失隐患，如井空、堵塞等。

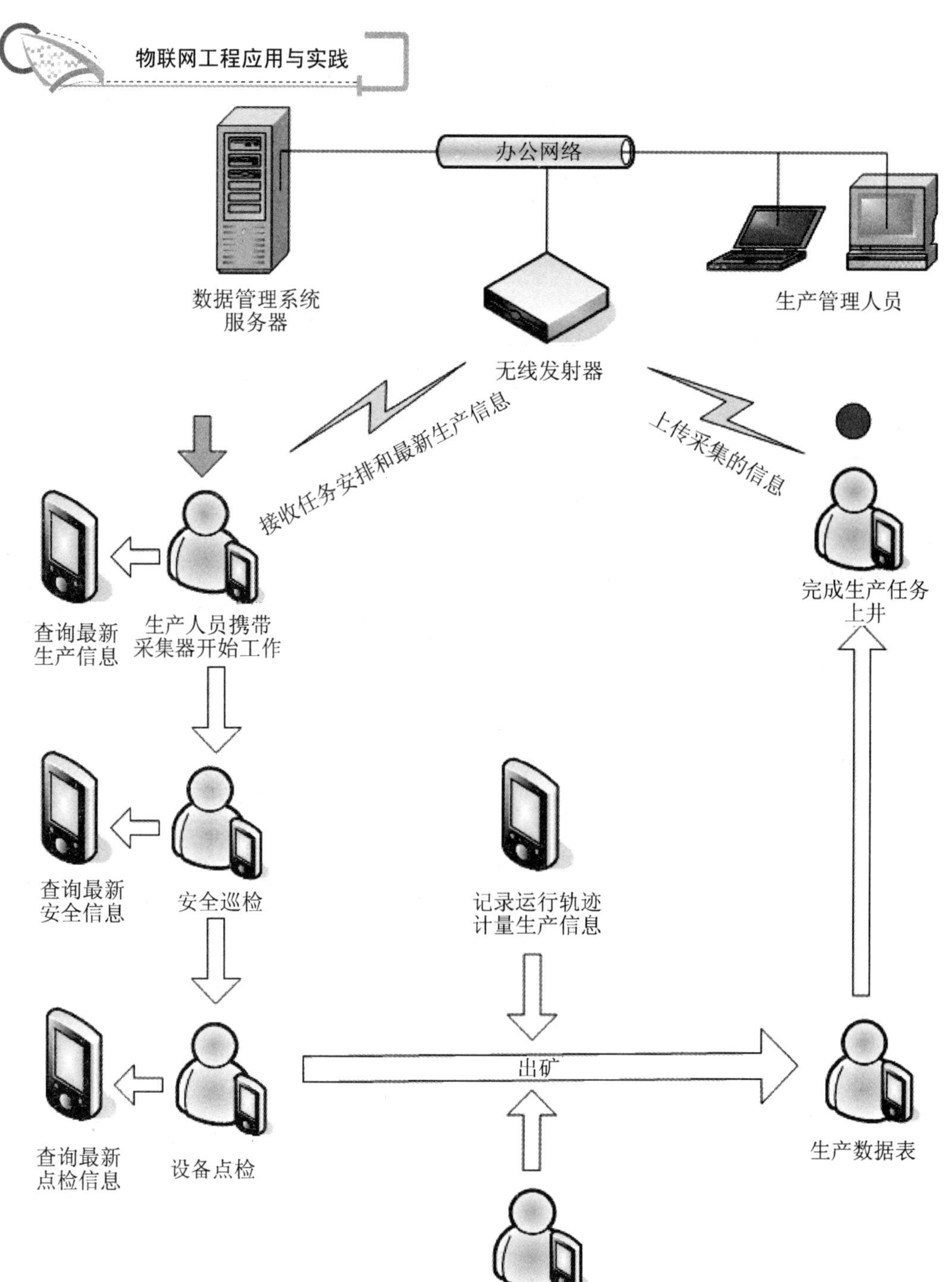

图 10.3 井下采掘过程监控系统组成

溜井料位监测引入物联网短距离通信、激光测距技术，在矿车到达溜井时准确测量料位，通过矿山云计算平台与生产、安全、控制系统有效集成，与配矿系统及出矿运输等协同管理，能保障出矿成分配置与质量要求。

采用激光测物料位，具有激光相干性好、方向性强、发散角小、能量集中、穿透性好、

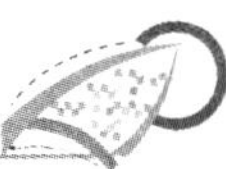

微弱信号处理能力强的特点，配合独特的软件算法和精密的望远光学镜头等，可解决传统办法遇到的难题。

南京梅山在 1#卸矿站、2#卸矿站、360°水平的两个下矿仓和相关作业溜井安装矿料位测量仪器，同时根据生产位置、出矿品位、路径等信息在物联网监测平台之上智能协同，保障生产、矿仓管理、安全等系统协调统一。

5. 井下主斜坡道运输信号控制系统

地下金属矿主斜坡道是材料、设备、人员等运输的通道。近年来随着地下采掘业快速发展，主斜坡道交通日趋繁忙。由于地下通信环境恶劣，斜坡道通行条件较差，每区段内只允许一辆车辆通行，因此引入智能交通技术，研究恶劣环境下智能、安全的井下智能交通信号控制系统，研究地下金属矿主斜坡道交通信息采集与编码、信息处理算法模型、井下交通控制信号，以解决主斜坡道的交通控制信号控制问题。典型的井下主斜坡道应用环境如图 10.4 所示。

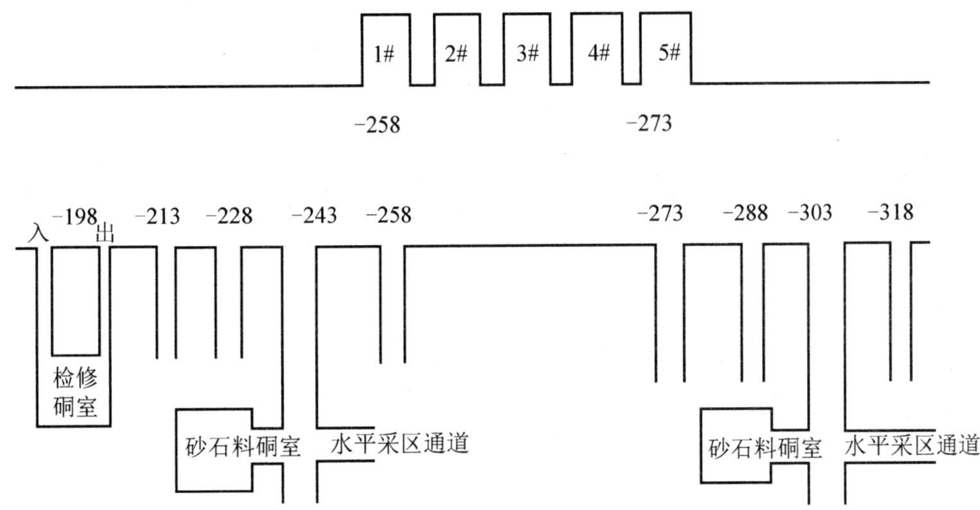

图 10.4 井下主斜坡道应用环境图示

由于矿井下坑道的特定环境，给井下交通的定位、通信和指挥带来了一定的困难，汽车一旦在井下发生问题，将会造成撞车、追尾等事故的发生，严重影响生产并带来安全隐患，井上人员也难以及时掌握井下汽车的动态分布及作业情况。

针对上述应用需求，可结合运用 RFID 技术、定位技术、信息技术、自动控制技术，设计井下智能信号控制系统，对井下车辆进行实时跟踪监测和定位指挥调度，避免井下车辆堵塞，消除安全隐患，提高通行效率。

6. 金属矿山六大系统

《国务院关于进一步加强企业安全生产工作的通知》国发〔2010〕23 号精神，进一步提高非煤地下矿山安全生产保障能力，根据国家安全监管总局《金属非金属地下矿山安全避险“六大系统”安装使用和监督检查暂行规定》(安监总管一〔2010〕168 号)和《关于

印发 2011 年非煤矿山安全监管重点工作安排的通知》(安监总厅管一〔2011〕14 号)等文件，要求非煤矿山井下建设监测监控、井下人员定位、紧急避险、压风自救、供水施救、通信联络六大安全系统。

金属矿山采掘与煤矿相比深度大，目前金属矿山开采技术可达-800m，井下信号干扰强，井下爆炸冲击波强，地质移位容易引起泥石流，与煤矿面临问题差别很大。因此，解决金属矿信号干扰，压风自救、供水施救、通信问题较为重要。

采区通信系统，主要研究矿用音视频通信基站、广播，调度管理服务器，在发生危险时，能配合井下人员定位系统，实现井下信息上传，语音点对点喊话，实现紧急情况下，井下实时情况的掌握，井下人员的引导与施救。梅山采用的矿山井下监测通信系统为 KT163 矿用通信系统，能实现上述功能。

井下通风、供水及水位监测，对灾害发生时，为井下人员提供基本的生存条件，在有空气保障、水源保障的条件下，人能存活较长时间，便于开展施救。金属矿山采用压风的送风方式，对巷道各处的风站实时监测，根据实际需要可动态调控，同时对井下 CO、CO_2 等空气成分、温度、湿度实时监测，如图 10.5 和图 10.6 所示。

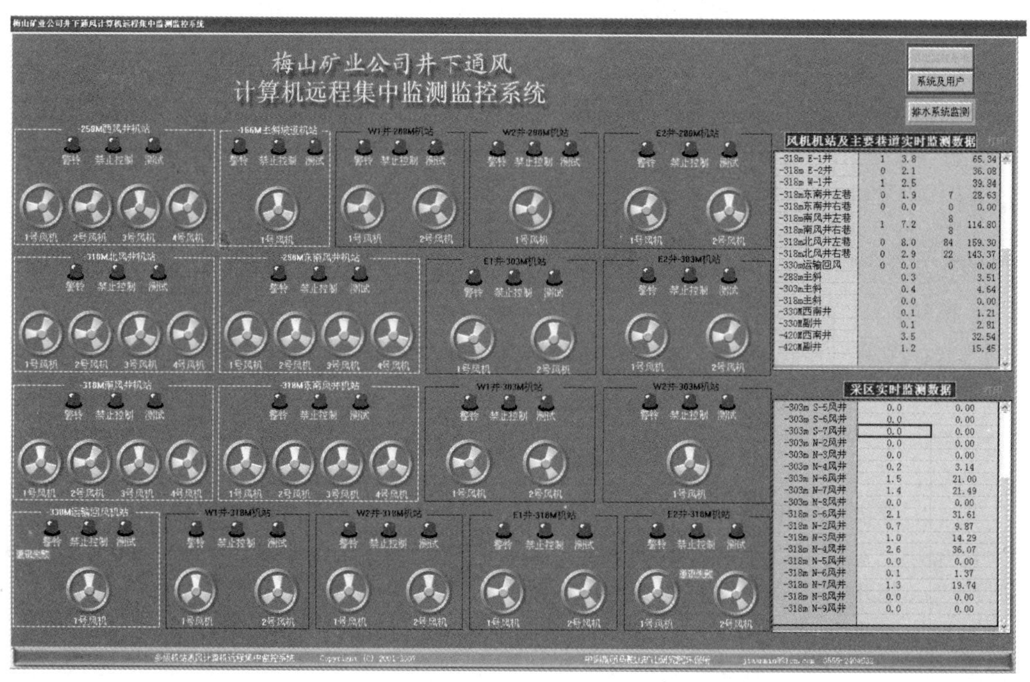

图 10.5　井下通风监控

系统可支持自动设定与人工切换两种工作模式，对正常情况及非正常情况均能适应，特别是灾害情景下，能根据实时的环境变化，配合通信系统、人员定位系统等，对井下灾情能实时感知与指挥，保障生产安全，减少生命财产损失。

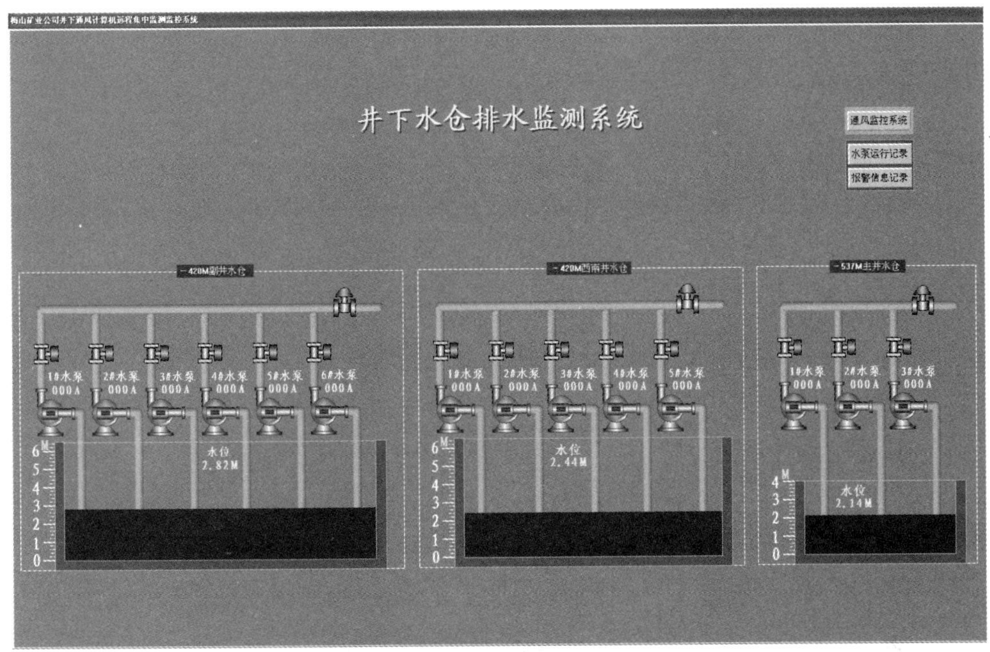

图 10.6　井下水仓水位监测

7. 金属矿山自动化生产采集系统

矿山自动化生产采集系统，包括生产流程上各个环节的生产自动化参数的采集，以用于生产过程的实时监测与控制，由于金属矿山工业生产流程长，过程复杂，由此，自动化采集的点也相对较多，主要包括电、水、风压、生产工艺参数等的采集。本书介绍生产过程中较重要的几个在线检测应用。

磨浮系统检测。传统的人工取样到出结果，需要 2 小时，导致磨矿工调整磨矿参数存在滞后性，由于取样方法与取样人员的限制，导致取样结果存在一定误差。目前通过在线粒度检测仪，在磨矿二次分级溢流的浓度、粒度检测。如采用 PSI-300 在线粒度检测仪，其由标定取样器、测量头、电子控制部分，如图 10.7 所示。系统检测周期在 10～15min，与实验室用套筛分析结果相比，误差小于 2%。采用工业以太网通信方式，可实现远程在线操控。

井下采矿作业区数据实时采集系统。通过 RFID(电子标签，射频识别)技术，在工业手持终端(下简述手持采集)进行软件模拟判别开发，能准确及时采集出矿进路、时间，在识别路径基础上进行软件判断出矿车数。

系统根据采矿班组实际生产变化，将原固定单设备单工作区工作逻辑变更设计为任意设备任意工作区逻辑。可根据实际需求，定制采矿回采车间用户、工作区、设备等相关数据定义与界面定义，可对采矿区采准车间实时采矿轨迹进行跟踪记录与回话，自动识别工作区及实时轨迹显示，井下实时数据与管理控制界面上实时数据同步，实现回采生产场景动态可视化。井下采矿过程实时信息采集应用如图 10.8 所示。井下采矿过程轨迹再现如图 10.9 所示。

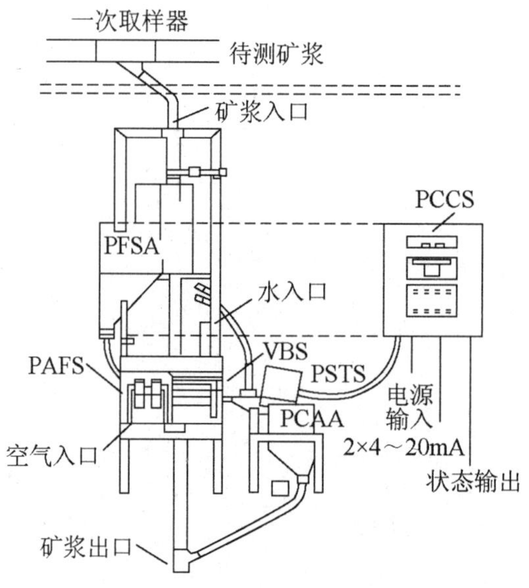

图 10.7　在线粒度检测系统工作原理

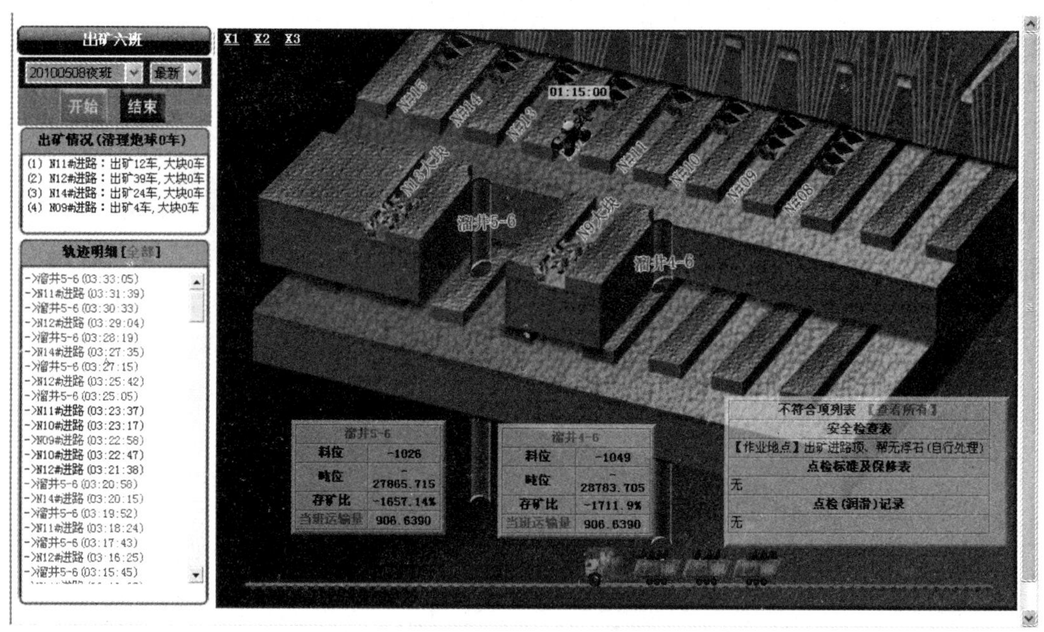

图 10.8　井下采矿过程实时信息采集应用

根据图 10.8 和图 10.9 实时采集的信息，可以明确地理信息与生产出矿轨迹信息，同时可直观显示地质信息中菱形块与计划出矿量、实际出矿量、质量信息，并可动态显示溜井模拟存量信息、轨道运矿信息。

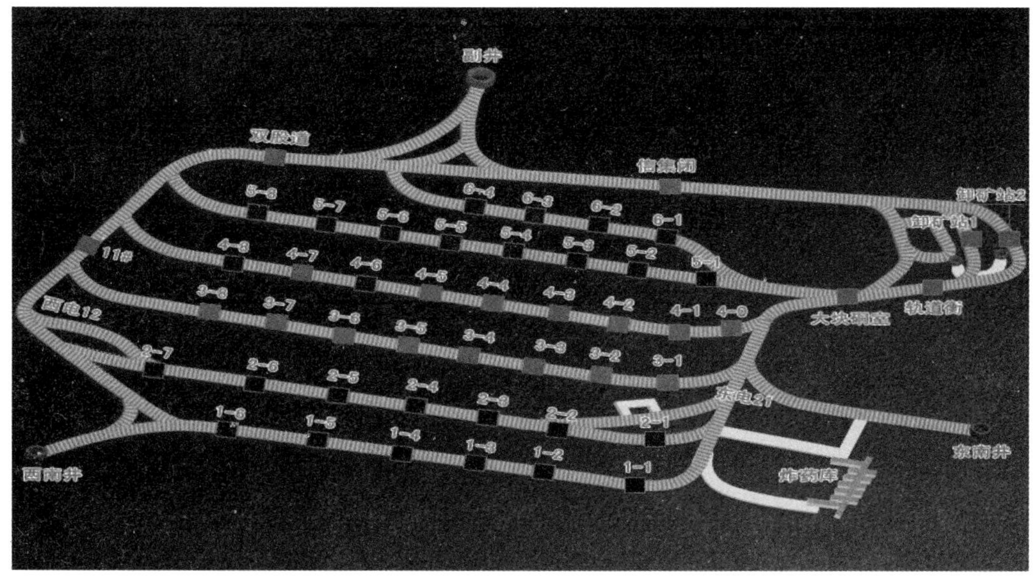

图 10.9　井下采矿过程轨迹再现

8. 金属矿山智能配矿系统研究

智能配矿是根据开采计划、矿体分布、源矿品分布等信息，针对生产需求，智能的调整开采作业计划及作业区，依据算法进行配矿。

爆破计划：根据开采现场情况和原矿输出指标，结合矿体分布，制定生产爆破计划；并根据实际生产爆破情况动态调整爆破计划。爆破的目的是通过一次合理有效的爆破将每个菱形块中的矿体蹦落，同时蹦落的矿石大小符合一定的标准，减少蹦落大块的数量及二次爆破的频率，方便后续的出矿，运输等工作。从而达到降低生产成本，提高生产效率的目标。

整个爆破计划的编制是依据地测资料中的源矿品位分布和矿体分布将各个巷道分解若干菱形块，通过一定的数学计算模型得到每个菱形块的理论矿量和理论品位；再根据原矿输出指标的矿量和品位要求，分解到各出矿巷道的爆破指标，结合各工作区域的出矿能力生成各工作区域各巷道的理想爆破计划。采掘辅助配矿系统通过将矿体模型数据和现场实际数据结合，对爆破计划及爆破结果进行跟踪分析，快速反应出对比结果，辅助生产管理人员对计划及现场工作作出调整安排。

出矿计划：根据生产爆破情况和生产现场情况，智能分析最优出矿计划。

地下矿生产情况复杂，生产过程中现场的变化很多因素不确定，例如，爆破蹦落大块的数量频率，蹦落矿石的实际品位与预期品位的差异，巷道随爆破产生的安全隐患等，都对出矿计划的编制有直接制约。

智能配矿系统是一个针对多个巷道、多个分层、多个溜井进行配矿的综合系统，目标是为了控制原矿输出产量和品位的波动。应用线型规划理论分析配矿管理过程中相关情况，达到矿山采掘经济效益最大化。

9. 金属矿山智能设备点检系统研究与设计

金属矿选矿工艺流程复杂，其中重点工艺环节浮选分解为若干控制子系统，且每个子系统都实现某个特定的控制目标，各子系统实现闭环控制。日常设备点检工作，主要涉及五系列大球磨系统一次球磨设备、二次球磨设备、水力旋流器、泵池液位仪等设备生产状态的点检。设备状态的监测，对保证生产、减少安全事故具有重要作用。当前很多矿山的设备点检，都是人工方法，人工经验对点检结果影响很大，点检效率低，人工录入等过程容易出错，而且数据滞后。引入物联网关键技术，研究设计基于移动式智能点检管理系统，建立点检定修知识库，将先进工作法经验转换成科学依据，实时监控重要设备运行状态，根据预设规则及时预警及通知应急处理单位与个人。对于点检人员，可在不接触设备情况下，方便采集设备运行信息，实时查询设备相关信息，方便采集声音、图像信息或者视频信息，对于检修人员能在现场方便获取维修、应急处理技术支持。基于物联网技术在设备点检应用，方便及时发现设备问题，提高设备点检定修水平，提高工作效率。

10. 金属矿山物联网智能决策系统

金属矿山生产智能决策系统，研究在金属矿山环境下，构建金属矿山云计算应用平台，采用分布式架构和模块化设计方法，利用物联网 M2M、RFID 等技术，全面感知生产过程中的生产现状、设备状态、人员状况、环境情况，各分布式应用场景根据感知信息特征及属性，在局部范围内根据约束条件，自主智能处理，并将产生的结果提交云计算平台；信息通过网络传输平台提交到云计算平台，进行融合与智能协同，使生产过程状态信息监测、安全信息监测、环境信息监测等数据能有机的组织起来，向决策智能化、自动化方向发展。金属矿山的智能决策主要包括以下大的模块：①智能采掘计划与管理系统；②生产过程智能控制系统；③智能安全监测与应急处理系统；④智能设备点检应用系统；⑤智能决策专家库系统。智能决策系统能根据当前的实时动态生产、质量情况数据及市场与计划情况，对不同角色的人员提供决策依据。

10.4 金属矿山物联网案例应用

1. 案例简介

本案例为矿山选矿厂物联网科研项目“基于物联网关键技术的设备智能点检技术研究”，系统目前已经上线应用，是南京梅山冶金发展有限公司、金陵科技学院、江苏物联网研究发展中心共同承担的江苏省 2012 物联网应用示范工程项目“金属矿山智能生产管控物联网应用示范工程”内容之一。项目紧紧围绕《江苏省物联网产业发展规划纲要》，依托梅山矿业在“数字矿山”多年研究建设基础上，引入、创新应用物联网关键技术，秉承智能、安全、实用的建设理念，在生产现场感知，矿山云技术应用综合管控平台应用方面，开展技术研究与应用实施，开展金属矿山生产管理方面的物联网综合应用示范。

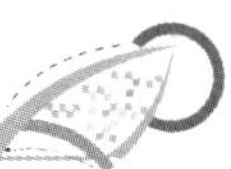

2. 基于物联网关键技术的矿山设备智能管理系统概述

金属矿山应用环境，由于应用环境空间狭小、大型电机设备多、人员密集度高、应用环境非常复杂，目前还很少见到基于物联网的应用。研究金属矿山的物联网应用，需要攻克复杂环境下物联网关键技术，全面感知设备与生产环境的信息，对信息进行融合与处理，使所有基于物联网平台的信息能有效、智慧协同，使矿山在安全生产、安全监测、事故处置与应急救援等方面，向智能化方向发生质的飞跃。物联网技术在地下金属矿山的应用，将在生产线过程检测、实时参数采集、生产设备监控、材料消耗监测的水平得到极大提高。物联网应用关键技术攻关、集成技术应用，将使生产过程的智能监控、智能控制、智能诊断、智能决策、智能维护水平不断提高。物联网技术、通信技术在矿山生产中研究与应用，提高矿山生产的智能化水平，将是未来矿山安全生产的发展方向。

基于物联网的矿山设备智能点检技术，开发移动式智能点检管理平台，建立点检定修知识库，将先进工作法经验转换成科学依据，实时监控重要设备运行状态，根据预设规则及时预警及通知应急处理单位与个人。对于点检人员，可在不接触设备情况下，方便采集设备运行信息，实时查询设备相关信息，方便采集声音、图像信息或者视频信息，对于检修人员能在现场方便获取维修、应急处理技术支持。研究物联网技术在设备点检方面应用，方便及时发现设备问题，提高设备点检定修水平，提高工作效率。设备点检应用为其他物联网应用提供经验，与矿山其他应用无缝结合，促进矿山进一步完善定检检修标准、推进设备安全高效稳定运行，推动设备“双基”管理和现场“5S”管理工作。

3. 矿山设备智能管理系统方案

1) 需求分析

本项目研究与实施范围为矿业分公司选矿厂，由于选矿工艺流程复杂，其中重点工艺环节浮选分解为若干控制子系统，且每个子系统都实现某个特定的控制目标，各子系统实现闭环控制。设备点检工作主要涉及关键设备或者生产状态的点检，点检分岗位点检和专业点检，同时，专业点检又分计划点检和故障点检，计划点检即正常工作状态下的点检，故障点检是设备报警或者生产过程不正常进行的点检行为。目前，虽然部分矿山具备设备或者生产过程控制，已经建设状态监测及预警系统，实时的生产信息及状态已经进入到分散独立或者整合的数据平台，可实现远程查询及动态视频监控，但是现场设备点检工作主要靠人工观感及经验判断上，人为影响因素较大，主要表现在以下几种。

(1) 点检过程对人的经验及感观依赖程度高。如两段球磨等主要设备温度值点检时人工触摸确定是否正常，如图 10.10 所示。球磨机是否工作正常主要靠先进工作法，凭人工听声音检查是否有故障或者故障类型。

(2) 点检故障描述无标准，故障信息传递过程中失真。一些现场情景难以用语言描述，如分流矿浆出浆口属于滴、漏还是淌等哪一类情况，无法通过报修信息为检修人员提供直观、丰富的现场信息，方便处理。

(3) 上报数据依靠传统手工输入或语音上报，信息采集的不及时或传输录入失误造成检修故障信息失真。

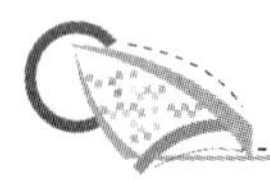

图 10.10　职工手工判断设备温度

(4) 现场工作情况下，信息沟通渠道不通畅，岗位点检过程中技术支持有限。基本采用先进操作法或个人经验，缺少设备内部状态信息、产量信息、质量信息等支撑数据，点检信息传递过程虽然投入检修信息平台，但仅仅实现故障报修功能，需回到车间调度后，人工录入，现场信息采集仍为纸质和对讲机方式设备故障判断及检修工作时，一些现场情况不能方便地在点检、检修、管理、故障分析人员之间及时沟通与处理，一些以前处理过的经验不能形成知识库，不能及时查询出来提供给相关的技术人员，也不利于技术的学习交流与推广。点检人员水平经验参差不齐，故障判断不准确，常需要多人多次确认。

(5) 尽管有各项点检制度，但随意性大，工作不一定做到位，点检标准的执行难于监管，工作过程难以真实记录与回放。

现场安全确认、现场 5S 管理等工作信息采集方式原始，信息处理过程落后。

根据金属矿山点检工作实际需求，结合物联网关键技术，提出先进的、可行性解决方案，严格按照信息系统项目管理规范，联系设备点检工作流程，结合 TPM 思想和物联网 RFID、网络通信、智能处理等关键技术，结合设备点检共性技术，建立设备点检知识库，并与安全监测、计划管理、生产过程控制等有机结合，研究设计一套科学高效的智能设备点检系统，用于提升生产设备的稳定性。

2) 系统设计

系统要完成监测设备的开启状态、温度、电压、水压、水位等参数，涉及温度、压力等各种传感器。网络层主要为异构网络的融合、接入，实现监测数据的上传。应用层是基于业务的物联网设备点检应用，设备资料查询、设备点检计划管理、设备安全监测及预警、故障诊断专家系统等应用。根据物联网应用架构，构建设备智能点检系统功能结构如图 10.11 所示。

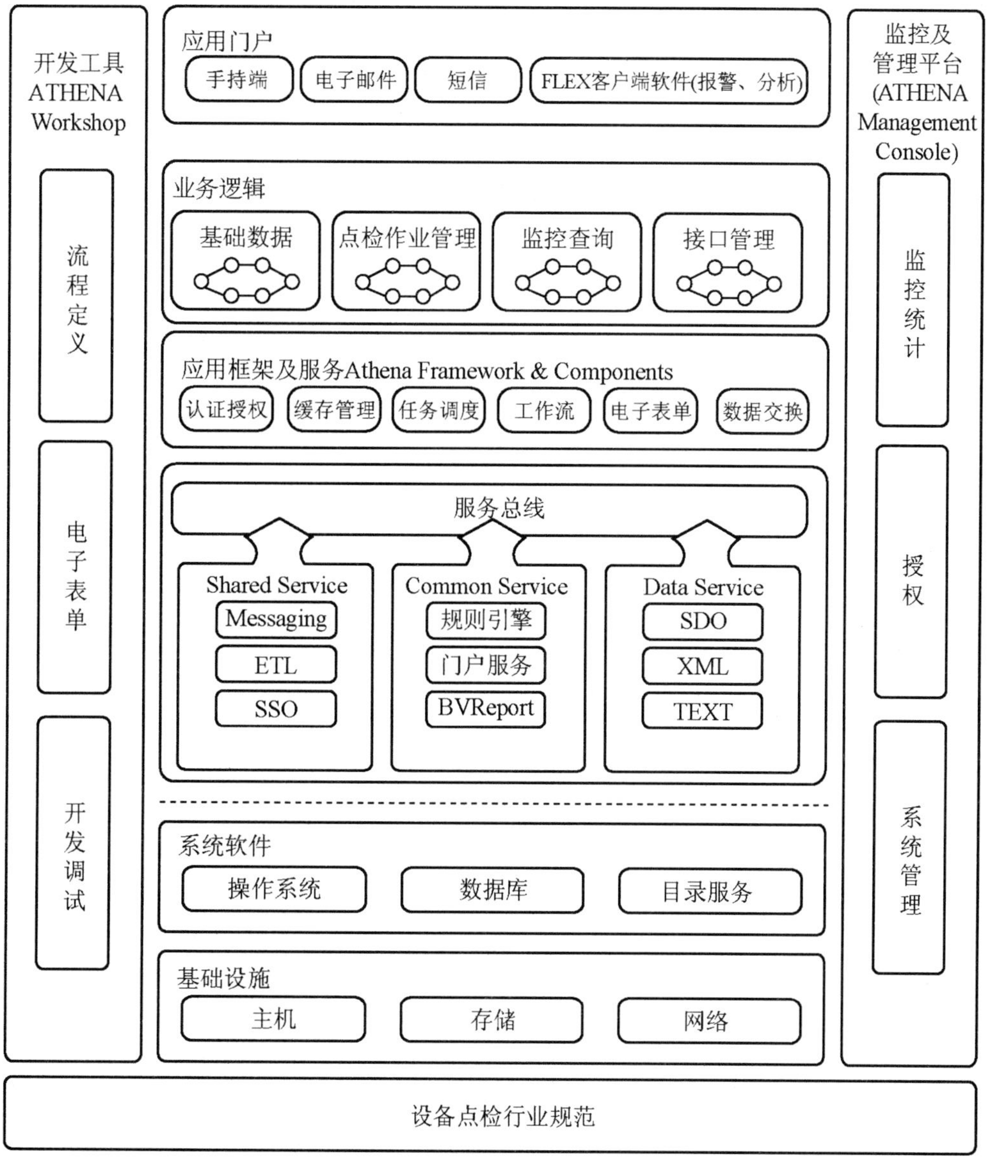

开发工具
ATHENA
Workshop
流程定义
电子表单
开发调试

应用门户
手持端
电子邮件
短信
FLEX客户端软件(报警、分析)

业务逻辑
基础数据
点检作业管理
监控查询
接口管理

应用框架及服务Athena Framework & Components
认证授权
缓存管理
任务调度
工作流
电子表单
数据交换

服务总线
Shared Service
Messaging
ETL
SSO
Common Service
规则引擎
门户服务
BVReport
Data Service
SDO
XML
TEXT

系统软件
操作系统
数据库
目录服务

基础设施
主机
存储
网络

监控及
管理平台
(ATHENA
Management
Console)
监控统计
授权
系统管理

设备点检行业规范

图 10.11 设备点检系统结构

3) 系统开发技术与设备造型

本系统分智能点检终端与点检服务平台两个部分。

系统设计充分考虑系统的性能、扩展性、可靠性等质量目标，采用标准和开放的技术，应用团队成员自己开发的框架，采用三层分布式架构，应用 Java EE 的 B/S/S 和 Rich Client 技术架构。展示层应用基于 FLEX 看板技术。

服务器采用 Windows Server2008，数据库采用 Oracle 10g 开发，移动终端选择苏州木兰智能终端，操作系统为 Wince 5.0，同时具有 2.4G 与 13.56M 射频读头，无线 Wi-Fi 支持，200 万像素拍照功能。

4. 矿山设备智能管理系统实现

1) 功能模块设计

本项目涉及设备点检工作(主要涉及五系列大球磨系统一次球磨设备、二次球磨设备、水力旋流器、泵池液位仪等设备或者生产状态的点检)，点检分岗位点检和专业点检，同时，专业点检又分计划点检和故障点检，计划点检即正常工作状态下的点检。根据实际业务需求，智能点检系统功能模块设计见表 10-1。

表 10-1　智能点检系统功能模块

<table>
<tr><th>一 级 模 块</th><th>二 级 模 块</th><th>三 级 模 块</th></tr>
<tr><td rowspan="9">系统维护</td><td rowspan="3">权限管理</td><td>组织机构管理</td></tr>
<tr><td>员工信息管理</td></tr>
<tr><td>角色信息管理</td></tr>
<tr><td rowspan="6">基础维护</td><td>点检设备维护</td></tr>
<tr><td>点检设施维护</td></tr>
<tr><td>点检标准维护</td></tr>
<tr><td>手持设备信息</td></tr>
<tr><td>RFID 标签维护</td></tr>
<tr><td>故障描述</td></tr>
<tr><td rowspan="6">点检作业</td><td rowspan="2">日常点检管理</td><td>点检计划</td></tr>
<tr><td>点检作业</td></tr>
<tr><td rowspan="2">专业点检管理</td><td>点检计划</td></tr>
<tr><td>点检作业</td></tr>
<tr><td rowspan="2">尾矿点检管理</td><td>点检计划</td></tr>
<tr><td>点检作业</td></tr>
<tr><td rowspan="12">监控分析</td><td rowspan="3">作业监控分析</td><td>点检作业总数</td></tr>
<tr><td>已执行作业数</td></tr>
<tr><td>计划执行率</td></tr>
<tr><td rowspan="3">设备监控分析</td><td>设备总数</td></tr>
<tr><td>异常设备数据</td></tr>
<tr><td>设备故障率</td></tr>
<tr><td rowspan="3">工作量统计分析</td><td>点检班组数</td></tr>
<tr><td>点检人员数</td></tr>
<tr><td>点检总次数</td></tr>
<tr><td rowspan="3">资源控分析</td><td>设备分类统计</td></tr>
<tr><td>班组统计</td></tr>
<tr><td>人员统计</td></tr>
</table>

续表

一 级 模 块	二 级 模 块	三 级 模 块
移动终端应用	登录管理	登录和菜单管理
	点检作业	下载点检作业
		选择点检作业
		点检作业
		条码设置
	手持登记	
	数据同步	
接口数据	检修平台	班长审核
		专业审核

2) Web 服务端系统设计

经过充分调研，Web 服务器要实现以下功能。

(1) 部署所有业务逻辑处理及数据持久化处理，提供与手持端 Web Service 通信接口。

(2) 系统所需基础数据需要与生产主业务系统数据同步。

(3) 基础数据同步：根据需求分析过程发现，参与点检设备变更频率不大，同时为减轻主业务系统压力，基础数据同步设计为，由本系统业务模块人工触发数据同步。

(4) 点检标准维护：系统提供在具体设备下维护不同部位不同点检内容的点检标准。

(5) 点检计划编制：根据点检侧重点不同，每个点检车间，可任意创建点检计划，选择所需点检设备，系统自动过滤点检标准，编制者选择本计划所需点检标准。

(6) 点检作业下发：系统自动调度根据点检计划周期自动触发点检作业，同时所有的点检计划都可以手工即时下发。

(7) 点检作业：点检员通过点检手持设备，登录系统，执行日常点检任务，系统支持纸质点检表，在 Web 系统批量录入点检结果。系统在点检作业执行状态时候，自动从云服务平台获取相关点检数据，回填作业表。

(8) 检修数据审核及反馈。

(9) 点检作业完工，系统根据此过程的异常数据，产生检修数据。

(10) 点检班长审核检修数据。

(11) 专业点检员审核检修数据。

(12) 系统通过接口将检修数据写入检修平台接口表。

(13) 点检结果进度查看及数据分析：在首页工作区内，显示当前车间最新点检项目信息，同时可选择定制重点关注设备的最新点检结果。

Web 服务端业务流程图如图 10.12 所示。

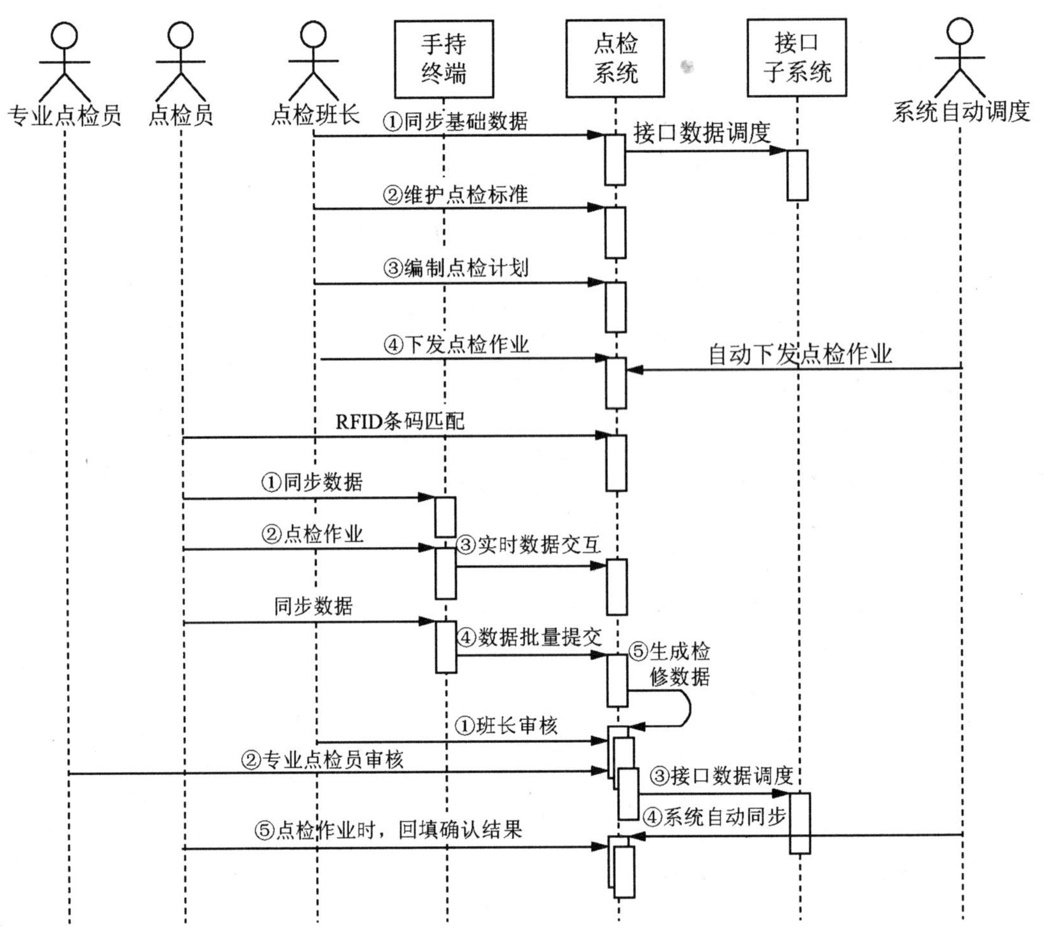

图 10.12　Web 服务端业务流程图

3) 移动智能终端系统设计

手持端子系统实现统一的用户登录，完成设备的 RFID 条码匹配和日常点检作业，与主系统数据交互。

本子系统设计为离线模式和在线模式两种模式满足厂区网络通信异常。在线点检模式下，点检员按线路点检，每个单击记录及采集的图像数据实时传输至服务器端；在离线模式下，点检员需要在 Wi-Fi 网络通畅的情况下，执行同步数据操作，系统自动下载点检作业数据，点检员点检作业结束后，再单击数据同步，系统将会把点检数据批量上传至服务器端。智能点检移动终端功能模块设计见表 10-2。

表 10-2　智能点检移动终端功能模块

序　　号	模 块 名 称	实 现 目 标
1	点检作业	按照点检标准和线路，实现现场点检和报修
2	故障报修	非点检状态下应急报修

续表

序　号	模 块 名 称	实 现 目 标
3	数据同步	对设备代码、故障代码等基础数据变更
4	条码入库	对业务中不同类别的 RFID 标签自动入数据库
5	检修确认	检修完工后确认
6	调试模式	终端嵌入式软件调试运行模式
7	手持登记	使用单位和人员确认
8	自动下载	新版本自动判断和下载
9	系统登录	点检角色权限和网络设置
10	其他功能	语音和振动提示、点检经验库、拍照等

4) 数据库设计

本系统数据平台遵循数据类别和实际应用要求，由于该项目数据库数据采集周期和信息点相对自动化海量数据项较少，根据业务数据、管理数据方面使用关系数据库，这里重点介绍移动端数据库的设计。

因为网络并不是每时每刻都支持的，在那些没有网络覆盖的时候及没有网络的地方，日常点检工作不可能停止，因此移动终端系统设计允许离线使用。既然支持离线点检模式，那么就需要一个本地的数据库的支持，这里就是手持端数据库的相应设计。

通过对移动系统的了解，将一些需要进行数据处理的相关数据资料进行整理，采用 Power Designer 设计，数据库关系视图如图 10.13 所示，图中包含所有数据及相应的关键词、数据关系及结构。

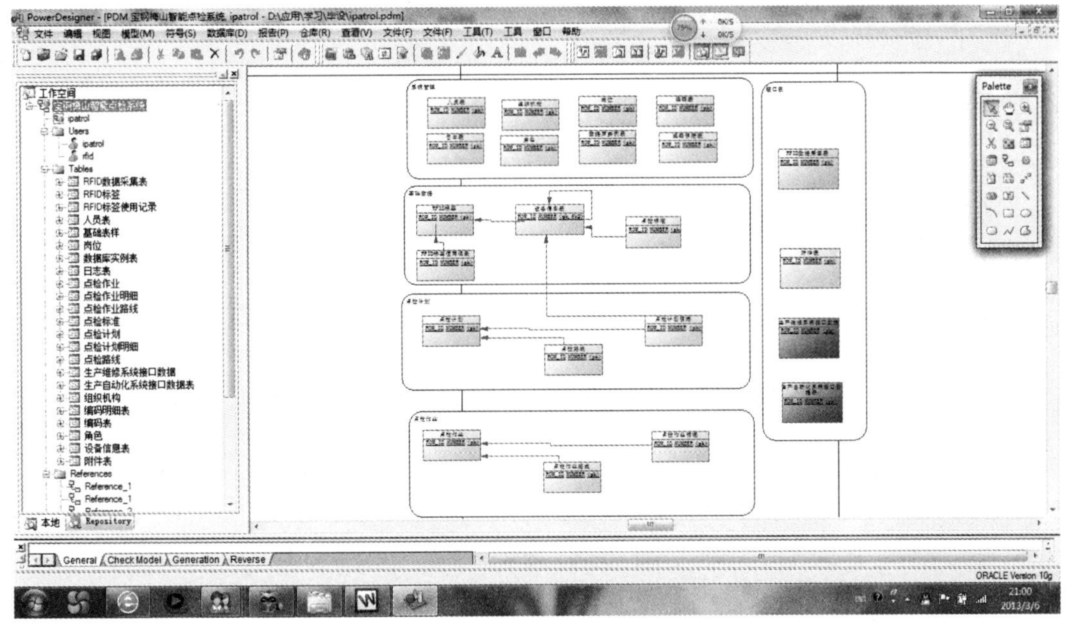

图 10.13　数据库关系视图

图 10.13 为整体视图，对每个数据表进行具体的设计，包含其数据类型及其数据长度，详细数据设置界面如图 10.14 所示。

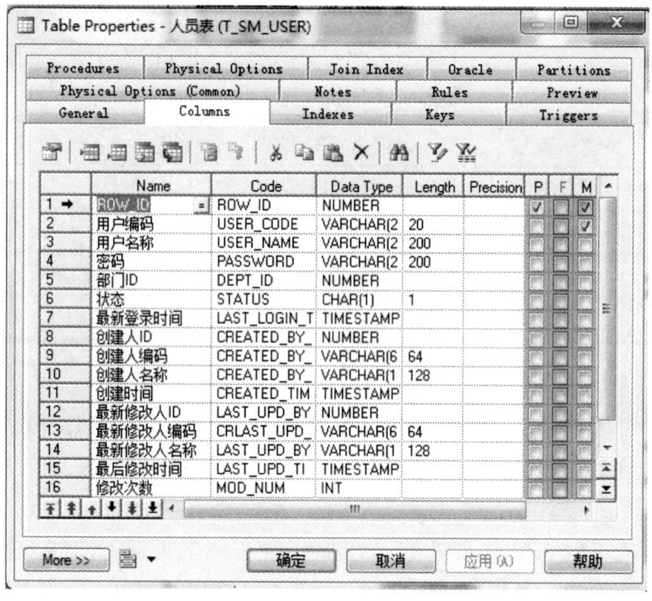

图 10.14　详细数据设置

数据表定义如图 10.15 所示。

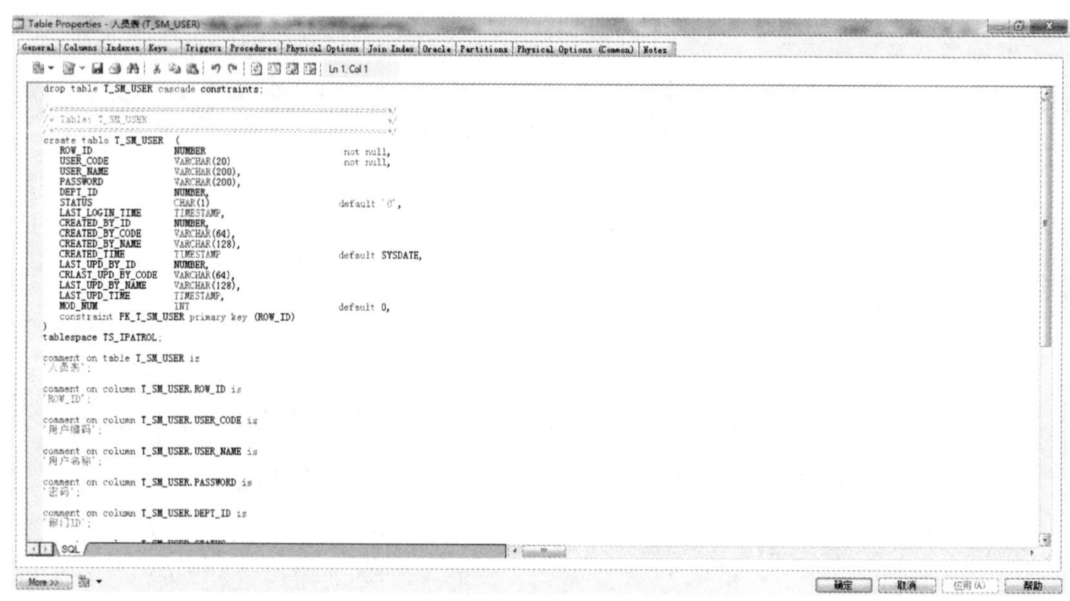

图 10.15　数据表定义

5) 系统实施

智能点检系统的优势在于其实时性强、便捷高效，由于金属矿山应用环境复杂，因此

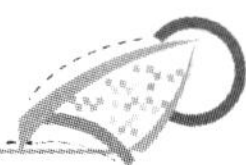

系统稳定性如果不好，整个系统的效果会大打折扣。因此系统的实施与其他软件系统相比，具有更高的要求，在系统部署与测试阶段，需要制定详细的方案，经过多次测试，方可应用上线，以保证系统的稳定性。

系统服务端，主要测试其响应速度、功能是否符合业务要求，与设计要求是否一致，做好系统基础数据维护、数据接口稳定性测试等工作。Web 服务端模块与功能表见表 10-3。

表 10-3　Web 服务端模块与功能表

序　号	模块名称	实现目标
1	组织机构管理	与生产系统组织机构信息同步
2	员工信息管理	与生产系统员工信息同步
3	角色信息管理	根据系统定义不同角色
4	故障分类维护	针对故障现象分类
5	点检设备维护	与设备检修系统设备同步，维护部位信息
6	点检设施维护	设施维护信息
7	手持设备信息	手持设备信息
8	RFID 标签维护	高低频、温度标签维护
9	故障描述	故障现象编码维护
10	日常点检计划	日常点检线路设计和下发、查询、修改
11	日常点检作业	日常点检作业跟踪、查询、取消
12	专业点检计划	专业点检线路设计和下发、查询、修改
13	专业点检作业	专业点检作业跟踪、查询、取消
14	尾矿点检计划	尾矿点检线路设计和下发、查询、修改
15	尾矿点检作业	尾矿点检作业跟踪、查询、取消
16	检修平台班长审核	故障报修班长确认
17	检修平台专业审核	故障报修专业点检员确认
18	监控分析	作业统计、设备统计、重点设备 KPI
19	点检经验分享	根据故障现象提供点检经验分析

智能点检 Web 服务端功能界面如图 10.16 所示。

对于移动终端部分来说。系统环境的磁场干扰测试、无线信号的测试、各种传感标签的安装调试等尤其重要，其位置、距离等部署设计，直接影响业务流程的效率与稳定性。另外，智能终端应用对象为工人，功能按钮，操作水平有限，在界面与功能键设计上，简单易用，是系统良好应用基础。智能点检系统移动终端功能界面如图 10.17 所示。

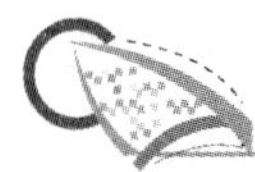

图 10.16　智能点检 Web 服务端功能界面

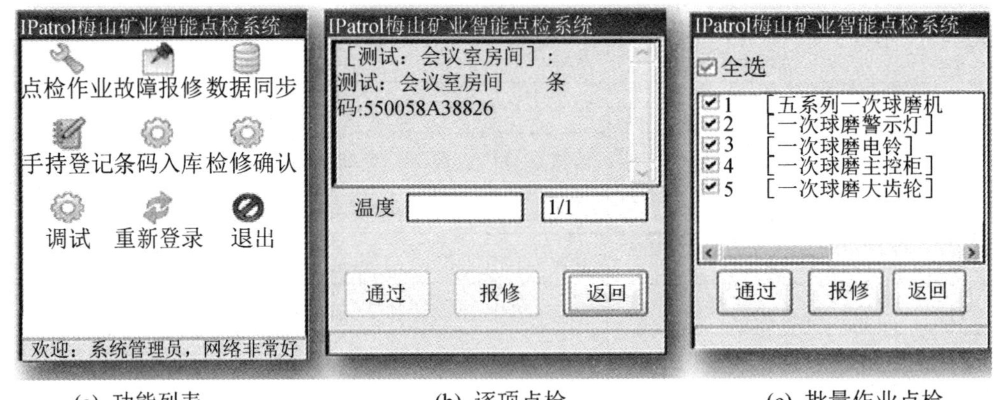

(a) 功能列表　　(b) 逐项点检　　(c) 批量作业点检

图 10.17　智能点检系统移动终端功能界面

10.5　智能双频定位系统实现

1. 智能双频定位案例简介

基于 HFP 定位技术、RFID 激活技术、视频联动技术的室内外智能双频定位监控教学与开发系统，教师可通过该系统实例课程教学相关的技术理论知识，便于学生实践学习。“HFP”高频率脉冲(High Frequency Pulse)技术的物联网高精度射频识别定位技术与高清晰视频检测跟踪技术，国内具有完全自主知识产权的融合技术，能实现精确定位、即时快速目标查找、视频检测跟踪监控的一体化功能。

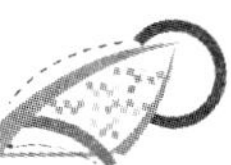

传统的监控设备是属于事后响应，HFP 属于及时主动响应。最大特点是能实现无线实时精确定位、视频识别跟踪的物联网智能监控。目前市场上的区域定位产品的精度一般在 5m 左右，采用“HFP”定位技术突破了“货架级”定位的关键技术，定位精度达到 2m 以内，并凭借产品在国内外超高性价比，达到了室内外智能双频融合定位跟踪的核心技术要求。因此，系统具有先进性，并且具有室内定位应用特色，学生通过本系统的学习，不仅能掌握高精度的定位技术，还能掌握主动响应、视频检测等综合技术。

2. 智能双频定位系统方案关键技术

智能双频定位系统，主要包括精确定位技术、RFID 激活技术、双频定位技术。

HFP 无线宽带定位技术。通过测量宽带窄脉冲信号的到达时间差(TDOA)来计算标签的位置，并获取最高 0.6m 的位置精度；与基于信号强度(RSSI)的 RFID、Wi-Fi 定位系统不同，即使在复杂工程环境中，HFP 无线宽带定位用户仍然能够可重复地获取 1～3m 定位精度。

RFID 激活定位技术，通过 125kHz 激活信号激活定位标签，标签被唤醒后通过发射高频信号传输定位标签信息。全向阅读器接收标签发射的信息通过网络上传平台系统。在区域内安装低频激活器，RFID 激活定位的精度为 3～5m。

室内外双频定位技术。在 HFP 无线宽带定位技术的基础上融合了 RFID 激活定位技术，能满足了不同客户、不同场景的需求，使学生掌握高精度定位技术，在实际的物联网应用系统中，能够解决较多的物联网高精度定位应用需求。HFP 定位技术与其他定位技术指标比较见表 10-4。

表 10-4　HFP 定位技术与其他定位技术指标比较

类　别	RFID 技术	GPS	ZigBee	HFP
频段	433MHz 频段	1.5GHz	2.4GHz ISM	2.4GHz ISM
传输距离	10m	全球大部分	80m	300m
定位精确度	误差>3m (10m 范围内)	误差>15m	误差>3m (10 米范围内)	1～2m
距离测量/定位	仅支持测距 10m 内误差>3m 10m 外无法测量	仅支持测距 平均误差为 15～30m	仅支持测距 10m 内误差>3m 10m 外无法测量	支持 300m 范围
射频特征/抗干扰	绕射能力好，但由于采用窄带通信技术，易受温度、多路径、多普勒效应影响。由于人体等环境影响，导致 RSSI 定位过程极易受到干扰	绕射能力差，易受温度、多路径、多普勒效应影响。由于人体等环境影响，易受到干扰	绕射能力差，但由于采用直序扩频(DSSS)调制方式，有一定的抗环境干扰能力；由于人体等环境影响，导致 RSSI 定位过程极易受到干扰	采用 HFP 调制方式，有较强的抗多路径和人体干扰能力；同时该调制方式下脉冲分辨率可调，以适应不同环境应用
管理模式	自开发 支持简单协议	支持简单协议	支持 Zigbee 协议	支持 Zigbee 和自开发 WSN 协议

续表

类　别	RFID 技术	GPS	ZigBee	HFP
数据保密性	简单协议	民用简单协议	AES-128	128 位硬件加密
整体价格优势	整体系统成本高	整体系统成本高，不适合室内等区域	高	成本低，性价比高

3. 智能双频定位系统实现

1) 系统架构

HPF 定位系统建设，用于物联网专业高年级学生。在掌握 RFID、网络、物联网通信的基础上，学习掌握物联网专业定位技术，并通过实际的应用平台，掌握系统的系统架构、关键技术、应用开发等技术，并在此基础上，能够设计室内外精确定位应用需求，如室内导航、井下人员定位、智能小区关键设备定位等应用需求，并能基于此平台的研究与开发工作。

室内外智能双频定位平台架构可分别为 5 个层次内容：感知层、接入层、网络层、支持层和应用层，如图 10.18 所示。

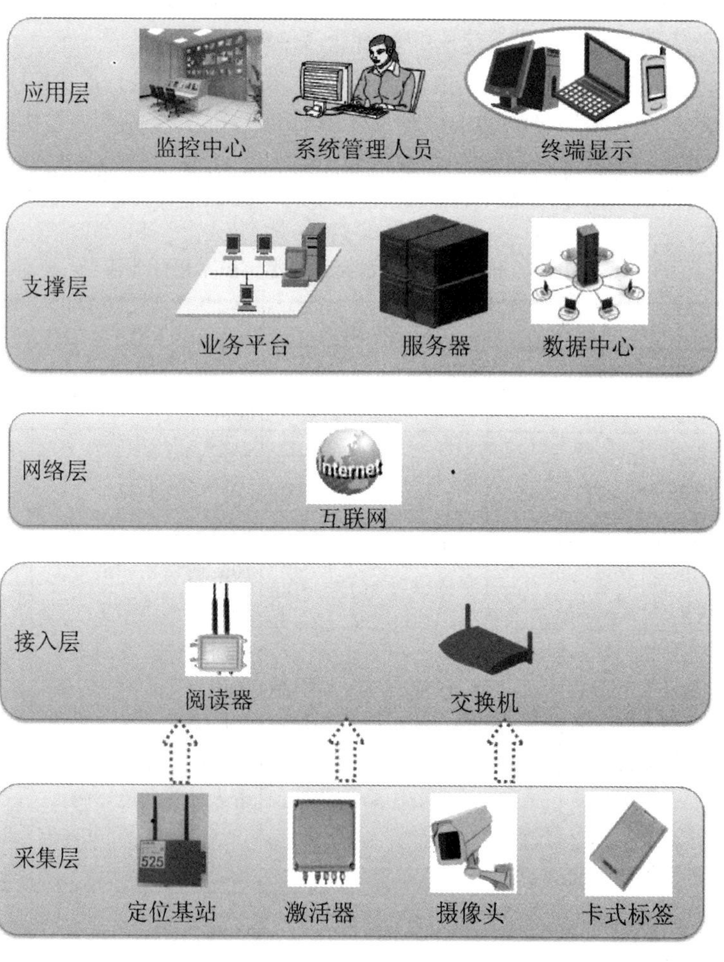

图 10.18　平台分层架构图

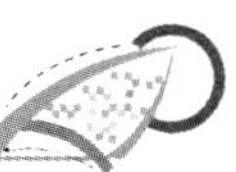

(1) 感知层解决人与物理的数据获得问题，由定位标签、高清摄像机、定位传感节点等设备构成。主要技术包括射频定位、传感等技术组成，涉及的外围产品包括传感器、电子标签、传感器节点等。

(2) 接入层实现感知层数据与网络层的对接，通过无线网络组网技术、有线网络传输等技术进行接入，主要设备包含阅读器、交换机等。

(3) 网络层即数据传输层，主要负责将接入层获取的采集数据传输给特定服务平台，本系统通过有线组网接入局域网或互联网。

(4) 支持层主要提供虚拟化业务支撑及数据存储，可通过标准数据接口与应用层交互。

(5) 应用层是通过人机界面解决服务发现及呈现，通过与支持层提供的业务服务接口对接，实现人机交互。

2) 系统结构及硬件设备介绍

HPF 定位系统由定位硬件设备和定位系统应用软件两大部分组成，如图 10.19 所示。

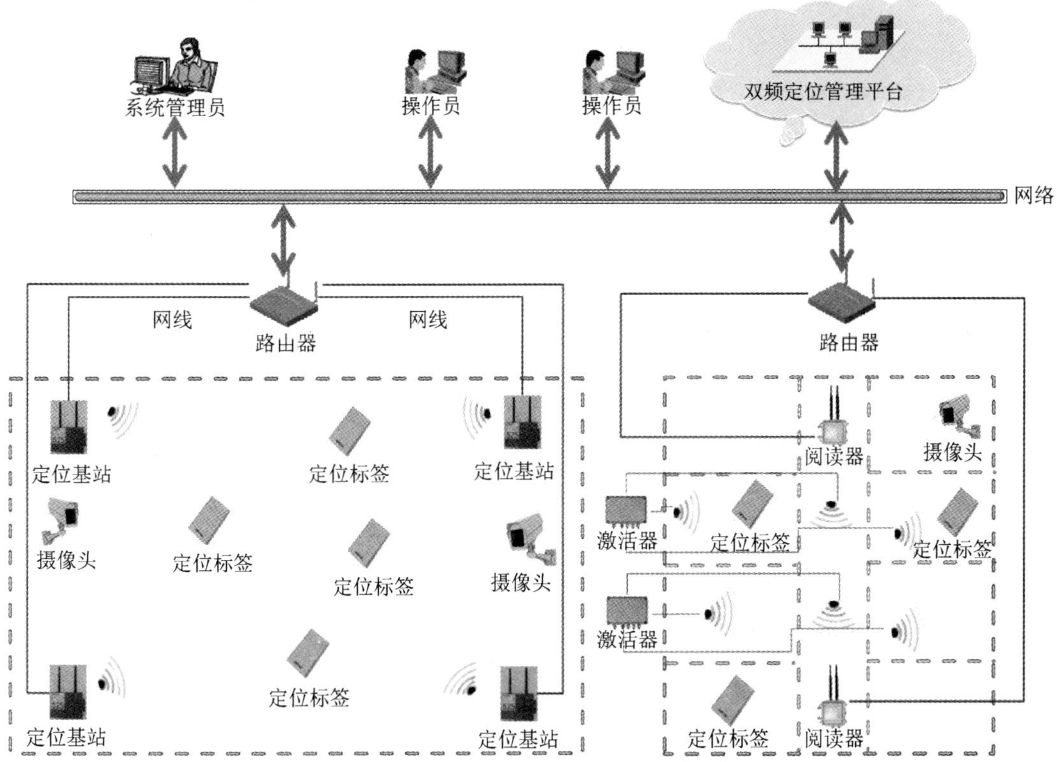

图 10.19　HPF 定位系统组成

系统硬件部分主要包括 K 系列定位基站(图 10.20)、全向阅读器(图 10.21)、低频触发器(图 10.22)、双频卡式定位标签(图 10.23)及其他硬件组成。

(1) K 系列定位基站。

K 系列定位基站基于 HFP 技术开发，采用双天线无线定位，以太网数据通信，POE 供电支持大容量、高精度定位；定位基站安装在放风区 4 个角落，对监测区域内携带双频

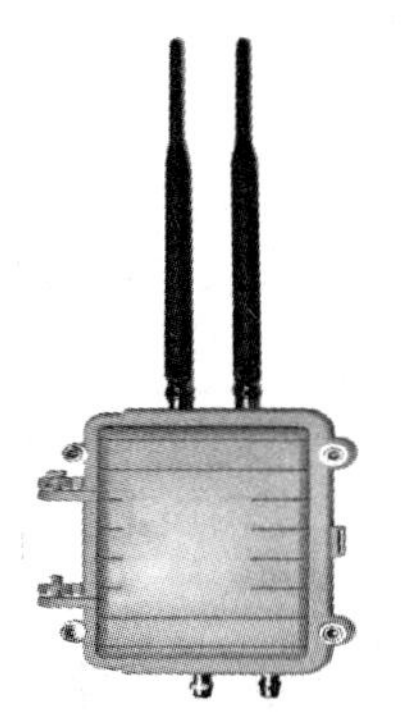

图 10.20　K 系列定位基站

卡式定位标签的位置信息进行实时采集。产品技术特性如下。

覆盖范围：5～60m(2D)，>100m(1D)，如更改天线可进一步增大

典型精度：1～2m　(<1m@46%)

标签容量：200+ (局域密度)　整个系统不限

射频功率：0～18dBm (1～64mW)

灵 敏 度：−95dBm @ 22M 250Kbps 模式

工作体制：802.15.4a

工作频率：2.40～2.485GHz

通信接口：Ethernet 100 base TX

保 密 性：128 位硬件加密

电　　源：POE，DC 5～12V

体　　积：150mm×96mm×30mm

温　　度：−20～70℃

湿　　度：0～95% (无冷凝)

(2) 全向阅读器。

采用 2.4G 频段无线数据传输、以太网数据通信、POE 供电，实时接收双频卡式定位标签的激活定位数据、报警数据等。通过合理的安装部署阅读器，实现监狱范围内信号无盲区覆盖原则。室内应用时，可根据楼层大小在楼道天花板上安装，引出电源线和网线，通过走线连接到机房的交换机上。产品技术特性如下。

识别距离：半径 0～100m

识别能力：同时识别 1000 张以上的标签

识别角度：全向

极化方式：垂直极化或双极化

增　　益：5dBi　接收 32 级可调、发射 4 级可调

工作频段：2.4～2.4835GHz

功耗标准：工作功率为毫瓦级

抗干扰性：频道隔离技术，多个设备互不干扰

安 全 性：加密计算与安全认证，防止链路侦测

接口标准：RS232、RS485、Wiegand26、RJ45、TTL、Wi-Fi 等可选

扩展 I/O ：开关量信号输入与输出各 2 路(可选)

电源标准：DC 7.5～12V　　500～1000mA

可 靠 性：防雷防水防冲击，满足工业环境要求

尺　　寸：180mm×135mm×60 mm(不含天线)

图 10.21　全向阅读器

(3) 低频触发器。

触发器通过安装在房间、门禁、走廊周围的棒状激活器天线和地感式激活器天线发射 125kHz 低频信号，用来激活进入相应区域的双频卡式定位标签，实现低频激活定位功能。产品技术特性如下。

激活范围：标配 2 组棒状天线，每组半径 0～3.5m；最大可扩展识别范围到 1000m^2

图 10.22　低频触发器

激活速度：最大 400km/h 通过时可被激活

激活能力：同时激活 500 张以上的标签

激活角度：全向

中心频率：125kHz

抗干扰性：采用时分多址技术，多设备互不干扰

穿透能力：低频波长 2500m 可完全穿越人体和墙体

标准接口：TTL、RS485 接口

电源标准：DC 7.5～18V　1000～3000mA

工作温度：-40～+85℃

封装特性：铝合金外壳封装

可 靠 性：防水防冲击，满足工业环境要求

尺　　寸：148mm×98mm×45 mm(未包括外置天线)

安装方式：吸顶、挂壁或地埋等安装方式

(4) 双频卡式定位标签。

双频卡式定位标签主要适用于教师、学生等人群，它实现的主要功能定时向阅读器发送无线信号，实现信号无盲区覆盖的原则；125kHz 信号激活实现区域定位功能；大范围 2.4GHz 无线实时定位功能；按键报警求救功能；标签开关机功能等等。标签也可以满足客户外加硬件功能定制开发需求。

标签内置可充电电池，实现 USB 充电功能，因为标签的功耗较低，所以双频卡式定位标签充满一次电，正常情况下能用两个月以上。同时标签还具有防摔防水的功能，可在多种复杂环境下使用。产品技术特性如下。

识别距离：0～100m 可调

图 10.23　双频卡式定位标签

工作频段：2.4GHz、125kHz

定位方式：K 系列定位/低频激活 两种技术融合

通信速率：250kbit/s、1Mbit/s、2Mbit/s

抗干扰性：频道隔离技术，多个设备互不干扰

安 全 性：加密计算与安全认证，防止链路侦测

读写功能：64KB 存储空间(可选)

按钮功能：双按钮指令可用于求助报警、签名刷卡

功耗标准：平均工作功率为毫瓦级

使用寿命：两个月，可 USB 充电

电压检测：电压低于预设值时以无线提示(可选)

封装特性：ABS 工程塑料，抗高强度跌落与振动

环境特性：工作温度-40～85℃；工作湿度<95%

可 靠 性：防冲击，满足工业环境要求

外　　形：方卡型，另可提供 OEM 定制服务

尺　　寸：86mm×54mm×5.0mm

3) 系统软件功能

室内外智能双频定位系统是基于 Web 的应用软件，通过对平台硬件采集到的位置、视频等信息，结合应用场景信息可实现以下主要功能。

(1) 人员定位。

人员位置信息：在系统应用软件的电子地图上实时显示定位人员的位置。

人员查找：在系统应用软件上输入待查找人员的名称或编号等属性信息即可找到查找人员相关所在的区域及位置，软件弹出待查找人员所在区域的视频监控信息。

人员统计及点名：在某一区域内统计被定位监控人员及人员的点名，应到人数，实到人数及未到人的信息列表。

(2) 人员轨迹。

人员移动轨迹：通过电子地图实时显示一个或多个人员移动轨迹。

跟踪指定人员：在系统应用软件上输入指定人员的名称或编号等属性信息，地图随着人员移动自动切换，将鼠标移到人员轨迹上可以看到人员标签的当前状态及相关详细信息。

轨迹回放是对某个对象的历史运动情况进行活动轨迹查询，这种查询可以按照用户指定的条件进行，查询条件包含时间、人员、地点等，几种条件可以任意组合。用户在查询过程中不仅可以获得文字、表格信息，还可以在电子地图上直接观看历史某段时间的轨迹回放。

(3) 报警功能。

人员报警状态信息：通过电子地图上不同颜色和形状显示人员的报警状态。

按钮报警：双频演示定位标签有报警按钮，一旦发生紧急状况，可以按下报警按钮，监控中心点定位系统将会及时收到报警信息和报警位置，并快速找到事发现场。

非法区域报警：进入非法区域时，启动报警功能。

信号丢失报警：特定人员信号消失(如电池没电或被破坏、越过信号覆盖区域等)，将会触发相应的报警。

低电报警：可以在系统中设置电量最低界限，一旦标签电量低于这个界限将会发出报警信息。

其他报警：按照需求，增加不同的报警方式。

(4) 视频联动。

报警信息产生时，如果报警区域存在摄像头，系统会自动弹出视频框，显示报警区域现状。双击界面上的区域，如果该区域存在摄像头，系统会自动弹出视频框，显示选择区域现状。

报警要和附近关联视频监控进行联动。第一时间调出视频监控系统中的关联画面，在众多的图像中马上显示出警情发生时的画面。

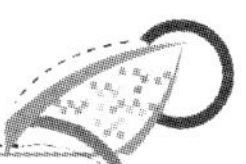

习 题

在智能双频定位系统上，选择以下课题设计开发一个简单的应用系统。

1. 公共场所儿童防丢、查找系统。
2. 仓储调度、贵重物资定位系统。
3. 工厂、油田生产过程可视化系统。
4. 监狱人员定位系统。
5. 超市导购与广告投放应用。
6. 人员在岗定位系统。
7. 变电站巡检与设备管理系统。
8. 校园精确定位、会场引导系统。
9. 老人、儿童、宠物看护系统。
10. 医院人员、设备管理系统。
11. 隧道、矿山人员(安全)定位系统。
12. 军事训练、反恐调度系统。

附录 1

智能双频定位系统说明书

1. 平台介绍

室内外智能双频定位是基于 Web 服务的图形化软件平台，平台支持 IE 浏览器访问。可实现人员定位、轨迹回放、视频联动等功能。

1) 登录平台

本机登录方式：在 IE 浏览器地址栏中输入“http：//192.168.1.183”，进入到平台软件登录界面，输入用户名密码完成登录，如附图 1.1 所示。

附图 1.1　平台登录界面

2) 系统主界面

如附图 1.2 所示，系统软件上相关信息与按键功能。

附图 1.2　平台显示界面

3) 功能模块区

功能模块区主要是由档案管理、硬件管理、报警信息和用户设置组成。

(1) 档案管理。档案管理的主要功能是初始化及创建用户、禁用用户、解禁用户和强制刷新，如附图 1.3 所示。

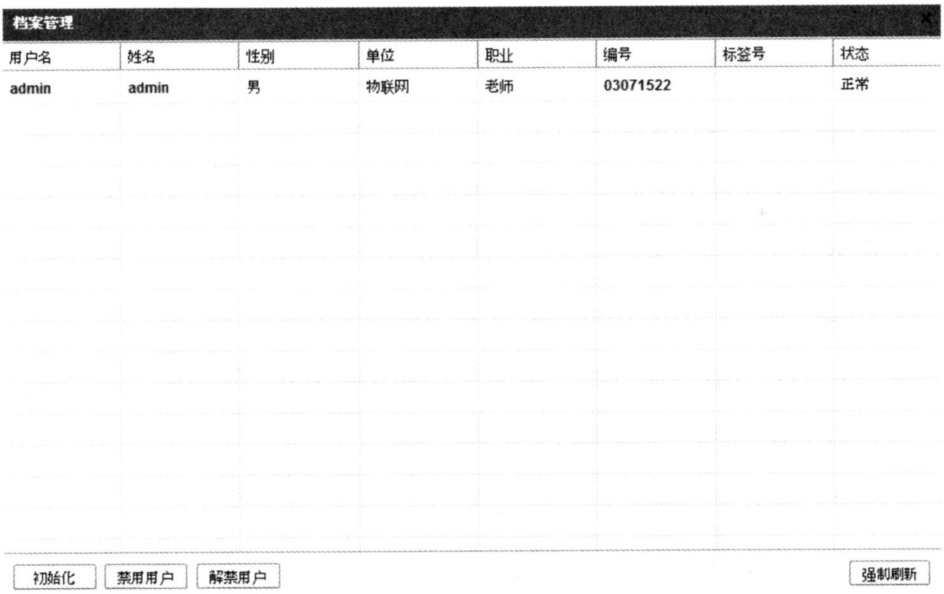

档案管理

用户名	姓名	性别	单位	职业	编号	标签号	状态
admin	admin	男	物联网	老师	03071522		正常

初始化　禁用用户　解禁用户　强制刷新

附图 1.3　档案管理

① 初始化及创建用户。单击“初始化”按钮，在弹出框中分别填写“第一个编号”“学院”“职位”和“数量”，单击“添加”按钮，即可批量地进行用户的创建。可按如附图 1.4 所示进行填写。

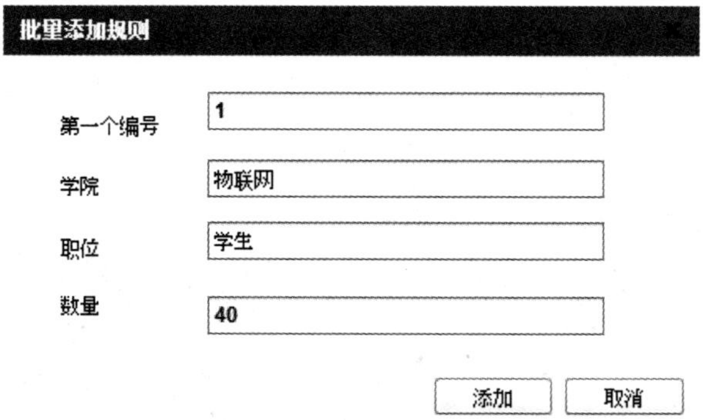

批量添加规则

第一个编号	1
学院	物联网
职位	学生
数量	40

添加　取消

附图 1.4　用户批量添加

② 禁用用户。管理员可对档案管理中的用户进行“禁用用户”的操作，管理员选择一个需要禁止的用户，单击“禁用用户”按钮后，该用户就无法用其账号登录定位平台，如附图 1.5 所示。

档案管理

用户名	姓名	性别	单位	职业	编号	标签号	状态
admin	admin	男	物联网	老师	03071522		正常
1		男	物联网	学生	1		禁止

附图 1.5　被禁用后用户状态

被禁止的用户的状态显示为“禁止”。

此时再次使用“用户名”为“1”的账号登录，就无法登录定位平台，如附图 1.6 所示。

附图 1.6　被禁止后用户登录界面

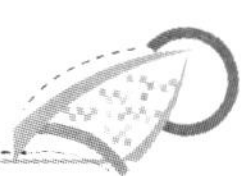

③ 解禁用户。管理员选中被禁用的用户，单击“解禁用户”按钮，该用户的状态将显示为“正常”，如附图 1.7 所示。

档案管理

用户名	姓名	性别	单位	职业	编号	标签号	状态
admin	admin	男	物联网	老师	03071522		正常
1		男	物联网	学生	1		正常

附图 1.7　解禁用户的状态

④ 强制刷新。若做了一些数据操作后，想要的数据没有直接显示出来，可以单击“强制刷新”按钮，让后台数据显示出来。

(2) 硬件管理。硬件管理由标签信息、基站信息和摄像头信息 3 部分组成。

① 标签信息。标签信息是管理员用来将定位标签与用户进行绑定的一个模块，如附图 1.8 所示。

设备管理

标签信息　基站信息　摄像头信息

标签编号	标签电压	上次接收时间	人员编号
3000	3.88	2014/06/09 17:53:05	
3001	3.87	2014/06/09 17:53:06	
3002	3.94	2014/06/09 17:52:55	
3003	3.84	2014/06/09 17:52:56	
3004	3.89	2014/06/09 11:04:52	
3005	3.83	2014/06/09 11:04:51	
3006	3.78	2014/06/09 11:04:51	
3007	3.85	2014/06/09 11:04:51	
3008	3.94	2014/06/09 11:04:51	
3009	3.9	2014/06/09 11:04:51	
3010	3.79	2014/06/09 11:04:52	
3011	3.92	2014/06/09 11:04:51	
3012	3.9	2014/06/09 11:04:52	
3013	3.88	2014/06/09 11:04:51	
3014	3.85	2014/06/09 11:04:52	

admin
1
2
3
4
5

附图 1.8　标签信息

管理员双击人员编号框，选择下拉框中要绑定的人员编号即可将标签和人员进行绑定。绑定成功后，在档案管理中也可查看到标签和人员绑定的对应情况，如附图 1.9 所示。

设备管理

标签信息 | 基站信息 | 摄像头信息

标签编号	标签电压	上次接收时间	人员编号
3000	3.88	2014/06/09 17:53:05	1
3001	3.87	2014/06/09 17:53:06	2
3002	3.94	2014/06/09 17:52:55	3
3003	3.84	2014/06/09 17:52:56	4
3004	3.89	2014/06/09 11:04:52	5
3005	3.83	2014/06/09 11:04:51	6

档案管理

用户名	姓名	性别	单位	职业	编号	标签号	状态
admin	admin	男	物联网	老师	03071522		正常
1		男	物联网	学生	1	3000	正常
2		男	物联网	学生	2	3001	正常
3		男	物联网	学生	3	3002	正常
4		男	物联网	学生	4	3003	正常
5		男	物联网	学生	5	3004	正常
6		男	物联网	学生	6	3005	正常

附图 1.9　档案管理和标签信息中标签和人员对应关系

② 基站信息。基站信息显示了基站的编号、基站 IP、所在位置、工作状态和上次检查时间，主要便于管理员和用户来管理基站的工作状态，如附图 1.10 所示。

设备管理

标签信息 | 基站信息 | 摄像头信息

设备编号	ip	房间	位置	状态	上次检查时间
525	192.168.1.10	基站	坐标位置[0:0]	网络异常	2014/06/10 09:08:18
52A	192.168.1.11	基站	坐标位置[1200:0]	正常	2014/06/10 09:08:20
529	192.168.1.12	基站	坐标位置[0:1020]	网络异常	2014/06/10 09:08:21
51A	192.168.1.13	基站	坐标位置[1200:1020]	网络异常	2014/06/10 09:08:23

附图 1.10　基站信息

③ 摄像头信息。管理员和用户可以单击左侧的“教室”按钮来调取相关区域摄像头所拍摄到的实时图像，如附图 1.11 所示。

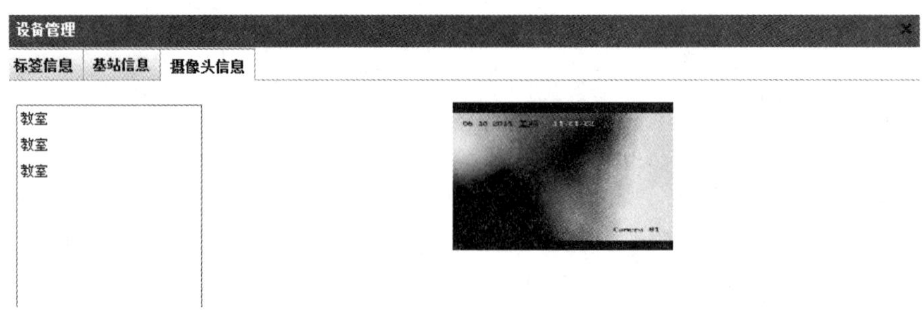

附图 1.11　摄像头信息

注：双击图像可以放大图像。

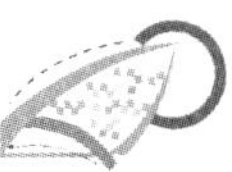

(3) 报警信息。

报警信息包括按键报警、非法区域报警、低电报警和无数据报警。

① 按键报警：双频演示定位标签有报警按钮，一旦发生紧急状况，可以按下报警按钮，监控中心点定位系统将会及时收到报警信息和报警位置，并快速找到事发现场。

② 非法区域报警。

③ 低电报警：可以在系统中设置电量最低界限，一旦标签电量低于这个界限将会发出报警信息。

④ 无数据报警：特定人员信号消失(如电池没电或被破坏、越过信号覆盖区域等)，将会触发相应的报警。

报警信息如附图 1.12 所示。

报警信息

标签编号	绑定人员	信号监测时间	报警内容
3001	2	2014/06/07 21:06:22	2携带标签【3001】，进入禁止区域【走廊】
3002	3	2014/06/10 11:21:20	最近没有收到[3]携带的标签信号，该标签信号[3002]丢失，请查询！
3002	3	2014/06/09 11:08:35	3携带绑定标签【3002】进行按键报警
3002	3	2014/06/07 21:06:22	3携带标签【3002】，进入禁止区域【走廊】
3003	4	2014/06/07 21:06:22	4携带标签【3003】，进入禁止区域【走廊】
3004	5	2014/06/10 11:21:20	最近没有收到[5]携带的标签信号，该标签信号[3004]丢失，请查询！
3005	6	2014/06/10 11:21:20	最近没有收到[6]携带的标签信号，该标签信号[3005]丢失，请查询！
3005	6	2014/06/09 10:34:47	6携带绑定标签【3005】进行按键报警

附图 1.12　报警信息

注：报警信息框中会显示“报警号”“绑定人员”“信号监测时间”和“报警内容”。

当最新报警信息产生时，报警内容会在平台下方滚动显示来提示用户。

① 报警设置。管理员可以进行需要报警区域和区域报警时间段的设置。单击“设置”按钮，在下拉框中选择需要报警的区域，并设置报警的时间段。

报警设置如附图 1.13 所示。

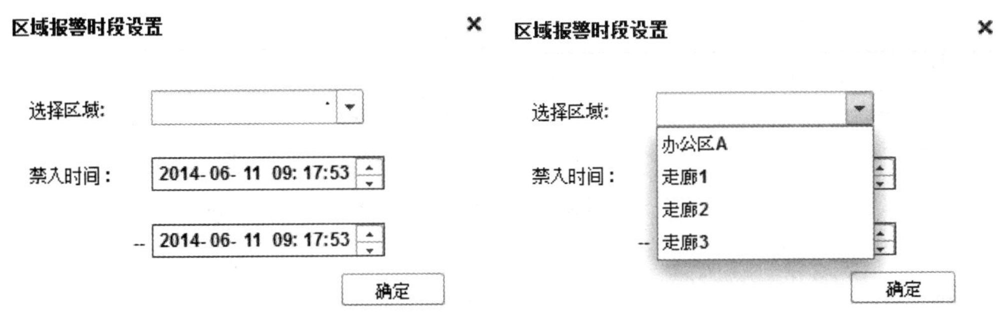

附图 1.13　报警设置

② 报警取消。管理员或用户在报警框中选中一条报警信息，单击“取消”按钮，该条被选中的报警信息就会消失。

(4) 用户设置。用户设置包括个人信息和显示设置两部分，如附图 1.14 所示。

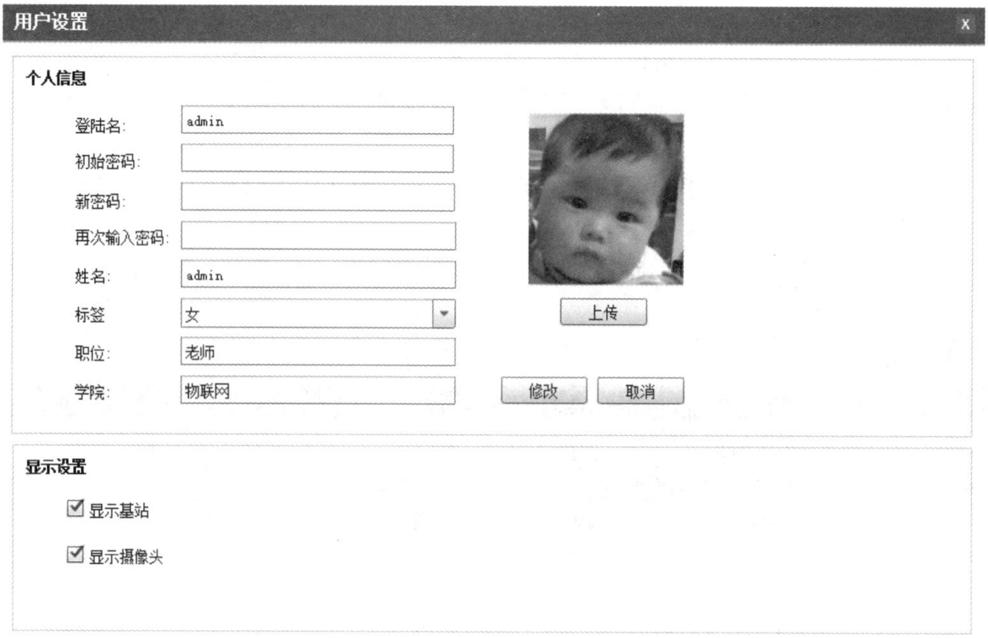

用户设置 X

个人信息

登陆名: admin
初始密码:
新密码:
再次输入密码:
姓名: admin
标签 女
职位: 老师
学院: 物联网

上传
修改 取消

显示设置

☑ 显示基站
☑ 显示摄像头

附图 1.14　用户设置

4) 视频模块

视频模块由人员查找、区域视频和轨迹回放 3 部分组成。

(1) 人员查找。用户单击图标，进入人员查询界面，输入“登录名”或者“姓名”即可在地图中将地图中代表该人员的图像标红同时调出该用户所在区域的实时动态影像，如附图 1.15 所示。

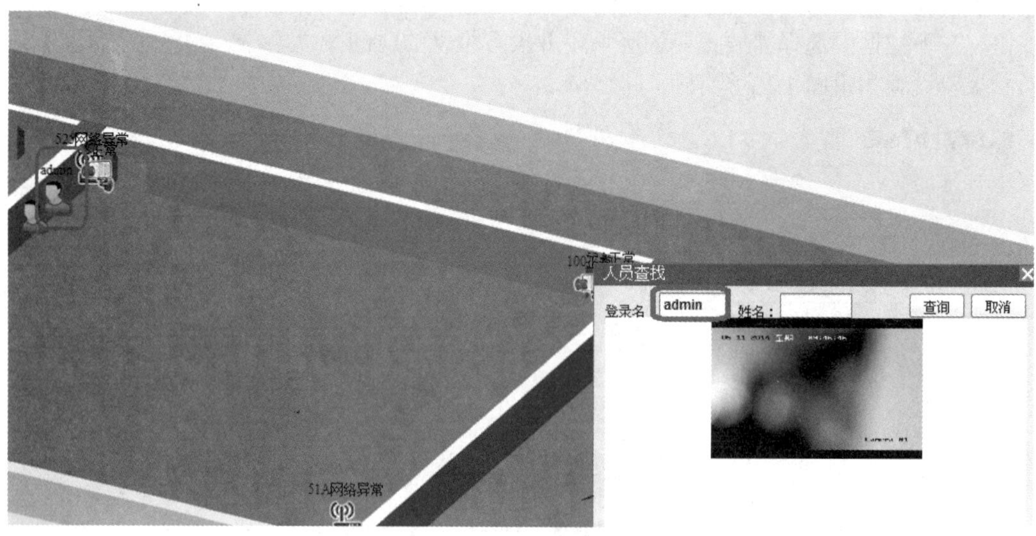

附图 1.15　人员查找

(2) 区域视频。用户在地图上双击想观察的区域，即可调出该区域的动态影像。

(3) 轨迹回放。用户单击图标，进入轨迹回放界面，输入“登录名”，再选择需要回放的“开始时间”和“结束时间”，单击“播放”按钮，即可在地图上观察到该用户在设置时间段的活动轨迹。单击“暂停”按钮，轨迹回放暂停，单击“停止”按钮，轨迹回放停止，单击“导出”按钮，可导出 csv 格式文件，文件中存放有：用户名，该用户绑定的标签，轨迹回放的时间及该用户轨迹经过的位置，如附图 1.16 所示。

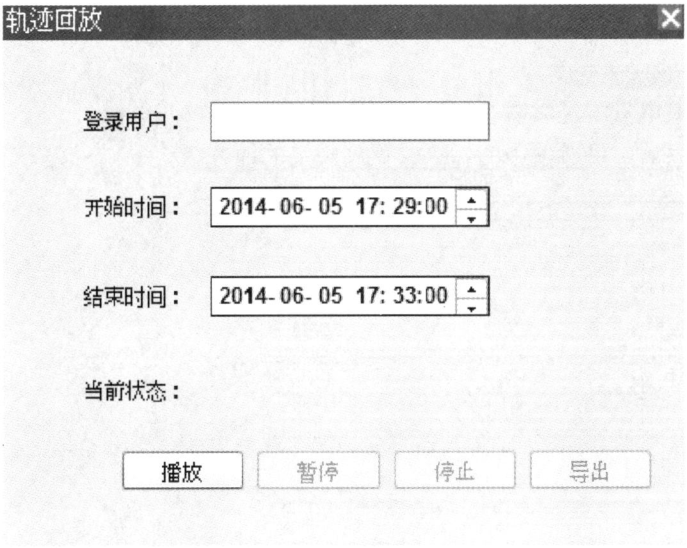

附图 1.16　轨迹回放设置

5) 地图缩放和移动

用户可通过调节附图 1.17 中的缩放调节杆进行地图缩放，单击调节杆上的上下左右键(附图 1.17)可实现地图的移动。

2. 操作规程(流程)

(1) 打开 IE 浏览器，输入 http：//192.168.1.183(默认，可人工配置)，跳转到定位登录界面。

(2) 管理员输入账号 admin，密码 admin，即可登录定位平台。

(3) 由管理员批量添加用户，为每个用户创建账号，用户得到账号后即可登录定位平台上，初始密码为 admin。

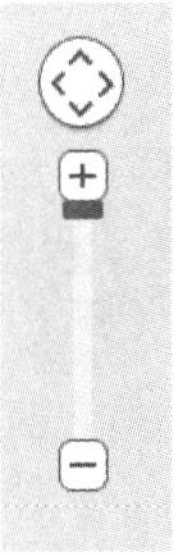

附图 1.17　位置和大小调节

(4) 管理员在“硬件管理”中给每个标签绑定一个用户，绑定好后，将标签分发到对应的用户手上。

(5) 打开定位标签，即可在定位平台界面上出现对应的人形图标。

(6) 用户按照使用说明书即可进行相关操作。

3. 注意事项

(1) 定位标签在长时间不使用时，请关闭标签。

(2) 请勿随意触碰定位基站，激活器及摄像头等相关教学设备。

(3) 设备电源在工作时会发热，因此要保持工作环境的良好通风，以免温度过高而损坏机器。

(4) 严禁将系统设备置于潮湿环境中，禁止靠近火源。

(5) 非专业人士未经许可，请不要试图拆开设备机箱，不要私自维修，以免发生意外事故或加重设备的损坏程度。

(6) 定位标签电量不足时需及时对标签进行充电。

(7) 教学结束后，将所使用的标签放置到规定的地方。

附录 2

基于 CC2530 的定位实验

1. CC2530 节点介绍

CC2530 芯片是用于 2.4 GHz IEEE 802.15.4、ZigBee 和 RF4CE 应用的一个真正的片上系统(SoC)解决方案。它能够以非常低的总的材料成本建立强大的网络节点。CC2530 结合了领先的 RF 收发器的优良性能，业界标准的增强型 8051 CPU，系统内可编程闪存，8-KB RAM 和许多其他强大的功能。CC2530 有 4 种不同的闪存版本：CC2530F32/64/128/256，分别具有 32/64/128/256KB 的闪存。CC2530 具有不同的运行模式，使它尤其适应超低功耗要求的系统。运行模式之间的转换时间短进一步确保了低能源消耗。

本节采用的 CC2530 无线节点，其上安装了采用德州仪器(TI)ZigBee SoC 射频芯片——CC2530F256。该芯片片上集成高性能 8051 内核、ADC、USART 等众多功能，它具有性能高、功耗低、接收灵敏度高、抗干扰性强、硬件 CSMA/CA 支持、数字化 RSSI/LQI 支持、DMA 支持等特点，支持无线数据传输率高达 250 Kbps 等特点。节点集成了电池盒，直接安装两节 5 号干电池即可以工作。方便用户实现高性价比、高集成度的无线网络部署解决方案。

实验所采用的 CC2530 节点可以由 CC2530 仿真器/调试器(SmarRF04EB)通过 USB 接口直接连接到 PC，它具有代码高速下载在线调试 DEBUG，硬件断点单步变量观察，寄存器等全部观察，寄存器等全部 C51 源水平调试的功能，实现对 CC2530 无线单片机实时在线仿真/调试/测试。节点外观如附图 2.1 所示。

(a) CC2530 核心模块

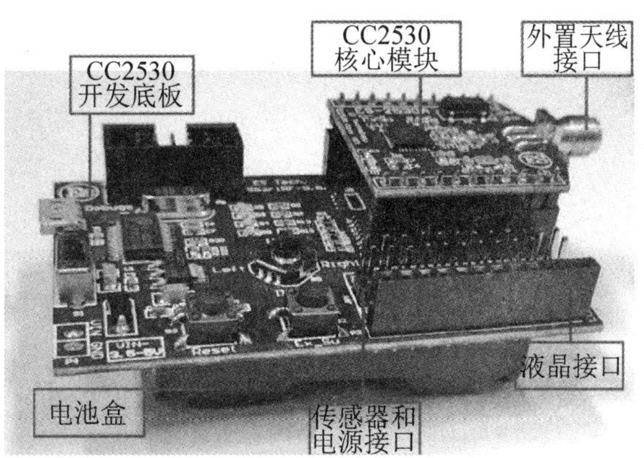

(b) CC2530 开发环境

附图 2.1　CC2530 节点外观图

一个整套的 CC2530 开发平台可以由 CC2530 模块、仿真器/调试器(SmarRF04EB)和 IAR 集成开发环境组成，如附图 2.2 所示。

(a) CC2530 模块及开发环境

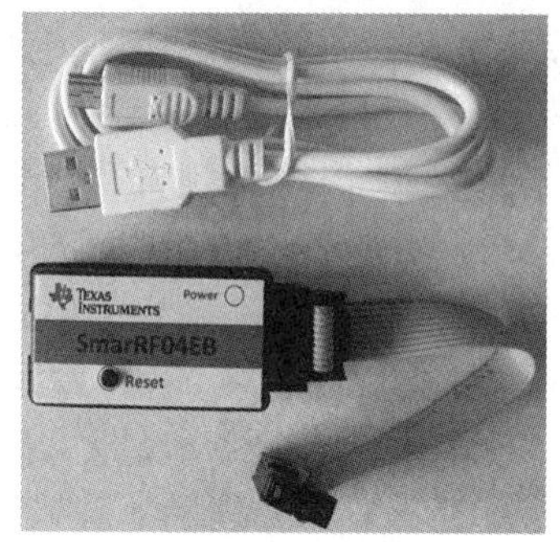

(b) 仿真器和连接线

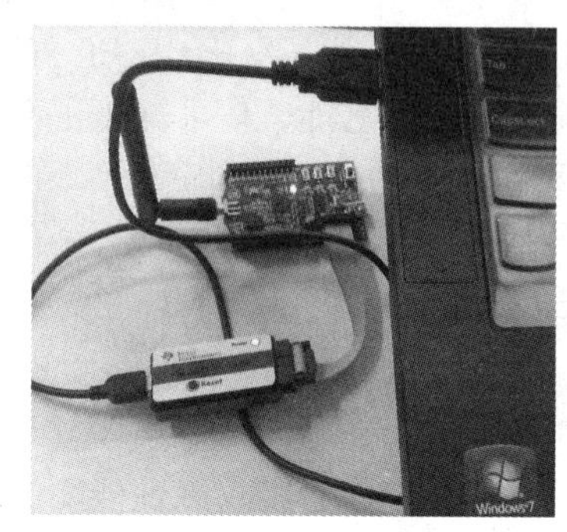

(c) 实现连接

附图 2.2 一个整套的 CC2530 开发平台

2. IAR 集成开发环境的使用

CC2530 的开发最常用的是 IAR Embedded Workbench for 8051(IDE)，它也是官方(德州仪器)推荐的编译器，可以很好地兼容 Z-stack 协议栈及其相应的工具。IAR Embedded Workbench(又称 EW)的 C 交叉编译器是一款完整、稳定且容易使用的专业嵌入式应用开发工具，EW 对不同的微处理器提供统一的用户界面，目前可以支持至少 35 种的 8 位、16 位、32 位的 MCU。

1) IAR 对系统要求和安装前注意

IAR 支持的操作系统有：Windows XP 32 & 64 位，Windows Vista，Windows 7 32 & 64 位，但要注意的是，使用 Windows 7 系统的 PC，Windows 7 版本必须是旗舰版或者企业版，并且需要以管理员用户安装和运行，这样才能正常工作。Windows 7 home basic 这些版本是不支持 IAR 操作。即使可以成功安装，在使用时也会有某些功能不支持。

2) 安装 IAR8.10

本文选择 IAR8.10 版。安装时将 IAR 安装软件光盘插入光驱，双击运行其中的“autorun.exe”文件，然后在跳出的画面中选择第二项“Install IAR Embedded Workbench”选项，界面如附图 2.3 所示。

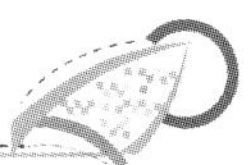

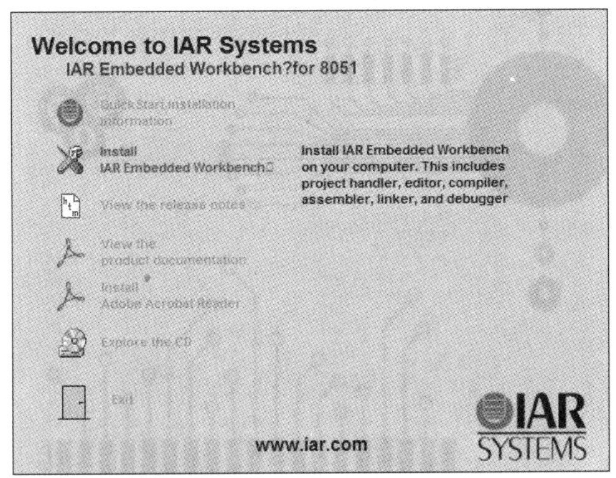

附图 2.3　IAR 8.10 安装界面

根据安装提示，选择 Enter User Information 这一选项，按照提示输入安装软件的序列号，然后运行第一项“for MCS-51 v8.10”选项。安装结束后在开始菜单中找到 IAR 软件，打开之后如附图 2.4 所示。

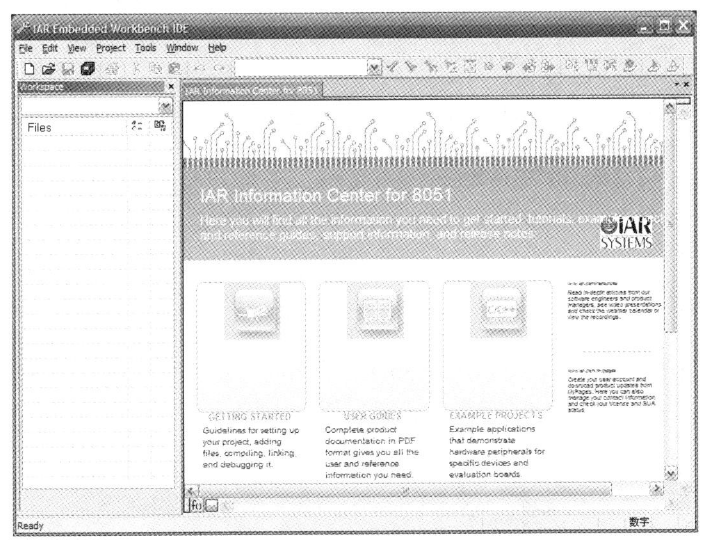

附图 2.4　IAR 8.10 系统运行主界面

注意：如果在 IAR 的使用过程中出现如下错误(附图 2.5)，这是由于输入的 IAR 的序列号不正确，造成安装错误。

Fatal Error[Cp001]: Copy protection check. No valid license found for this product [24]
Error while running C/C++ Compiler

附图 2.5　典型安装错误

3) IAR 的使用

(1) 建立一个新工程。从桌面找到 IAR 图标，双击打开 IAR，单击菜单栏的 Project 选项，在弹出的下拉菜单中选择 Create New Project 选项，如附图 2.6 所示。

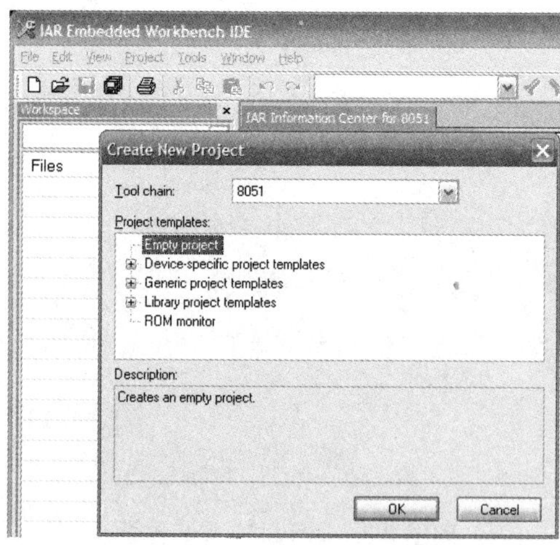

附图 2.6　IAR 创建工程

选择 Empty project 选项，单击 OK 按钮，然后会询问保存 project，选择一个合适的目录，填入合适的工程名，然后单击 OK 按钮，如附图 2.7 所示。

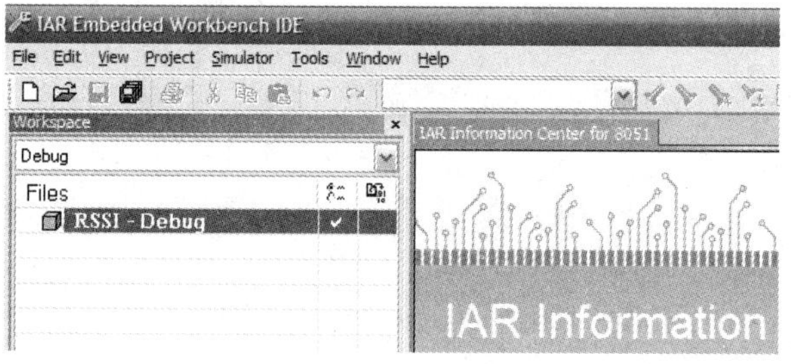

附图 2.7　打开工程

(2) 建立一个源文件。单击 New document 按钮，新建一个 source 文件。新建了文件之后单击“保存”按钮，保存为文件名为 main.c 到 source 目录下(source 是在 IAR 工程目录内新建的用来专门保存源码的目录)，如附图 2.8 所示。

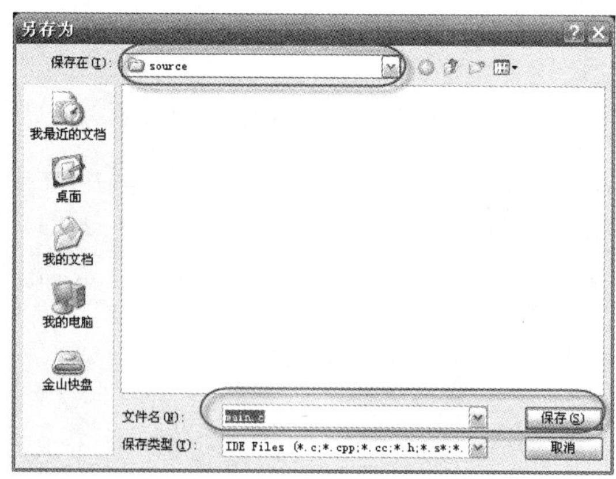

附图 2.8　创建一个源文件

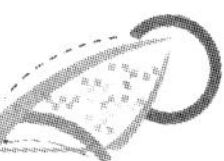

(3) 添加源文件到工程。右击工程名，选择 add→Add→main.c 命令，也可以使用 add files，手动选择“main.c”。向 main.c 中输入 RSSI(Received Signal Strength Indication)采集程序代码，该程序是一个利用接收信号强度对节点进行定位的例子；代码输入完成后保存，如代码 1 所示。

代码 1 RSSI 采集程序

```
/*************************************************************
* 程序入口函数
*************************************************************/
void main(void)
{
    InitAll(    ); // 初始化

    app_state = UART_RECEIVING; // 初始状态为接收串口命令

    while(1)  // 主循环
    {

      switch(app_state)
      {
        case UART_RECEIVING:  // 串口接收分支
          DoReceive(    );
          break;

        case UART_SENDING:  // 串口发送分支
            DoSend(    );
            break;

        case RSSI_RECEIVING:  // RSSI 接收分支
          DoRssiReceive(    );
          break;

      };
    }

}
```

(4) 工程设置。在左边的 Workspace 中右击工程名，然后选择 Option 选项，进入 Option 工程配置对话框，注意 Option 对话框是经常用到的，先记住它是如何打开的，如附图 2.9 所示。

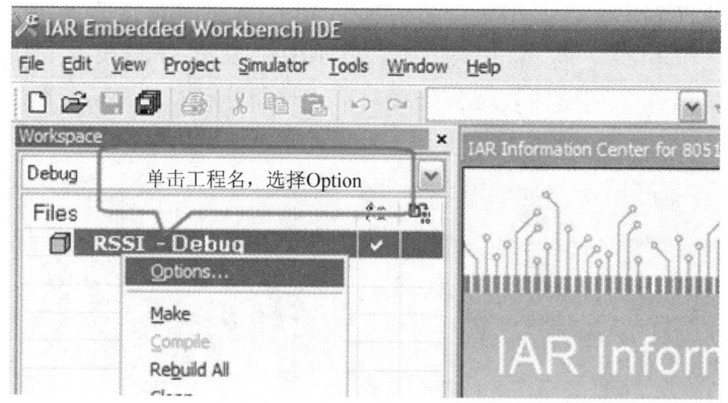

附图 2.9 工程设置

配置目标芯片在出现的对话框中，第一件事情就是选择该 project 所使用的 Device 选项，在左边选择 General Option 选项，然后在右边的一些列的选项卡中选择 Target 选项，如附图 2.10 所示，设置 Device，这里使用的芯片是 CC2530F256，因此选择 CC2530F256.i51(该文件的完整的默认路径为 C：\Program Files\IAR Systems\Embedded Workbench 6.0\8051\config\devices\Texas Instruments)。

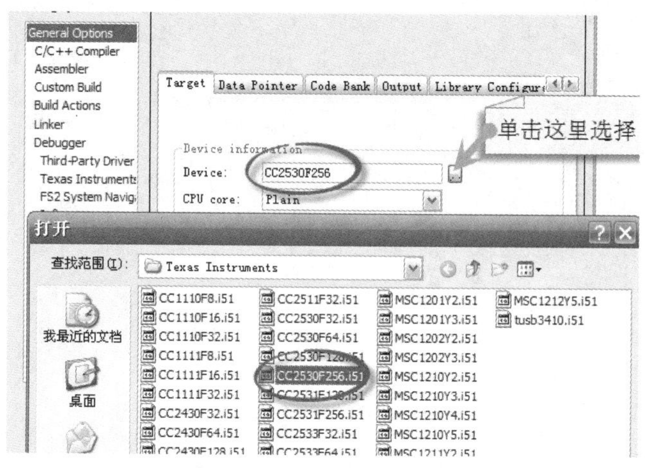

附图 2.10 配置工程

① 设置 Code 和 Memory Model

在 Code 类型中有 Near 和 Banked 两项可选择 Near 选项；当不需要 Banked 支持可以选择 Near 选项，例如，你只需要访问 64KB Flash 空间的时候，不需要更多的 Flash 空间，比如你使用的是 CC2530F32 或 CC2530F64，或者使用的 CC2530F256 但并不需要那么大的 Flash 空间时，可以选择 Near 选项。选择 Banked 项时标明你需要更多的空间能够仿真 CC253xF128 或者 CC253xF256 的整个 Flash 空间。默认 Near code model 中的 data model 是 Small，默认的 Banked，data model 为 Large，data model 决定编译器或者连接器如何使用 8051 的内存来存储变量，选择 small data model，变量典型的存储在 DATA 内存空间。如果使用 Large data model，变量存储在 XDATA 空间。在 CC2530 用户手册和 IAR 8051

编译器参考手册中会详细描述变量内存空间。在这里，重要的事情是，8051 使用不同的指令来访问 various memory spaces 访问 IDATA，一般情况下，比仿真 XDATA 要快，但通常 XDATA 的空间会比 IDATA 大。

在 Z-STACK 协议栈中，使用 Large Memory Model 来支持 CC2530F256，这样协议栈可以存储在 XDATA 区域，以上设置结束后，如附图 2.11 所示。

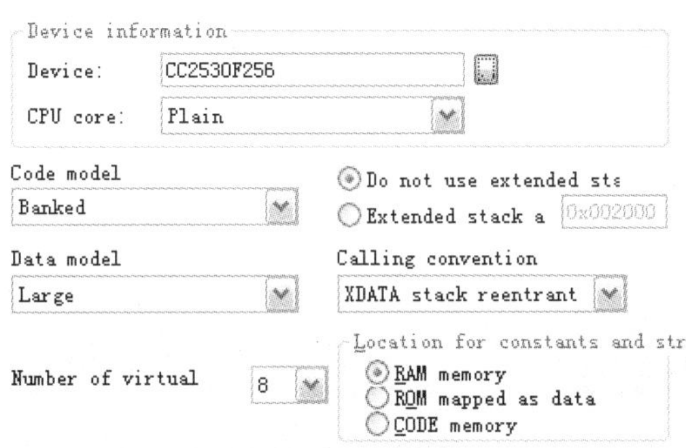

附图 2.11　设置 code 和 memory

在 Banked code model 中，有一些额外的选项需要注意，选择 Code Bank tab，CC2530 使用 7 个 code banks，为了访问整个 256KB 的 Flash 空间，Number of 必须设置为 0x07，Register 0x9F 是 CC2530 的 FMAP 寄存器，用来控制当前那个 code bank 映射到 8051 的地址空间，第三个 Register 未使用，最好设置 0xFF。在 Stack/heap 标签，XDATD 文本框内设置为 0X1FF。

② 设置链接器

在左边的选项中选择 Linker 选项，并在右边的选项卡中选择 Config 一页选项，在 Linker Command file 文件中选中 Override default 复选框，例如，选择“lnk51ew_CC2530F256_banked.xcl”选项，banked 表示使用 banked code model。默认路径为$TOOLKIT_DIR$\config\devices\Texas Instruments\lnk51ew_CC2530F256_banked.xcl，或者自己定位到安装目录下。

③ 设置仿真器调试

在 Debugger 选项中，选择“Texas Instruments”选项为 Driver，如附图 2.12 所示。

(5) 源文件的编译和下载。编译过程中如果出现错误，请根据错误提示修改不小心造成的语法问题。Project-Make 编译后显示 0 错误和 0 警告。注意有时候编译会有一些 warning，这个可以暂时不管，直接下载程序运行调试即可。在运行代码之前，首先将仿真器和开发板连接好，仿真器一端使用 USB 线连接电脑，一端通过 10 芯排线连接到开发模块上。需要注意的是，不管使用 CC-Debugger 仿真器还是 SmartRF04EB 仿真器，在调试下载程序之间，第一次下载程序时需要按仿真器的复位按钮，再进行下载操作，否则会导致下载错误。下载完成，进入仿真调试界面，常用按钮如附图 2.13 所示。单击 GO(全速运行)按钮，程序执行。使仿真器可以直接在 IAR 中下载程序并调试。结束后程序仍然保留在芯片 Flash 内，相当于烧写工具，非常方便。

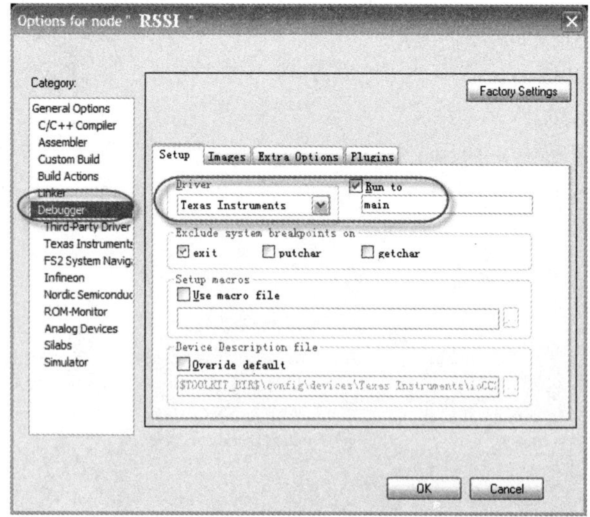

附图 2.12　调试器配置

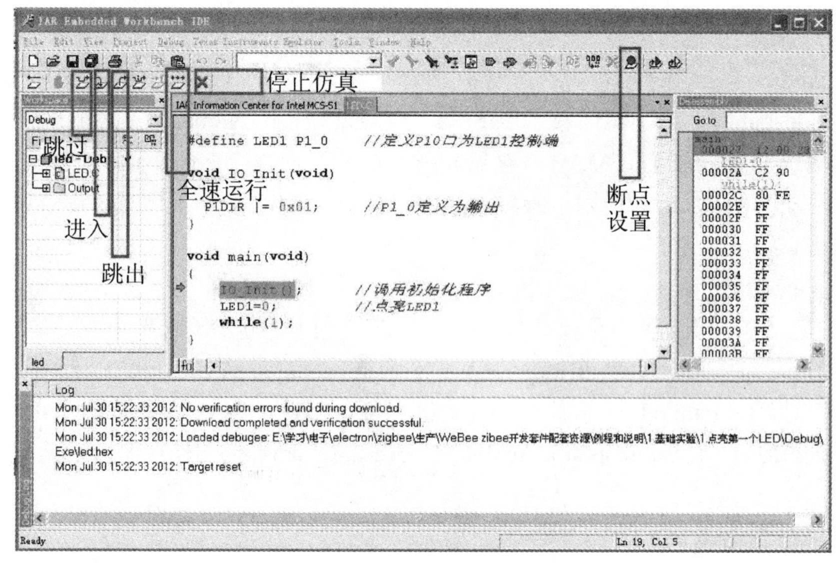

附图 2.13　IAR 调试器主要按钮

4) 打开一个保存的 IAR 工程

已经创建好了所有的基础测试程序，它们被创建在一个 IAR 工程内。建立的 IAR 工程所有工程参数已经设置好，不需要再设置，可以直接下载。但是可能因为电脑系统不一样或者安装目录不一样，会导致 Linker 文件找不到或者 device 设置的改变，请仔细对比按照上述 IAR 的配置设置工程文件的参数。打开的方法可以在 IAR 界面中选择“File→Open→Workspace”命令，打开.eww 工程文件或者直接双击.eww 文件进行打开。

5) 仿真器驱动安装

连接 CC-Debugger 仿真器或者 SmartRF04EB 仿真器，PC 通知栏会告知发现新硬件，如果电脑中存在仿真器的驱动，则随机会跳出驱动安装成功的提示。如果没有，出现安装

成功。则先确定 CC-Debugger 是否与 pcusb 连接好，连接好后，电脑上会出现新硬件的提醒。如果插上电脑没有任何反应，更换 mini-usb 线。如果有提示新硬件，但显示驱动未能安装成功，打开电脑的设备管理器，如附图 2.14 所示。如果框起来的有感叹号或其他内容需要更新仿真器的驱动。右击 CC-Debugger 或者 SmartRF04EB，选择“更新驱动程序”选项。

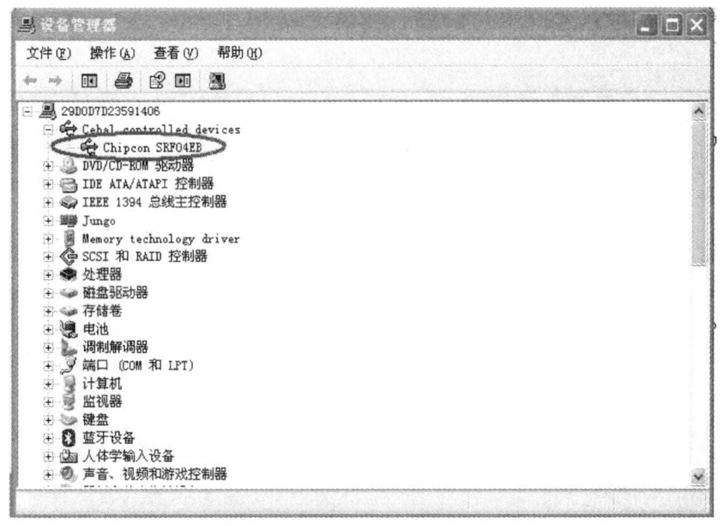

附图 2.14　Chipcon 仿真器

程序仿真调试程序仿真调试界面如附图 2.15 所示。

附图 2.15　程序仿真调试界面截图

6) USB 转串口驱动(PL2303 驱动)

实现模块与计算机通信必须安装 USB 转串口驱动。模块板已经集成 USB 转串口模块 PL2303，只要在电脑端安装 PL2303 驱动，即可以实现板子与 PC 进行串口通信。安装的驱动非常简单，只要双击“PL2303_driver.exe”程序，然后单击“确定”按钮，将安装进行下去即可。驱动适合 XP 系统和 Windows 7 系统，Windows 8 系统暂时不支持。安装完驱动就可以在设备管理器，硬件里看到新增加的串口(Com port)。另外，需要使用串口调试助手可以观察电脑的串口数据，串口调试助手可以通过网络获取到许多免费的软件版本。例如，一款软件的界面如附图 2.16 所示。

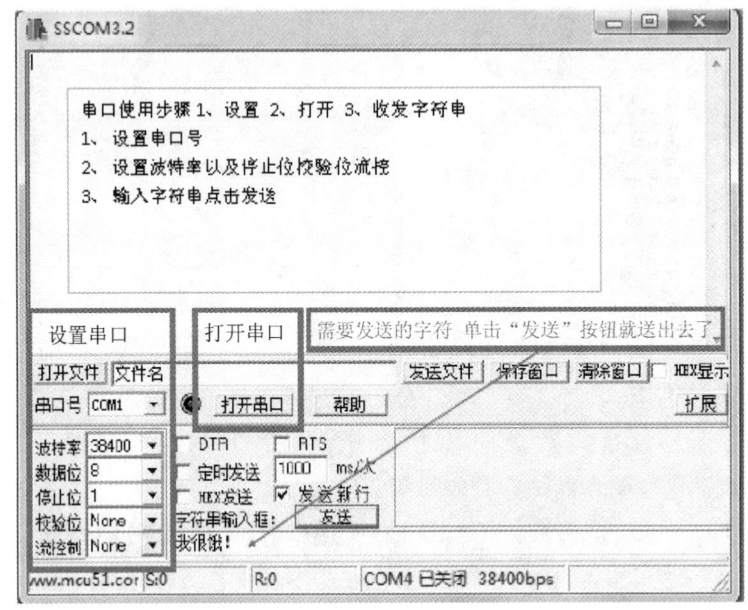

附图 2.16　典型串口调试助手操作界面

7) 使用 Flash Programmer 直接烧写 hex 到芯片中

详细地介绍一下使用 TI 的 Flash Programmer 烧写工具烧写 hex 文件，Flash Programmer 是 ti 开发的 hex 文件烧写工具，通过 Flash Programmer 不光可以给目标芯片烧写程序，而且还可以更新 CC-Debugger 仿真器的固件程序，功能非常强大。首先单击“SmartRF Flash Programmer”安装文件进行安装，按照默认直接安装即可，无须破解和特别设置。安装完成，打开软件如附图 2.17 所示。

接上仿真器和开发板，按下仿真器的复位键，软件即可识别到开发板，如附图 2.18 所示。

3. hex 文件的生成和下载

设置 IAR 产生 hex 文件，以 CC2540EM 测试代码为例，如使用 2530EM，相应处选择 CC2530×××即可。打开“CC2540EM_BASE.eww”文件，右击 Workspace 中的项目名称，然后打开 Options 对话框。在打开的 Options 中选择 Linker 中的 Output 选项卡，设置如附图 2.19 所示。

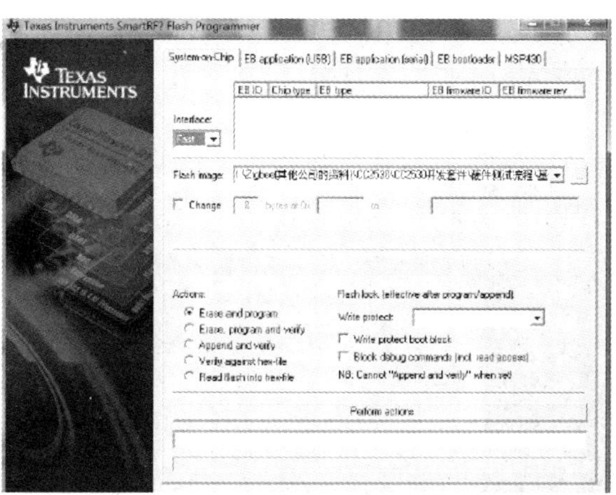

附图 2.17　程序烧写界面

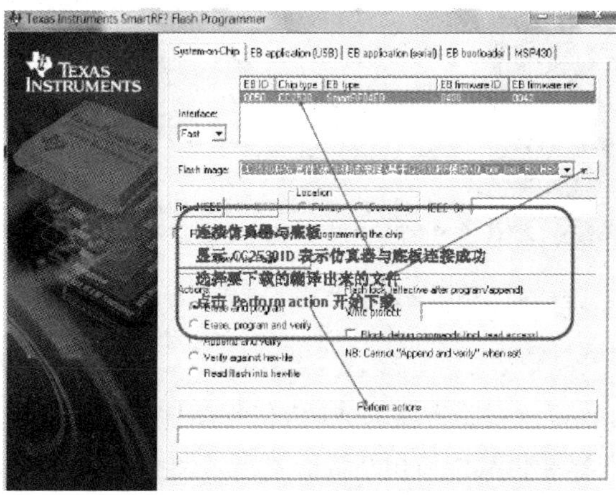

附图 2.18　按下仿真器复位键后的烧写界面

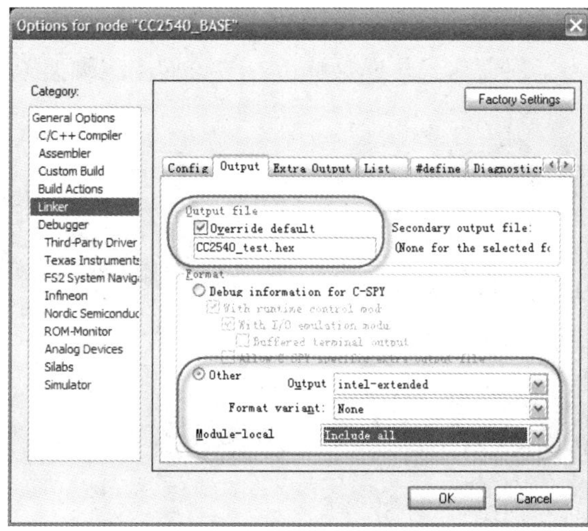

附图 2.19　hex 文件的烧写

Action 中的常见操作：Erase 用于擦除芯片，当遇到芯片被锁住时，可以单击该选项擦除芯片；Erase and program 用于擦除并且编程，快速对芯片编程；Erase program and verify 用于步骤 2 基础上添加 hex 验证操作，比较耗时；Read flash into hex-file 用于从芯片中读出 hex，并且写到(覆盖)在 Flash image 中选择的 hex 文件。其他选项含义请查阅 TI 帮助手册。程序下载成功界面如附图 2.20 所示。

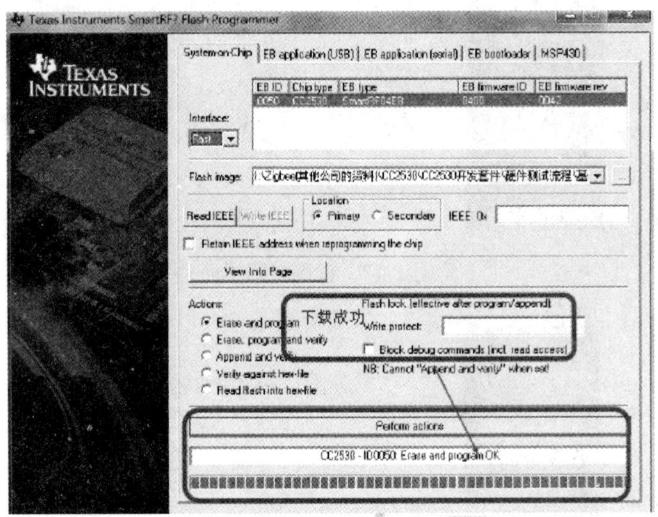

附图 2.20　程序下载成功界面

4. RSSI 定位实验运行演示

本节设计一个 RSSI 定位实验，将 RSSI 定位程序烧写到 20 个 CC2530 节点中。实验拟采用实际采集数据与算法仿真评估相结合的方案，即利用装备 TI 的 ZigBee SoC 射频芯片 CC2530F256 节点在多个真实场景下采集信号数据，并在此基础上利用 MATLAB 软件对 RSSI 定位算法进行评估。

传感器节点外观如附图 2.21(a)所示，节点上集成高性能 8051 内核、ADC，usart 等，支持 ZigBee 协议栈。为了保证信号传递足够远，节点均由三脚架置于离地面 1.2m 左右，如附图 2.21(b)所示。

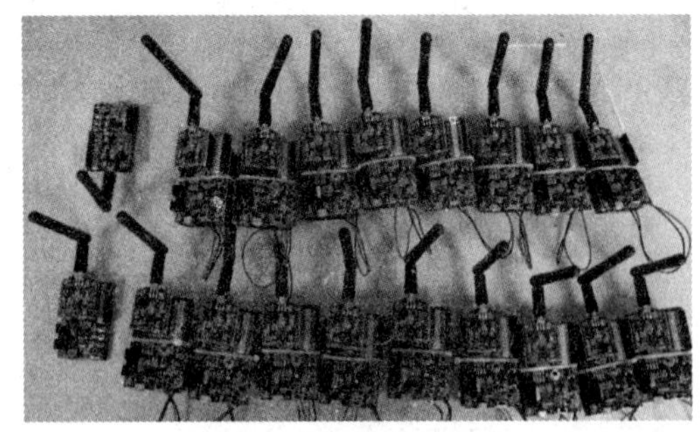

(a) 传感器节点外观图

(b) 节点与三脚架

附图 2.21　运行 RSSI 采集程序的 CC2530 节点

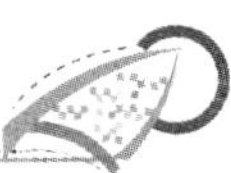

为了验证方案可适应不同的环境，信号采集实验安排在不同的场景下，相关的场景如附图 2.22 所示。

(a) 空旷场景随机部署

(b) 空旷场景规则部署

(c) 空旷场景有遮挡物(汽车)

(d) 空旷场景有遮挡物(树木)

(e) 半开闭场景(部分室内部分室外)

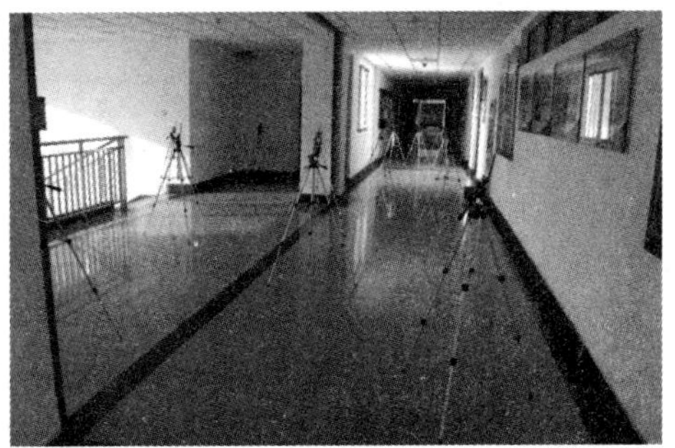

(f) 全封闭场景(室内)

附图 2.22　实验场景

节点间采用多跳方式相互通信，本节仅仅以附图 2.22(d)和附图 2.22(f)的场景为例，它们的拓扑分别如附图 2.23(a)和附图 2.23(b)所示。图中小方块为信标节点，即位置已知的节点。

为了避免单次测量的偶然性问题，实验中每个节点至少包含 100 次邻近节点 RSSI 读取值，取平均值。基于 RSSI 的定位估计一般采用下面的信号对数模型：

$$[P_i]_{\text{dBm}} = [P_0]_{\text{dBm}} - 10n_\alpha \lg\left(\frac{d_i}{d_0}\right) + v_i$$

式中，P_i 为目标节点接收到的来自锚节点 i 的信号强度；P_0 为距离锚节点 d_0 处的发射功率，

这里取 $d_0 = 1\text{m}$；n_α 为信道多径和阴影衰落特性的常量因子；d_i 为目标节点和锚节点 i 之间的实际距离；v_i 为天线和信道总功率增益变化的随机变量，可认为近似服从高斯分布 $N(0,\sigma_i^2)$。

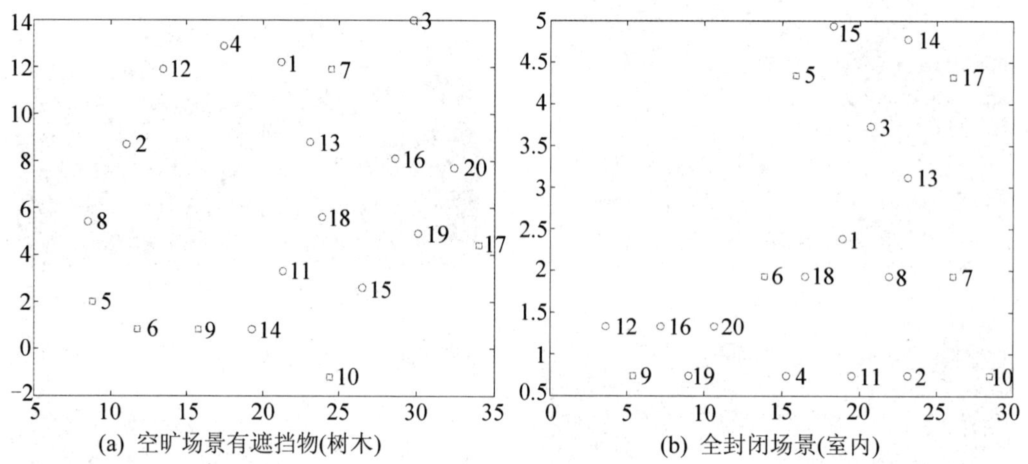

附图 2.23　节点拓扑图

取衰减因子 n_α 与距离 d_i 间的负指数函数关系为

$$n_\alpha = a\exp\left(-bd_i\right)+c$$

使用 MATLAB 的 cftool 工具箱对 RSSI 数据集进行拟合，得到函数参数 a、b、c 的值。a、b、c 的值一旦确定，那么就确定了 RSSI 与距离的关系，因此，测量出 RSSI 的值就可以反算出相应的物理距离。拟合曲线如附图 2.24 所示。

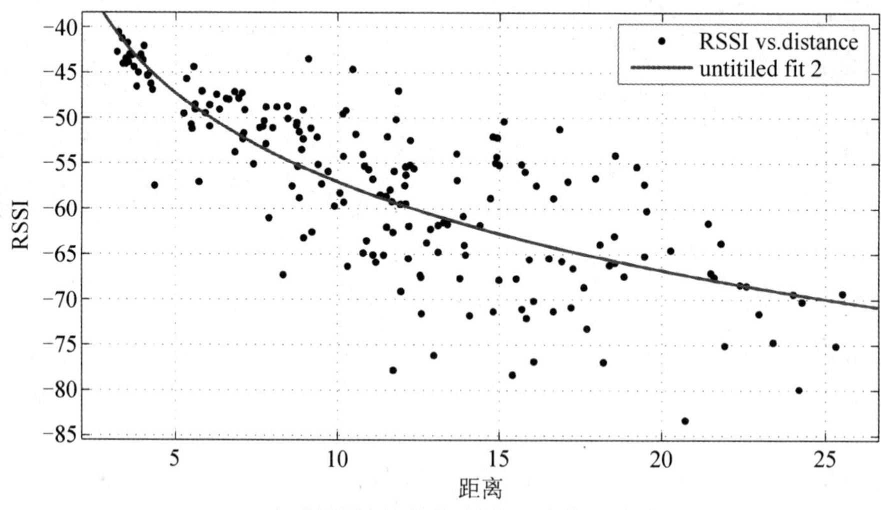

(a) 空旷场景有遮挡物(树木)距离信号关系

附图 2.24　RSSI 拟合曲线

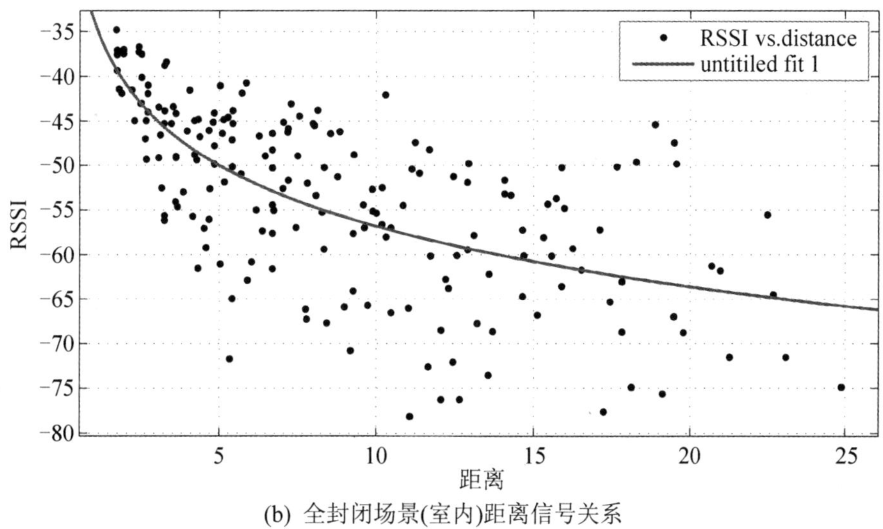

(b) 全封闭场景(室内)距离信号关系

附图 2.24　RSSI 拟合曲线(续)

三边测量法是最常用的 RSSI 测距定位方法，在获取 RSSI 信号与距离关系公式后，可以利用三边测量估计未知节点的未知。根据 RSSI 测距原理，要确定未知节点的位置，至少需要 3 个信标节点(已知位置的接收节点)。根据三边测量原理，利用 MATLAB 数据分析仿真软件进行性能评估实验。如附图 2.23 所示，实验中选取 20 个节点中的 5、6、7、9、10、17 号这 6 个节点为信标节点(图中方形节点)，其余 14 个节点为未知节点(图中圆形节点)，设定在室内环境下通信半径为 5m，而室外环境下通信半径为 8.8m。

运行后程序后可得如附图 2.25 所示结果，其中附图 2.25(a)为室外定位结果，附图 2.25(b)为室内定位结果。图中方块表示信标节点，而圆形为未知节点的估计位置，直线连接未知节点的估计位置与真实位置。

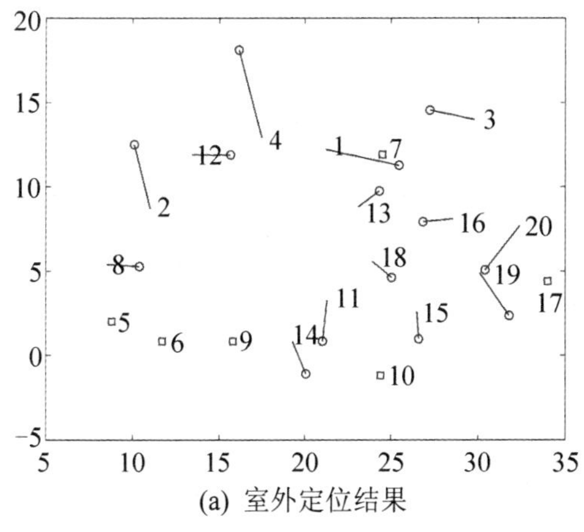

(a) 室外定位结果

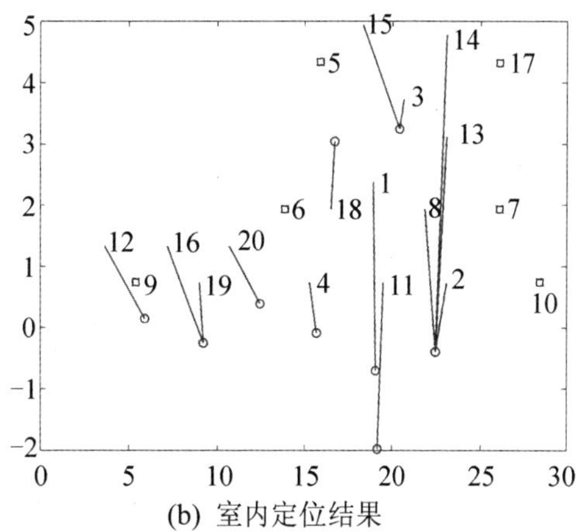

(b) 室内定位结果

附图 2.25　节点定位结果

5. 总结

CC2530 芯片及其开发平台是国内外当前应用于 2.4GHz IEEE 802.15.4、ZigBee 等开发应用的主流解决方案。本章在介绍了整个开发平台的简要组成部分之后，详细介绍了 IAR 开发环境及其他辅助工具的安装和 CC2530SoC 开发的环境配置和平台的基本使用方法。希望读者能够通过本章节的学习顺利进入 CC2530 的编程世界。

参考文献

[1] 工信部“物联网‘十二五’发展规划”，2011.

[2] 工信部电信研究院. 2011 年物联网白皮书.

[3] 樊雪梅. 物联网技术发展的研究与综述、计算机测量与控制[J]，2011，19(5)：1002-1004.

[4] 刘筱霞，陈春霞. 现代电子标签及其印刷技术[J]. 包装工程，2008，(05)：190-192.

[5] 程雪，周修理，李艳军. 射频识别(RFID)技术在动物食品溯源中的应用[J]. 东北农业大学学报，2008，(10)：140-144.

[6] 石蕾，陈敏雅. RFID 系统中阅读器的设计与实现[J]. 电脑开发与应用，2008，(07)：54-56.

[7] 李彩红. 无线射频识别(RFID)技术及其应用[J]. 广东技术师范学院学报，2006(6)：51.

[8] 杨彪. 高频射频识别读写器虚拟仪器系统设计与实现[D]. 武汉：华中科技大学，2006.

[9] 李林. 射频识别电子标签的研究与设计[D]. 武汉：武汉理工大学，2008.

[10] 刘冬生. 射频识别标签芯片关键技术的研究与实现[D]. 武汉：华中科技大学，2007.

[11] Kin Seong Leong, Mun Leng Ng.Operational Considerations in Simulation and Deployment of RFID Systems[C]. 17th International Zurich Symposium on Electromagnetic Compatibility, 2006:521-524.

[12] BadriNath, Franklin Renolds,Roy Want. RFID Technology and Applications[J]. IEEE Pervasive Computing, 2006:22-24.

[13] J Yick B M, D Ghosal. Wireless sensor network survey [J]. Computer Networks, 2008, 52(12): 2292-2330.

[14] IF Akyildiz W J S, Y Sankarasubramaniam, E Cayirci. Wireless sensor networks: a survey [J]. Computer Networks, 2002, 38(4): 393-422.

[15] M W The Computer for the Twenty-First Century [J]. Scientific American, 1991, 3(3): 94-104.

[16] 吴功宜. 智慧的物联网——感知中国和世界的技术 [M]. 北京：机械工业出版社，2010.

[17] IBM 商业价值研究院. 智慧地球赢在中国 [J/OL] 2009, 2013(5-1): http://www-31.ibm.com/innovation/cn/ think/downloads/smart_China.pdf.

[18] 孙利民，李建中，陈渝. 无线传感器网络[M]. 北京：清华大学出版社，2005.

[19] 倪明选，李明禄，薛广涛. 无线传感器的基础理论及关键技术研究 [M]. 中国计算机学会. 2008 中国计算机科学技术发展报告. 北京：清华大学出版社，2008.

[20] 张晶晶，何荣希，陈玉飞. 无线传感器网络多径路由协议综述[J]. 计算机工程与设计，2008，28(22)：5417-5419.

[21] Thakare A N, Joshi M Y. Performance analysis of aodv & dsr routing protocol in mobile ad hoc networks[J]. IJCA Special issue on “Mobile Adhoc Networks”, MANETs, 2010: 211-218.

[22] 赵贤敬，郑宝玉，沈洋. 无线 Ad Hoc 多径路由性能分析[J]. 南京邮电大学学报：自然科学版，2007，27(4)：8-12.

[23] 赵炜，唐振民，陆伟，等. 基于网络编码的移动传感网传染路由性能分析[J]. 计算机工程与应用，2011，47(23)：17-20.

[24] 高德民，钱焕延，汪峥，等. 基于遗传算法的无线传感器网络路由协议研究[J].计算机应用研究，2010，27(11)：4226-4229.

[25] 吴建平，李星. 下一代互联网[M]. 北京：电子工业出版社，2012.

[26] 熊桂喜，王小虎. 计算机网络[M]. 北京：清华大学出版社，1998.

[27] http://wenku.baidu.com/view/8104c09951e79b8968022677.html

[28] 刘云浩. 物联网导论[M]. 北京：清华大学出版社，2012.

[29] http://topic.yingjiesheng.com/jisuanji/wangluo/061N502042012.html

[30] 刘永华. 计算机网络——原理、技术及应用[M]. 北京：清华大学出版社，2012.

[31] 张辉，曹丽娜. 现代通信原理与技术[M].西安：西安电子科技大学出版社，2002.

[32] http://www.linkwan.com/gb/tech/htm/1749.htm

[33] 郭梯云. 移动通信[M].西安：西安电子科技大学出版社，2006.

[34] 于宁. 无线传感器网络定位优化方法 [D]. 北京：北京邮电大学，2008.

[35] Liu Y, Yang Z. Location, Localization, and Localizability Location-awareness Technology for Wireless Networks [M]. Berlin: Springer, 2011.

[36] C D Warm H Y L. Hybrid TOA/AOA estimation error test and non-line of sight identification in wireless location [J]. Wireless Communications and Mobile Computing, 2009, 9(6): 859-873.

[37] Yang L, Ho K C. An Approximately Efficient TDOA Localization Algorithm in Closed-Form for Locating Multiple Disjoint Sources with Erroneous Sensor Positions [J]. IEEE Transactions on Signal Processing, 2009, 57(12): 4598-4615.

[38] D Nicolescu B N. Ad-hoc positioning system(APS)using AoA [C]. Proceedings of the IEEE INFOCOM, San Francisco: CA, 2003: 1734-1743.

[39] PAN J. Learning-Based Localization in Wireless Sensor Networks [D]. Hong Kong: The Hong Kong University of Science and Technology, 2007.

[40] Nguyen X, Jordan M I, Sinopoli B. A kernel-based learning approach to ad hoc sensor network localization [J]. ACM Transactions on Sensor Networks (TOSN), 2005, 1(1): 134 -152.

[41] 徐学永，河黄，黄刘生，等. 基于 RSSI 全向拟合经验图的节点自定位算法[J]. 软件学报，2011，22(1)：73-82.

[42] 刘克中，殊王，胡富平，等. 无线传感器网络中一种改进 DV-Hop 节点定位方法[J]. 信息与控制，2006，35(6)：787-792.

[43] 周艳. 智能空间中定位参考点的优化选择及误差分析[D]. 沈阳：东北大学，2009.

[44] 顾晶晶，陈松灿，庄毅. 用局部保持典型相关分析定位无线传感器网络节点[J]. 软件学报，2010，21(11)： 2883-2891.

[45] Mao G, Fidan B. Localization Algorithms and Strategies for Wireless Sensor Networks: Monitoring and Surveillance Techniques for Target Tracking[M]. New York: Information Science Reference, 2009.

[46] 王成群. 基于学习算法的无线传感器网络定位问题研究[D]. 杭州：浙江大学，2009.

[47] Wang C, chen J, Sun Y, et al. A graph embedding method for wireless sensor networks localization [C]. Proceedings of the Global Telecommunications Conference, 2009 GLOBECOM 2009 IEEE, Honolulu, HI, 2009.

[48] 陈祠，牟楠，张晨，等. 基于主成分分析的室内指纹定位模型[J]. 软件学报，2013，24(s1)： 98-107.

[49] 孙福权，张达伟，程勖等. 基于 Hadoop 企业私有云存储平台的构建[J]. 辽宁工程技术大学学报：自然科学版，2011(06)：913-917.

[50] 王德政，申山宏，周宁宁. 云计算环境下的数据存储[J]. 计算机技术与发展，2011(04)：81-89.

[51] 霍树民. 基于 Hadoop 的海量影像数据管理关键技术研究[D]. 长沙：国防科学技术大学，2010.

[52] 李玲娟. IoT 的数据管理与智能处理[J]. 中兴通讯技术，2011(01)：38-41.

[53] 治明，高需. 面向物联网海量传感器采样数据管理的数据库集群系统框架[J]. 计算机学报，2012(06)：1175-1191.

[54] 马超. 基于云计算的海量旅行数据分析[D]. 北京：北京邮电大学，2011.

[55] ZHANG Jinxin, LIANG Mangui.A new architecture for converged Internet of things. Proceedings of the 2010 International Conference on Internet Technology and Applications (iTAP'10), Aug20-22, 2010 . 2010.

[56] Shen Bin, Liu Yuan, Wang Xiaoyi. Research on data mining models for the internet of things[C]. Image Analysis and Signal Processing (IASP), 2010 International Conference on, 2010: 127-132.

[57] 刘宴兵，胡文平. 物联网安全模型及其关键技术[J]. 数字通信，2010，37(4)：28-29.

[58] A distributed architecture for scalable private RFID tag identification. Agusti Solanas , Josep Domingo-Ferrer, Antoni Martinez-Balleste, Vanesa Daza[J]. Computer Networks, 2007 (51):2268-2279.

[59] 唐静，姬东耀. 基于 LPN 问题的 RFID 安全协议设计与分析[J]. 电子与信息学报，2009，31(2)：439-443.

[60] 减劲松. 物联网安全性能分析[J].计算机安全，2010(6)：51-52.

[61] 沈昌祥，张焕国，冯登国，等. 信息安全综述[J]. 中国科学 E 辑：信息科学，2007，37(2)：129-150.

[62] 武传坤. 物联网安全架构初探[J]. 中国科学院院刊，2010(4)：411-419.

[63] Zeeshan Bilal, Ashraf Masood, Firdous Kausar. Security Analysis of Ultra-lightweight Cryptographic Protocol for Low-cost RFID Tags: Gossamer Protocol[C]. IEEE International Conference on Network-Based Information Systems, 2009: 260-267.

[64] Simone Cirani, Gianluigi Ferrari and Luca Veltri. Enforcing Security Mechanisms in the IP-Based Internet of Things: An Algorithmic Overview[J]. Algorithms, 2013(6):197-226.

[65] 丁振华，李锦涛，冯波. 基于 Hash 函数的 RFID 安全认证协议研究[J]. 计算机研究与发展，2009，46(4)：583-592.

[66] 李平，林亚平，曾玮妮.传感器网络安全研究(英文)[J]. 软件学报，2006(12)：2577-2588.

[67] David Boyle, Thomas Newe. Securing Wireless Sensor Networks: Security Architectures[J]. JOURNAL OF NETWORKS, 2008, 3(1):65-76.

[68] John Paul Walters, Zheng Qiangliang, Wei Songshi, et al. Wireless Sensor Network Security: A Survey[M]. Security in Distributed, Grid, and Pervasive Computing, 2006, Auerbach Publications, CRC Press.

[69] 叶飏，于继明，刘琼. 配置管理在矿山信息系统项目中的应用[J]. 金陵科技学院学报，2012，28(2)：15-19.

[70] 刘琰，于继明，查光成. 硫酸渣水色智能检测系统方案设计及应用[J]. 化工管理，2013(24).

[71] 张申，丁恩杰，徐钊，等. 物联网与感知矿山专题讲座之三——感知矿山物联网的特征与关键技术[J]. 工矿自动化，2010(12)：117-121.

[72] 解海东，李松林，王春雷，等. 基于物联网的智能矿山体系研究[J]. 工矿自动化，2011(3)：63-66.

[73] 成锦. 梅山 MIS 系统数据的备份和恢复[J]. 网管员世界，2004 (5)：62-63.

[74] 叶飏，徐伟. 浅谈地下矿山产品质量管理系统[J]. 现代矿业，2011 (9)：138-140.

[75] 王忠青，刘安平，李文. 梅山钢渣工艺矿物学与综合利用研究[J]. 金属矿山，2011 (6)：162-164.

[76] 薛辉，周科平，王文锋，等. 梅山铁矿溜井一次爆破成井技术研究[J]. 矿业工程，2011，9(3)：50-52.

[77] 原丕业，王军英，王剑波，等. 上海梅山矿业公司采矿生产系统优化[J]. 金属矿山，2005(6)：14-17.

[78] 2011 年江苏江苏省物联网应用示范工程项目“金属矿山智能生产管控物联网应用示范工程”申报书.

[79] 严筱永，钱焕延，陈继光，等. 一种基于主成分回归的 DV-Hop 定位方法[J]. 华北电力大学学报，2013 (1)：13-18.

[80] 严筱永，钱焕延，施卫娟，等. 一种利用统计中值的加权定位算法[J]. 传感器与微系统，2011，30(8)：120-123.

[81] 严筱永，钱焕延，高德民，等. 一种基于多重共线性的三维 DV-Hop 定位算法[J]. 计算机科学，2011，38(5)：37-40.

北京大学出版社本科电气信息系列实用规划教材

序号	书名	书号	编著者	定价	出版年份	教辅及获奖情况
物联网工程						
1	物联网概论	7-301-23473-0	王　平	38	2014	电子课件/答案，有“多媒体移动交互式教材”
2	物联网概论	7-301-21439-8	王金甫	42	2012	电子课件/答案
3	现代通信网络	7-301-24557-6	胡珺珺	38	2014	电子课件/答案
4	物联网安全	7-301-24153-0	王金甫	43	2014	电子课件/答案
5	通信网络基础	7-301-23983-4	王昊	32	2014	
6	无线通信原理	7-301-23705-2	许晓丽	42	2014	电子课件/答案
7	家居物联网技术开发与实践	7-301-22385-7	付　蔚	39	2013	电子课件/答案
8	物联网技术案例教程	7-301-22436-6	崔逊学	40	2013	电子课件
9	传感器技术及应用电路项目化教程	7-301-22110-5	钱裕禄	30	2013	电子课件/视频素材，宁波市教学成果奖
10	网络工程与管理	7-301-20763-5	谢　慧	39	2012	电子课件/答案
11	电磁场与电磁波(第 2 版)	7-301-20508-2	邬春明	32	2012	电子课件/答案
12	现代交换技术(第 2 版)	7-301-18889-7	姚　军	36	2013	电子课件/习题答案
13	传感器基础(第 2 版)	7-301-19174-3	赵玉刚	32	2013	
14	物联网基础与应用	7-301-16598-0	李蔚田	44	2012	电子课件
15	通信技术实用教程	7-301-25386-1	谢　慧	36	2015	电子课件/习题答案
16	物联网工程应用与实践	7-301-19853-7	于继明	39	2015	
单片机与嵌入式						
1	嵌入式 ARM 系统原理与实例开发(第 2 版)	7-301-16870-7	杨宗德	32	2011	电子课件/素材
2	ARM 嵌入式系统基础与开发教程	7-301-17318-3	丁文龙　李志军	36	2010	电子课件/习题答案
3	嵌入式系统设计及应用	7-301-19451-5	邢吉生	44	2011	电子课件/实验程序素材
4	嵌入式系统开发基础-----基于八位单片机的 C 语言程序设计	7-301-17468-5	侯殿有	49	2012	电子课件/答案/素材
5	嵌入式系统基础实践教程	7-301-22447-2	韩　磊	35	2013	电子课件
6	单片机原理与接口技术	7-301-19175-0	李　升	46	2011	电子课件/习题答案
7	单片机系统设计与实例开发(MSP430)	7-301-21672-9	顾　涛	44	2013	电子课件/答案
8	单片机原理与应用技术	7-301-10760-7	魏立峰　王宝兴	25	2009	电子课件
9	单片机原理及应用教程(第 2 版)	7-301-22437-3	范立南	43	2013	电子课件/习题答案，辽宁“十二五”教材
10	单片机原理与应用及 C51 程序设计	7-301-13676-8	唐　颖	30	2011	电子课件
11	单片机原理与应用及其实验指导书	7-301-21058-1	邵发森	44	2012	电子课件/答案/素材
12	MCS-51 单片机原理及应用	7-301-22882-1	黄翠翠	34	2013	电子课件/程序代码
物理、能源、微电子						
1	物理光学理论与应用(第 2 版)	7-301-26024-1	宋贵才	46	2015	电子课件/习题答案，“十二五”普通高等教育本科国家级规划教材
2	现代光学	7-301-23639-0	宋贵才	36	2014	电子课件/答案
3	平板显示技术基础	7-301-22111-2	王丽娟	52	2013	电子课件/答案
4	集成电路版图设计	7-301-21235-6	陆学斌	32	2012	电子课件/习题答案
5	新能源与分布式发电技术	7-301-17677-1	朱永强	32	2010	电子课件/习题答案，北京市精品教材，北京市“十二五”教材
6	太阳能电池原理与应用	7-301-18672-5	靳瑞敏	25	2011	电子课件

序号	书名	书号	编著者	定价	出版年份	教辅及获奖情况
7	新能源照明技术	7-301-23123-4	李姿景	33	2013	电子课件/答案
			基 础 课			
1	电工与电子技术(上册) (第 2 版)	7-301-19183-5	吴舒辞	30	2011	电子课件/习题答案，湖南省“十二五”教材
2	电工与电子技术(下册) (第 2 版)	7-301-19229-0	徐卓农　李士军	32	2011	电子课件/习题答案，湖南省“十二五”教材
3	电路分析	7-301-12179-5	王艳红　蒋学华	38	2010	电子课件，山东省第二届优秀教材奖
4	模拟电子技术实验教程	7-301-13121-3	谭海曙	24	2010	电子课件
5	运筹学(第 2 版)	7-301-18860-6	吴亚丽　张俊敏	28	2011	电子课件/习题答案
6	电路与模拟电子技术	7-301-04595-4	张绪光　刘在娥	35	2009	电子课件/习题答案
7	微机原理及接口技术	7-301-16931-5	肖洪兵	32	2010	电子课件/习题答案
8	数字电子技术	7-301-16932-2	刘金华	30	2010	电子课件/习题答案
9	微机原理及接口技术实验指导书	7-301-17614-6	李干林　李　升	22	2010	课件(实验报告)
10	模拟电子技术	7-301-17700-6	张绪光　刘在娥	36	2010	电子课件/习题答案
11	电工技术	7-301-18493-6	张　莉　张绪光	26	2011	电子课件/习题答案，山东省“十二五”教材
12	电路分析基础	7-301-20505-1	吴舒辞	38	2012	电子课件/习题答案
13	模拟电子线路	7-301-20725-3	宋树祥	38	2012	电子课件/习题答案
14	数字电子技术	7-301-21304-9	秦长海　张天鹏	49	2013	电子课件/答案，河南省“十二五”教材
15	模拟电子与数字逻辑	7-301-21450-3	邬春明	39	2012	电子课件
16	电路与模拟电子技术实验指导书	7-301-20351-4	唐　颖	26	2012	部分课件
17	电子电路基础实验与课程设计	7-301-22474-8	武　林	36	2013	部分课件
18	电文化——电气信息学科概论	7-301-22484-7	高　心	30	2013	
19	实用数字电子技术	7-301-22598-1	钱裕禄	30	2013	电子课件/答案/其他素材
20	模拟电子技术学习指导及习题精选	7-301-23124-1	姚娅川	30	2013	电子课件
21	电工电子基础实验及综合设计指导	7-301-23221-7	盛桂珍	32	2013	
22	电子技术实验教程	7-301-23736-6	司朝良	33	2014	
23	电工技术	7-301-24181-3	赵莹	46	2014	电子课件/习题答案
24	电子技术实验教程	7-301-24449-4	马秋明	26	2014	
25	微控制器原理及应用	7-301-24812-6	丁筱玲	42	2014	
26	模拟电子技术基础学习指导与习题分析	7-301-25507-0	李大军　唐　颖	32	2015	电子课件/习题答案
27	电工学实验教程（第 2 版）	7-301-25343-4	王士军　张绪光	27	2015	
28	微机原理及接口技术	7-301-26063-0	李干林	42	2015	电子课件/习题答案
29	简明电路分析	7-301-26062-3	姜　涛	48	2015	电子课件/习题答案
			电子、通信			
1	DSP 技术及应用	7-301-10759-1	吴冬梅　张玉杰	26	2011	电子课件，中国大学出版社图书奖首届优秀教材奖一等奖
2	电子工艺实习	7-301-10699-0	周春阳	19	2010	电子课件
3	电子工艺学教程	7-301-10744-7	张立毅　王华奎	32	2010	电子课件，中国大学出版社图书奖首届优秀教材奖一等奖
4	信号与系统	7-301-10761-4	华　容　隋晓红	33	2011	电子课件
5	信息与通信工程专业英语(第 2 版)	7-301-19318-1	韩定定　李明明	32	2012	电子课件/参考译文，中国电子教育学会 2012 年全国电子信息类优秀教材
6	高频电子线路(第 2 版)	7-301-16520-1	宋树祥　周冬梅	35	2009	电子课件/习题答案

序号	书名	书号	编著者	定价	出版年份	教辅及获奖情况
7	MATLAB 基础及其应用教程	7-301-11442-1	周开利　邓春晖	24	2011	电子课件
8	计算机网络	7-301-11508-4	郭银景　孙红雨	31	2009	电子课件
9	通信原理	7-301-12178-8	隋晓红　钟晓玲	32	2007	电子课件
10	数字图像处理	7-301-12176-4	曹茂永	23	2007	电子课件，“十二五”普通高等教育本科国家级规划教材
11	移动通信	7-301-11502-2	郭俊强　李　成	22	2010	电子课件
12	生物医学数据分析及其MATLAB 实现	7-301-14472-5	尚志刚　张建华	25	2009	电子课件/习题答案/素材
13	信号处理 MATLAB 实验教程	7-301-15168-6	李　杰　张　猛	20	2009	实验素材
14	通信网的信令系统	7-301-15786-2	张云麟	24	2009	电子课件
15	数字信号处理	7-301-16076-3	王震宇　张培珍	32	2010	电子课件/答案/素材
16	光纤通信	7-301-12379-9	卢志茂　冯进玫	28	2010	电子课件/习题答案
17	离散信息论基础	7-301-17382-4	范九伦　谢　勰	25	2010	电子课件/习题答案，“十二五”普通高等教育本科国家级规划教材
18	光纤通信	7-301-17683-2	李丽君　徐文云	26	2010	电子课件/习题答案
19	数字信号处理	7-301-17986-4	王玉德	32	2010	电子课件/答案/素材
20	电子线路 CAD	7-301-18285-7	周荣富　曾　技	41	2011	电子课件
21	MATLAB 基础及应用	7-301-16739-7	李国朝	39	2011	电子课件/答案/素材
22	信息论与编码	7-301-18352-6	隋晓红　王艳营	24	2011	电子课件/习题答案
23	现代电子系统设计教程	7-301-18496-7	宋晓梅	36	2011	电子课件/习题答案
24	移动通信	7-301-19320-4	刘维超　时　颖	39	2011	电子课件/习题答案
25	电子信息类专业 MATLAB 实验教程	7-301-19452-2	李明明	42	2011	电子课件/习题答案
26	信号与系统	7-301-20340-8	李云红	29	2012	电子课件
27	数字图像处理	7-301-20339-2	李云红	36	2012	电子课件
28	编码调制技术	7-301-20506-8	黄　平	26	2012	电子课件
29	Mathcad 在信号与系统中的应用	7-301-20918-9	郭仁春	30	2012	
30	MATLAB 基础与应用教程	7-301-21247-9	王月明	32	2013	电子课件/答案
31	电子信息与通信工程专业英语	7-301-21688-0	孙桂芝	36	2012	电子课件
32	微波技术基础及其应用	7-301-21849-5	李泽民	49	2013	电子课件/习题答案/补充材料等
33	图像处理算法及应用	7-301-21607-1	李文书	48	2012	电子课件
34	网络系统分析与设计	7-301-20644-7	严承华	39	2012	电子课件
35	DSP 技术及应用	7-301-22109-9	董　胜	39	2013	电子课件/答案
36	通信原理实验与课程设计	7-301-22528-8	邬春明	34	2015	电子课件
37	信号与系统	7-301-22582-0	许丽佳	38	2013	电子课件/答案
38	信号与线性系统	7-301-22776-3	朱明早	33	2013	电子课件/答案
39	信号分析与处理	7-301-22919-4	李会容	39	2013	电子课件/答案
40	MATLAB 基础及实验教程	7-301-23022-0	杨成慧	36	2013	电子课件/答案
41	DSP 技术与应用基础(第 2 版)	7-301-24777-8	俞一彪	45	2015	
42	EDA 技术及数字系统的应用	7-301-23877-6	包　明	55	2015	
43	算法设计、分析与应用教程	7-301-24352-7	李文书	49	2014	
44	Android 开发工程师案例教程	7-301-24469-2	倪红军	48	2014	
45	ERP 原理及应用	7-301-23735-9	朱宝慧	43	2014	电子课件/答案
46	综合电子系统设计与实践	7-301-25509-4	武　林　陈　希	32(估)	2015	
47	高频电子技术	7-301-25508-7	赵玉刚	29	2015	电子课件
48	信息与通信专业英语	7-301-25506-3	刘小佳	29	2015	电子课件
49	信号与系统	7-301-25984-9	张建奇	45	2015	电子课件
50	数字图像处理及应用	7-301-26112-5	张培珍	36	2015	电子课件/习题答案

序号	书名	书号	编著者	定价	出版年份	教辅及获奖情况
			自动化、电气			
1	自动控制原理	7-301-22386-4	佟　威	30	2013	电子课件/答案
2	自动控制原理	7-301-22936-1	邢春芳	39	2013	
3	自动控制原理	7-301-22448-9	谭功全	44	2013	
4	自动控制原理	7-301-22112-9	许丽佳	30	2015	
5	自动控制原理	7-301-16933-9	丁　红　李学军	32	2010	电子课件/答案/素材
6	现代控制理论基础	7-301-10512-2	侯媛彬等	20	2010	电子课件/素材，国家级“十一五”规划教材
7	计算机控制系统(第 2 版)	7-301-23271-2	徐文尚	48	2013	电子课件/答案
8	电力系统继电保护(第 2 版)	7-301-21366-7	马永翔	42	2013	电子课件/习题答案
9	电气控制技术(第 2 版)	7-301-24933-8	韩顺杰　吕树清	28	2014	电子课件
10	自动化专业英语(第 2 版)	7-301-25091-4	李国厚　王春阳	46	2014	电子课件/参考译文
11	电力电子技术及应用	7-301-13577-8	张润和	38	2008	电子课件
12	高电压技术	7-301-14461-9	马永翔	28	2009	电子课件/习题答案
13	电力系统分析	7-301-14460-2	曹　娜	35	2009	
14	综合布线系统基础教程	7-301-14994-2	吴达金	24	2009	电子课件
15	PLC 原理及应用	7-301-17797-6	缪志农　郭新年	26	2010	电子课件
16	集散控制系统	7-301-18131-7	周荣富　陶文英	36	2011	电子课件/习题答案
17	控制电机与特种电机及其控制系统	7-301-18260-4	孙冠群　于少娟	42	2011	电子课件/习题答案
18	电气信息类专业英语	7-301-19447-8	缪志农	40	2011	电子课件/习题答案
19	综合布线系统管理教程	7-301-16598-0	吴达金	39	2012	电子课件
20	供配电技术	7-301-16367-2	王玉华	49	2012	电子课件/习题答案
21	PLC 技术与应用(西门子版)	7-301-22529-5	丁金婷	32	2013	电子课件
22	电机、拖动与控制	7-301-22872-2	万芳瑛	34	2013	电子课件/答案
23	电气信息工程专业英语	7-301-22920-0	余兴波	26	2013	电子课件/译文
24	集散控制系统(第 2 版)	7-301-23081-7	刘翠玲	36	2013	电子课件，2014 年中国电子教育学会“全国电子信息类优秀教材”一等奖
25	工控组态软件及应用	7-301-23754-0	何坚强	49	2014	电子课件/答案
26	发电厂变电所电气部分(第 2 版)	7-301-23674-1	马永翔	48	2014	电子课件/答案
27	自动控制原理实验教程	7-301-25471-4	丁　红　贾玉瑛	29	2015	
28	自动控制原理（第 2 版）	7-301-25510-0	袁德成	35	2015	电子课件，辽宁省“十二五”教材
29	电机与电力电子技术	7-301-25736-4	孙冠群	45	2015	电子课件/答案

如您需要更多教学资源如电子课件、电子样章、习题答案等，请登录北京大学出版社第六事业部官网 www.pup6.cn 搜索下载。

如您需要浏览更多专业教材，请扫下面的二维码，关注北京大学出版社第六事业部官方微信（微信号：pup6book），随时查询专业教材、浏览教材目录、内容简介等信息，并可在线申请纸质样书用于教学。

感谢您使用我们的教材，欢迎您随时与我们联系，我们将及时做好全方位的服务。联系方式：010-62750667，szheng_pup6@163.com，pup_6@163.com，lihu80@163.com，欢迎来电来信。客户服务 QQ 号：1292552107，欢迎随时咨询。